"十二五"职业教育国家规划教材
经全国职业教育教材审定委员会审定

ZIDONG JIANCE JISHU

自动检测技术

（第4版）

宋文绪 杨帆 主编

高等教育出版社·北京

内容提要

本书是"十二五"职业教育国家规划教材。

本书针对高职高专教育特点，从便于学习和使用者对传感器之间比较、传感器的选型等实用性出发，在讲述检测技术的基本概念、传感器的基本特性、传感器的标定和正确选用的基础上，以温度、压力、流量、物位、厚度、位移、速度、加速度、气体成分、浓度、无损探伤及光电等参数检测为主线，按传感器的用途分章讲述各类传感器的工作原理、结构、技术指标及使用特点。同时对传感器电路的抗干扰技术进行了讲述。本书的编写力求系统性、实用性与先进性相结合，理论与实践相交融，既注重传统知识的讲授，又兼顾新技术、新成果的应用。

本书可作为电气工程与自动化、机械电子工程、电子信息工程、测控技术与仪器、机电一体化等专业的教材，也可供其他专业学生和有关的专业技术人员参考使用，或作为自学用书。

图书在版编目（CIP）数据

自动检测技术/宋文绪,杨帆主编. --4 版. --北京:高等教育出版社,2014.8（2020.11重印）

ISBN 978-7-04-036174-2

Ⅰ. ①自… Ⅱ. ①宋…②杨… Ⅲ. ①自动检测–高等职业教育–教材 Ⅳ. ①TP274

中国版本图书馆 CIP 数据核字（2014）第 058430 号

| 策划编辑 | 孙 薇 | 责任编辑 | 孙 薇 | 封面设计 | 张 志 | 版式设计 | 余 杨 |
| 责任校对 | 窦丽娜 | 责任印制 | 耿 轩 | | | | |

出版发行	高等教育出版社	网 址	http://www.hep.edu.cn
社 址	北京市西城区德外大街 4 号		http://www.hep.com.cn
邮政编码	100120	网上订购	http://www.landraco.com
印 刷	三河市吉祥印务有限公司		http://www.landraco.com.cn
开 本	787mm×1092mm 1/16		
印 张	18.25	版 次	2001 年 9 月第 1 版
			2014 年 8 月第 4 版
字 数	440 千字	印 次	2020 年 11 月第 6 次印刷
购书热线	010-58581118	定 价	28.70 元
咨询电话	400-810-0598		

本书如有缺页、倒页、脱页等质量问题,请到所购图书销售部门联系调换

版权所有 侵权必究

物 料 号 36174-00

出版说明

　　教材是教学过程的重要载体,加强教材建设是深化职业教育教学改革的有效途径,推进人才培养模式改革的重要条件,也是推动中高职协调发展的基础性工程,对促进现代职业教育体系建设,切实提高职业教育人才培养质量具有十分重要的作用。

　　为了认真贯彻《教育部关于“十二五”职业教育教材建设的若干意见》(教职成〔2012〕9号),2012 年 12 月,教育部职业教育与成人教育司启动了“十二五”职业教育国家规划教材(高等职业教育部分)的选题立项工作。作为全国最大的职业教育教材出版基地,我社按照“统筹规划,优化结构,锤炼精品,鼓励创新”的原则,完成了立项选题的论证遴选与申报工作。在教育部职业教育与成人教育司随后组织的选题评审中,由我社申报的 1338 种选题被确定为“十二五”职业教育国家规划教材立项选题。现在,这批选题相继完成了编写工作,并由全国职业教育教材审定委员会审定通过后,陆续出版。

　　这批规划教材中,部分为修订版,其前身多为普通高等教育“十一五”国家级规划教材(高职高专)或普通高等教育“十五”国家级规划教材(高职高专),在高等职业教育教学改革进程中不断吐故纳新,在长期的教学实践中接受检验并修改完善,是“锤炼精品”的基础与传承创新的硕果;部分为新编教材,反映了近年来高职院校教学内容与课程体系改革的成果,并对接新的职业标准和新的产业需求,反映新知识、新技术、新工艺和新方法,具有鲜明的时代特色和职教特色。无论是修订版,还是新编版,我社都将发挥自身在数字化教学资源建设方面的优势,为规划教材开发配备数字化教学资源,实现教材的一体化服务。

　　这批规划教材立项之时,也是国家职业教育专业教学资源库建设项目及国家精品资源共享课建设项目深入开展之际,而专业、课程、教材之间的紧密联系,无疑为融通教改项目、整合优质资源、打造精品力作奠定了基础。我社作为国家专业教学资源库平台建设和资源运营机构及国家精品开放课程项目组织实施单位,将建设成果以系列教材的形式成功申报立项,并在审定通过后陆续推出。这两个系列的规划教材,具有作者队伍强大、教改基础深厚、示范效应显著、配套资源丰富、纸质教材与在线资源一体化设计的鲜明特点,将是职业教育信息化条件下,扩展教学手段和范围,推动教学方式方法变革的重要媒介与典型代表。

　　教学改革无止境,精品教材永追求。我社将在今后一到两年内,集中优势力量,全力以赴,出版好、推广好这批规划教材,力促优质教材进校园、精品资源进课堂,从而更好地服务于高等职业教育教学改革,更好地服务于现代职教体系建设,更好地服务于青年成才。

高等教育出版社

2014 年 7 月

前　言

检测技术作为信息科学的一个重要分支与计算机技术、自动控制技术和通信技术等一起构成了信息技术的完整科学。在人类进入信息时代的今天,人们的一切社会活动都是以信息获取与信息转换为中心,传感器作为信息获取与信息转换的重要手段,是实现信息化的基础技术之一。"没有传感器就没有现代科学技术"的观点已为全世界所公认。以传感器为核心的检测系统就像神经和感官一样,源源不断地向人类提供宏观与微观世界的种种信息,成为人们认识自然、改造自然的有利工具。广泛地应用于工业、农业、国防和科研等领域。已成为工科院校大部分专业学生必修的专业基础课。

《自动检测技术》第 1 版于 2001 年 9 月出版,第 2 版于 2004 年 12 月出版,第 3 版于 2008 年 4 月出版,至今已被许多高职高专院校使用,近些年来社会对技能型人才的需求旺盛,高职高专教育发展迅速,为满足高职高专教育教学改革的需要,我们在多年使用的基础上对《自动检测技术》(第 3 版)进行了修订,本次修订保持了第 3 版教材原有的特色,为充分体现高职高专教育的特点,以提高学生分析问题及解决问题能力为基本原则,删除了应用较少的磁敏传感器、磁场检测、光电效应及光电器件等内容,增加了应用广泛的超声波探伤、电涡流探伤、射线探伤等无损检测内容,使应用更加广泛,特色更加鲜明,该书具有以下几个特点:

1. 精选教学内容,内容的选取基本上根据我国当前工业生产及科研应用的实际出发,以信息的传感、转换、处理为核心,从基本物理概念入手,阐述热工量、机械量、几何量等参数的检测原理及方法。重点突出,应用性强,注重新技术、新成果的应用。

2. 本教材采用按用途分章的方法进行讲述,便于使用者对传感器类比、选型,突出了教材的实用性,且检测的参数、方法较多,应用领域广泛。

3. 全书将基础知识、科研新成果及发展新动向相结合,以检测系统的器件集成化、信息数字化和测试智能化为主线。

4. 立足基本理论,面向应用技术,以必须、够用为尺度,以掌握概念、强化应用为重点。加强了理论知识和实际应用的统一。

本书涉及领域广泛,包括许多新技术、新器件在检测技术领域里的应用。全书共分 10 章:第 1 章是检测技术的基础知识;第 2 章～第 9 章为一些常用参数的检测,包括温度、压力、流量、物位、厚度、位移、速度、成分、无损探伤、光电等参数的检测;第 10 章讲述了抗干扰技术。且在每章后都附有一定量的思考题与习题。

本书由北华大学的宋文绪和河北工业大学的杨帆担任主编。其中第 1、10 章由宋文绪编写,第 2、5、6、7 章由杨帆编写,第 3、4 章由北华大学的张秀梅编写,第 8、9 章由河北工业大学的徐舜华编写。

　　本书由北京联合大学自动化学院的蒋蔚教授担任主审,蒋蔚教授对本书的总体结构和内容细节等进行了全面审定,提出了许多宝贵而富有价值的审阅意见,在此表示衷心的感谢。同时,对本书参考文献中的有关作者致以诚挚的感谢。

　　由于编者水平所限,书中错误、不妥之处在所难免,殷切希望广大读者提出宝贵意见。

编　者

2014 年 7 月

目 录

第1章

检测技术的基础知识

1.1 检测技术的基本概念

1.1.1 检测技术

检测技术是以研究自动检测系统中的信息提取、信息转换以及信息处理的理论和技术为主要内容的一门应用技术学科。

广义地讲,检测技术是自动化技术四个支柱之一。从信息科学的角度考察,检测技术任务为:寻找与自然信息具有对应关系的种种表现形式的信号,以及确定两者间的定性、定量关系;从反映某一信息的多种信号表现中挑选出在所处条件下最为合适的表现形式,以及寻求最佳的采集、变换、处理、传输、存储、显示等方法和相应的设备。

信息采集是指从自然界诸多被测量(物理量、化学量、生物量与社会量等)中提取有用的信息。

信息变换是将所提取出的有用信息进行电量形式的幅值、功率等的转换。

信息处理的任务,视输出环节的需要,可将变换后的电信号进行数值运算(求均值、极值等)、模拟量-数字量变换等处理。

信息传输的任务是在排除干扰的情况下,经济地、准确无误地把信息进行远、近距离的传递。

虽然检测技术服务的领域非常广泛,但是从这门课程的研究内容来看,不外乎是传感器技术、误差理论、测试计量技术、抗干扰技术以及电量间互相转换的技术等。提高自动检测系统的检测分辨率、精度、稳定性和可靠性是本门技术的研究课题和方向。

自动检测技术已成为一些发达国家的最重要的热门技术之一,它可以给人们带来巨大的经济效益并促进科学技术飞跃发展,因此在国民经济中占有及其重要的地位和作用。

1.1.2 自动检测系统

自动检测系统是自动测量、自动计量、自动保护、自动诊断、自动信号处理等系统的总称。

它的组成如图 1.1.1 所示。在上述诸系统中,都包含被测量、敏感元件、电子测量电路和输出单元,它们间的区别仅在于输出单元。如果输出单元是显示器或记录器,则该系统是自动测量系统;如果输出单元是计数器或累加器,则该系统是自动计量系统;如果输出单元是报警器,则该系统是自动保护系统或自动诊断系统;如果输出单元是处理电路,则该系统是部分数据分析系统、自动管理系统或自动控制系统。

图 1.1.1　自动检测系统框图

1.1.3　传感器

1. 传感器

传感器是一种以一定的精确度把被测量转换为与之有确定对应关系的、便于应用的某种物理量的测量装置。

这一概念包含以下四个方面的含义:

① 传感器是测量装置,能完成信号获取任务。

② 它的输入量是某一被测量,可能是物理量,也可能是化学量、生物量等。

③ 它的输出量是某种物理量,这种量要便于传输、转换、处理、显示等,这种量可以是气、光、电量,但主要是电量。

④ 输入/输出有对应关系,且应有一定的精确度。

2. 传感器的组成

传感器的功用是一感二传,即感受被测信息,并传送出去。传感器一般由敏感元件、转换元件、转换电路三部分组成,如图 1.1.2 所示。

图 1.1.2　传感器组成框图

（1）敏感元件

它是直接感受被测量,并且输出与被测量成确定关系的某一物理量的元件。

（2）转换元件

敏感元件的输出就是它的输入,它把输入量转换成电路参数量。

（3）转换电路

上述电路参数接入转换电路,使可转换成电量输出。

实际上,有些传感器很简单,有些则较复杂,也有些是带反馈的闭环系统。

最简单的传感器由一个敏感元件(兼转换元件)组成,它感受被测量时直接输出电量,如热电偶。有些传感器由敏感元件和转换元件组成,没有转换电路,如压电式加速度传感器,其中质量块是敏感元件,压电片是转换元件。有些传感器转换元件不止一个,要经过若干次转换。

由于传感器空间限制等其他原因,转换电路常装入箱柜中。然而,因为不少传感器要通过转换电路之后才能输出电量信号,从而决定了转换电路是传感器的组成部分之一。

3. 传感器的分类

目前传感器主要有四种分类方法:根据传感器工作的原理分类;根据传感器的能量转换情况分类;根据传感器的转换原理分类和按照传感器的使用分类。

表1.1.1按传感器转换原理分类,给出了各类型的名称及典型应用。

表1.1.1 传感器分类表

传感器分类表		转换原理	传感器名称	典型应用
转换形式	中间参量			
电参数	电阻	移动电位器触点改变电阻	电位器式传感器	位移
		改变电阻丝或电阻片的尺寸	电阻丝应变传感器、半导体应变传感器	微应用、力、负荷
		利用电阻的温度效应(电阻温度系数)	热丝传感器	气流速度、液体流量
			电阻温度传感器	温度、辐射热
			热敏电阻传感器	温度
		利用电阻的光敏效应	光敏电阻传感器	光强
		利用电阻的湿度效应	湿敏电阻传感器	湿度
	电容	改变电容的几何尺寸	电容传感器	力、压力、负荷、位移
		改变电容的介电常数		液位、厚度、含水量
		改变磁路的几何尺寸、导磁体位置	电感传感器	位移
		涡流抗磁效应	涡流传感器	位移、厚度、硬度
		利用压磁效应	压磁传感器	力、压力
	电感	改变互感	差分传感器	位移
			自整角机	位移
			旋转变压器	位移
	频率	改变谐振回路中的固有参数	振弦式传感器	压力、力
			振筒式传感器	气压
			石英谐振传感器	力、温度
	计数	利用莫尔条纹	光栅	大角位移、大直线位移
		改变互感	感应同步器	
		利用拾磁信号	磁栅	
	数字	利用数字编码	角度编码器	大角位移

续表

传感器分类表		转换原理	传感器名称	典型应用
转换形式	中间参量			
电量	电动势	温差电动势	热电偶	温度、热流
		霍尔效应	霍尔传感器	磁通、电流
		电磁感应	磁电传感器	速度、加速度
		光电效应	光电池	光强
	电荷	辐射电离	电离室	离子计数、放射性强度
		压电效应	压电传感器	动态力、加速度

1.2 测量误差

人们对客观世界的认识总是带有一定的局限性,与客观事物的本来面貌存在差异。测量是在一定的物质基础上进行的。因此,人们在进行各种实际测量时,尽管被测量在理论上存在真值,但由于客观实验条件的限制,被测量的真值实际上是测不到的,因而测量结果只能是真值的近似值,这样就不可避免地存在着测量误差。

1.2.1 误差的基本概念及表达方式

1. 绝对误差

绝对误差是示值与被测量真值之间的差值。设被测量的真值为 L_0,测量值或示值为 x,则绝对误差 Δx 为

$$\Delta x = x - L_0 \tag{1.2.1}$$

由于真值 L_0 一般来说是未知的,所以在实际应用时,常用实际真值 L 来代表真值 L_0,并采用高一级标准仪器的示值作为实际真值。故通常用

$$\Delta x = x - L \tag{1.2.2}$$

来代表绝对误差。

在实际测量中,还经常用到修正值这个名称,它的绝对值与 Δx 相等但符号相反,用符号 c 表示,即

$$c = -\Delta x = L - x$$

修正值给出的方式不一定是具体的数值,也可以是一条曲线、公式或数表。在某些智能化仪表中,修正值预先被编制成有关程序,存储于仪表中,所得测量结果已自动对误差进行了修正。

2. 相对误差

绝对误差的表示方法有不足之处,因为它不能确切地反映出测量的准确程度。例如测量两个电阻,其中 $R_1 = 10\ \Omega$,误差 $\Delta R_1 = 0.1\ \Omega$;$R_2 = 1\ 000\ \Omega$,误差 $\Delta R_2 = 1\ \Omega$;尽管,$\Delta R_1 < \Delta R_2$,但

不能由此得出测量电阻 R_1 比测量电阻 R_2 准确程度高的结论。因为 $\Delta R_1 = 0.1\ \Omega$ 相对于 $10\ \Omega$ 来讲是 1%，而 $\Delta R_2 = 1\ \Omega$，相对于 $1\ 000\ \Omega$ 来讲是 0.1%，所得结论是 R_2 的测量比 R_1 的测量更准。因此，为反映测量质量的高低，需引出相对误差的概念，由绝对误差与真值或实际值之比表示相对误差 δ，即

$$\delta = \frac{\Delta x}{L_0} \times 100\% \approx \frac{\Delta x}{x} \times 100\% \tag{1.2.3}$$

相对误差通常用于衡量测量的准确程度，相对误差越小，准确程度越高。

3. 引用误差

引用误差是一种实用方便的相对误差，常在多挡和连续刻度的仪器仪表中应用。这类仪器仪表测量范围不是一个点，而是一个量程，这时按式(1.2.3)计算，由于分母是变量，随被测量的变化而变化，所以计算很麻烦。为了计算和划分仪表的精度等级的方便，通常采用引用误差，它是从相对误差演变过来的，其分母为常数，取仪器仪表中的量程值，因而引用误差 γ_m

$$\gamma_m = \frac{\Delta x}{A} \times 100\% \tag{1.2.4}$$

式中，A——仪表的量程。

我国电工仪表共分七级：$0.1,0.2,0.5,1.0,1.5,2.5$ 及 5.0。例如，0.1 级表引用误差的最大值不超过 $\pm 0.1\%$；0.5 级表引用误差最大值不超过 $\pm 0.5\%$ 等。工业自动化仪表的精度等级一般在 $0.2 \sim 5.0$ 级之间。

引用误差从形式上看像相对误差，但是对某一具体仪表来说，由于其分母 A 是一个常数，与被测量大小无关，因此它实质是一个绝对误差的最大值。例如，量程为 $1\ V$ 的毫伏表，精度等级为 5.0，即 $\gamma = (\Delta x/A) \times 100\% = 5.0\%$。从这个式子可以求出 $\Delta x = 5.0\% \times 1\ V = 50\ mV$，这说明无论指示在刻度的哪一点，其最大绝对误差不超过 $50\ mV$，但各点的相对误差是不同的。在选用仪表时，一般使其最好能工作在不小于满刻度值 $2/3$ 的区域。

1.2.2 误差的分类与来源

根据误差出现的规律可分为系统误差、随机误差和粗大误差三种。

1. 系统误差

在相同的条件下多次测量同一量时，误差的绝对值和符号保持恒定，或在条件改变时，与某一个或几个因素成函数关系的有规律的误差，称为系统误差。例如仪表的刻度误差和零位误差，应变片电阻值随温度的变化等都属于系统误差。它产生的主要原因是仪表制造、安装或使用方法不正确，也可能是测量人员一些不良的读数习惯等。

系统误差是一种有规律的误差，故可以采用修正值或补偿校正的方法来减小或消除。

2. 随机误差

服从统计规律的误差称随机误差，简称为随差，又称偶然误差。只要测试系统的灵敏度足够高，在相同条件下，重复测量某一量时，每次测量的数据或大或小，或正或负，不能预知。虽然单次测量的随机误差没有规律，但多次测量的总体却服从统计规律，通过对测量数据的统计处理，能在理论上估计其对测量结果的影响。

随机误差是由很多复杂因素对测量值的综合影响所造成的,如电磁场的微变,零件的摩擦、间隙、热起伏,空气扰动,气压及湿度的变化,测量人员感觉器官的生理变化等。它不能用修正或采取某种技术措施的办法来消除。

应该指出,在任何一次测量中,系统误差与随机误差一般都是同时存在的,而且两者之间并不存在绝对的界限。

3. 粗大误差

粗大误差是一种显然与实际值不符的误差。如测错、读错、记错以及实验条件未达到预定的要求而匆忙实验,都会引起粗大误差。含有粗大误差的测量值称为坏值或异常值,在处理数据时应剔除掉。这样,测量中要估计的误差就具有系统误差和随机误差两类。

误差的来源是多方面的,例如测量用的工具不完善(称工具误差);测试设备和电路的安装、布置、调整不完善(称装置误差);测量方法本身的理论根据不完善(称方法误差);测量环境如温度、湿度、气压、电磁场的变化(称环境误差);甚至测量人员生理上的原因,如反应速度、分辨能力(称人员误差)等。

1.2.3 系统误差和随机误差的表达式

设对某被测量进行了等精度独立的几次测量,得值 $x_1, x_2, \cdots, x_n$,则测定值的算术平均值 $\bar{x}$ 为

$$\bar{x} = \frac{x_1 + x_2 + \cdots + x_n}{n} = \frac{1}{n} \sum_{i=1}^{n} x_i \tag{1.2.5}$$

式中, $\bar{x}$——取样平均值。

当测量次数 n 趋于无穷大($n \to \infty$)时,取样平均值的极限称为测定值的总体平均值,用符号 A 表示,即

$$A = \lim_{n \to \infty} \bar{x} = \lim_{n \to \infty} \frac{1}{n} \sum_{i=1}^{n} x_i \tag{1.2.6}$$

测定值的总体平均值 A 与测定值真值 L_0 之差被定义为系统误差,用符号 ε 表示

$$\varepsilon = A - L_0 \tag{1.2.7}$$

n 次测量中,各次测定值 $x_i(i = 1 \sim n)$ 与其总体平均值 A 之差被定义为随机误差,用符号 δ_i 表示,即

$$\delta_i = x_i - A \quad (i = 1 \sim n) \tag{1.2.8}$$

将式(1.2.7)和式(1.2.8)等号两边分别相加,得

$$\varepsilon + \delta_i = (A - L_0) + (x_i - A) = x_i - L_0 = \Delta x_i \tag{1.2.9}$$

式中, Δx_i——各次测定的绝对误差。

式(1.2.9)表明,各次测量值的绝对误差等于系统误差 ε 和随机误差 δ_i 的代数和。

1.2.4 基本误差和附加误差

按使用条件划分可将误差分为基本误差和附加误差。

1. 基本误差

任何测量仪器和传感器都是在一定的环境条件下使用的。环境条件变化,测量误差也因环境条件(加温度、气压、湿度、电源电压和频率、振动等)的变化而变化。这样在对传感器和仪器进行检定和刻度时,应把所有起影响作用的外界因素控制在变化较窄的条件内。此条件由国家标准或企业标准文件明确规定,称为标准条件。仪器在标准条件下使用所具有的误差称为基本误差,它属于系统误差。

例如,仪表是在电源电压(220 ± 5) V、电网频率(50 ± 2) Hz、环境温度20 ℃ ± 5 ℃,大气压$(1.013 \times 10^5 \pm 1\,000)$ Pa,湿度65% $\pm$ 5%的条件下标定的。如果这台仪表在这个条件下工作,则仪表所具有的误差就是基本误差。换句话说,基本误差是测量仪表在额定条件下工作所具有的误差。

测量仪表的精度等级就是由其基本误差决定的。不同等级的传感器和仪表的基本误差在国家和企业标准中都有明确规定。

2. 附加误差

当使用条件偏离标准条件时,传感器和仪表必然在基本误差的基础上增加了新的系统误差,称为附加误差。例如,由于温度超过标准引起的温度附加误差、频率附加误差以及电源电压波动附加误差等。附加误差在使用时应叠加到基本误差上去。

1.2.5 系统误差的发现与校正

1. 系统误差的发现与判别

由于系统误差对测量精度影响比较大,因此,必须消除系统误差的影响,才能有效地提高测量精度,下面介绍的是发现系统误差的常用方法。

(1)实验对比法

这种方法是通过改变产生系统误差的条件而进行不同条件的测量,以发现系统误差,这种方法适用于发现不变的系统误差。例如,一台测量仪表本身存在固定的系统误差,即使进行多次测量也不能发现,只有用精度更高一级的测量仪表测量,才能发现这台测量仪表的系统误差。

(2)剩余误差观察法

剩余误差为某测量值与测量平均值之差,即$p_i = x_i - \bar{x}$。根据测量数据的各个剩余误差大小和符号的变化规律,可以直接由误差数据或误差曲线图形来判断有无系统误差。这种方法主要适用于发现有规律变化的系统误差,如图1.2.1所示,若剩余误差如图1.2.1(a)所示,大体上是正负相间,且无显著变化规律,则不存在系统误差;若剩余误差如图1.2.1(b)所示,有规律地递增或递减,且在测量开始与结束时误差相反,则存在线性系统误差;若剩余误差如图1.2.1(c)所示,剩余误差的符号有规律地逐渐由负变正,再由正变负,且循环交替重复变化,则存在周期性系统误差;若剩余误差按如图1.2.1(d)所示的规律变化,则应怀疑同时存在线性系统误差和周期性系统误差。图中n为测量次数。

(3)不同公式计算标准误差比较法

对等精度测量,可用不同公式计算标准误差,通过比较可以发现系统误差。使用时常采用

图 1.2.1 p-n 示意图

贝塞尔公式和佩捷斯公式计算比较,即

$$\sigma_1 = \sqrt{\frac{\sum_{i=1}^{n} p_i^2}{n-1}}, \qquad \sigma_2 = \sqrt{\frac{\pi}{2}} \frac{\sum_{i=1}^{n} |P_i|}{\sqrt{n(n-1)}}$$

令

$$\frac{\sigma_2}{\sigma_1} = 1 + u$$

若

$$|u| \geqslant \frac{2}{\sqrt{n-1}}$$

则怀疑测量中存在系统误差。

(4)计算数据比较法

对同一量进行测量得到多组数据,通过计算数据比较,判断是否满足随机误差条件,以发现系统误差。例如,对同一量独立测量 m 组结果,并计算求得算术平均值和均方根误差为:$\bar{x}_1, \sigma_1; \bar{x}_2, \sigma_2; \cdots; \bar{x}_m, \sigma_m$。任意两数据$(\bar{x}_i, \bar{x}_j)$的均方根误差为$\sqrt{\sigma_i^2 + \sigma_j^2}$,任意两组数据 $\bar{x}_i$ 和 $\bar{x}_j$ 间不存在系统误差的条件是

$$|\bar{x}_i - \bar{x}_j| < 2\sqrt{\sigma_i^2 + \sigma_j^2}$$

2. 系统误差的校正

这里阐述的是当存在系统误差时,如何从电路设计、测量方法和测量数据的处理方面对误差进行修正。

(1)补偿法

在电路和传感器结构设计中,常选用在同一有害干扰变量作用下,能产生误差相等而符号相反的零部件或元器件作为补偿元件。例如,采用负温度系数的热敏电阻补偿正温度系数电阻的温度误差;采用负温度系数的电容补偿正温度系数的电阻引起的时间常数的变化;采用磁分流器补偿磁路气隙中因温度变化引起的磁感应强度的变化等。

(2)差分法

相同的参数变换器(如电阻、电容、电感变换器)具有相同的温度系数,若将它们接入电桥相邻的两个臂时,变换器的参数随输入量作差分变化,即一个臂的参数增加,另一个臂的参数则减小,这时的电桥输出是单个参数变换器输出的两倍。但它们在同一温度场的作用下,由于两臂的参数值相等,温度系数相同,则温度变化引起的参数变化值相等,尽管参数变化了,然而电桥输出却不受影响。利用差分法,既可提高灵敏度,又能有效地抵消有害因素引起的误差。在检测仪器中,各种参数式变换器几乎都采用差分法接成差分电桥的形式,以

降低温度和零位引起的误差。

（3）比值补偿法

测量电路中经常采用分压器及放大器，它们的变换系数总是与所用电阻元件的电阻比值有关。为了保证精确的比值，可以要求每一个电阻具有精确的电阻值，然而这并非绝对需要，且代价很高。如果所选用的电阻具有相等的相对误差和相同的电阻温度系数时，温度变化虽使电阻值变化，但它们仍能保证相互比值的精确性，从而可采用低精度的元件实现比值稳定的高精度分压比或放大倍数。

（4）测量数据的修正

测量传感器和仪器经过检定后可以准确知道它的测量误差，当再次测量时，可以将已知的测量误差作为修正值，对测量数据进行修正，从而获得更精确的测量结果。

1.3 传感器的基本特性

在讲述传感器原理、构造、应用之前，对传感器的基本特性做一些了解是非常必要的，传感器的特性可以通过它的静态和动态特性揭示出来。

1.3.1 传感器的静态特性

1. 精确度

与精确度有关的指标有三个：精密度、准确度和精确度（简称精度）。

（1）精密度

它说明测量传感器输出值的分散性，即对某一稳定的被测量，由同一个测量者，用同一个传感器，在相当短的时间内连续重复测量多次，以检查测量结果的分散程度。例如，某测温传感器的精密度为 0.5 ℃，即表示多次测量结果的分散程度不大于 0.5 ℃。精密度是随机误差大小的标志，精密度高，意味着随机误差小。但必须注意，精密度与准确度是两个概念，精密度高不一定准确度高。

（2）准确度

它说明传感器输出值与真值的偏离程度。例如，某流量传感器的准确度为 0.3 m^3/s，表示该传感器的输出值与真值偏离 0.3 m^3/s。准确度是系统误差大小的标志，准确度高意味着系统误差小。同样，准确度高不一定精密度高。

（3）精确度

它是精密度与准确度两者的总和，精确度高表示精密度和准确度都比较高。在最简单的情况下，可取两者的代数和。精确度常以测量误差的相对值表示，联系上一节所阐述的精度等级概念，理解它的意义就更容易了。

如图 1.3.1 所示的射击例子有助于加深对精密度、准确度和精确度三个概念的理解。图 1.3.1（a）表示准确度高而精密度低，图 1.3.1（b）表示准确度低而精密度高；图 1.3.1（c）表示精确度高。在测量中都希望得到精确度高的结果。

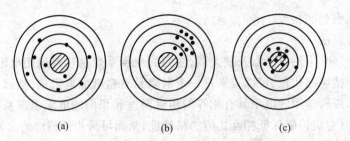

图 1.3.1　射击举例

2. 稳定性

传感器的稳定性有两个指标,一是传感器测量输出值在一段时间中的变化,用稳定度表示;二是传感器外部环境和工作条件变化引起输出值的不稳定,用影响量表示。

(1) 稳定度

指在规定时间内,测量条件不变的情况下,由于传感器中随机性变动、周期性变动和漂移等引起输出值的变化。一般用精密度和观测时间长短表示。例如,某传感器输出电压值每小时变化 1.3 mV,则其稳定度可表示为 1.3 mV/h。

(2) 影响量

测量传感器由外界环境变化引起输出值变化的量,称为影响量。它是由温度、湿度、气压、振动、电源电压及电源频率等一些外加环境影响所引起的。说明影响量时,必须将影响因素与输出值偏差同时表示。例如,某传感器由于电源变化 10% 而引起其输出值变化 0.02 mA,则应写成 $0.02 \ \text{mA}/(U \pm 10\% U)$。

3. 传感器的静态输入/输出特性

静态特性是指输入的被测参数不随时间而变化,或随时间变化很缓慢时,传感器的输出量与输入量的关系。

(1) 线性度

人们总是希望传感器的输出与输入关系具有线性特性,这样可使显示仪表刻度均匀,在整个测量范围内具有相同的灵敏度,并且不必采用线性化环节,从而简化了测量电路。但实际上由于传感器存在着迟滞、蠕变、摩擦、间隙和松动等各种因素,以及外界条件的影响,使其输入/输出特性总是具有不同程度的非线性。

线性度(又称非线性误差)说明输出量与输入量的实际关系曲线偏离其拟合直线的程度。

设传感器实际输入输出关系曲线用下列多项式代数方程表示

$$y = a_0 + a_1 x + a_2 x^2 + \cdots + a_n x^n \tag{1.3.1}$$

式中，　　y——输出量;

　　　　　x——输入量;

　　　　　a_0——零点输出;

　　　　　a_1——理论灵敏度;

$a_2, a_3, \cdots, a_n$——非线性项系数。

各项系数不同,决定了特性曲线的具体形式。对曲线的线性化处理,可以采用各种方法,其中包括计算机硬件或软件补偿。一般来说,这些办法都比较复杂。所以在曲线的非线性程度不太大的情况下,可以采用拟合直线的办法来线性化。

在采用拟合直线达到线性化时,实际输入输出曲线与其拟合直线之间的最大偏差就称为线性度(或非线性误差),通常用相对误差 δ_L 来表示,即

$$\delta_L = \pm \frac{\Delta_{max}}{y_{FS}} \times 100\% \qquad (1.3.2)$$

式中,Δ_{max}——输入输出量实际关系曲线与拟合直线之间的最大偏差值;

$\quad\quad y_{FS}$——满量程输出。

拟合直线的方法很多。不同的拟合直线,非线性误差也不同。选择拟合直线的主要出发点,应是获得最小的非线性误差。最简单的是端基线性度的拟合直线,如图 1.3.2 所示,只需校正传感器的零点和对应于最大输入量 x_{max} 的最大输出值 y_{FS} 点,将这两点连成直线便得到该传感器的拟合直线。此法简单方便,但精度不高。根据误差理论,采用最小二乘法来确定拟合直线,其拟合精度最高。

图 1.3.2　端基线性度

令输出量 y 与输入量 x 满足下述关系式

$$y = a + Kx \qquad (1.3.3)$$

式中,a 和 K 的确定条件是以使实际测量值 y_i 和由方程(1.3.3)给出的值 y 之间的偏差为极小。假定实际校准测试点有 n 个,则第 i 个校准数据 y_i 与拟合直线相应值之间的残差为

$$\Delta_i = y_i - (a + Kx_i) \qquad (1.3.4)$$

最小二乘法拟合直线的原理就是使 $\sum_{i=1}^{n} \Delta_i^2$ 为最小值,也就是使 $\sum_{i=1}^{n} \Delta_i^2$ 对 K 和 a 的一阶偏导数等于零,从而求 a 和 K 的表达式,即

$$\frac{\partial}{\partial K} \sum \Delta_i^2 = 2 \sum (y_i - Kx_i - a)(-x_i) = 0 \qquad (1.3.5)$$

$$\frac{\partial}{\partial a} \sum \Delta_i^2 = 2 \sum (y_i - Kx_i - a)(-1) = 0 \qquad (1.3.6)$$

从以上二式求出 K 和 a 为

$$K = \frac{n \sum x_i y_i - \sum x_i \sum y_i}{n \sum x_i^2 - (\sum x_i)^2} \qquad (1.3.7)$$

$$a = \frac{n \sum x_i^2 \sum y_i - \sum x_i \sum x_i y_i}{n \sum x_i^2 - (\sum x_i)^2} \qquad (1.3.8)$$

在获得 K 和 a 的值后代入式(1.3.3)即可得到拟合直线,然后按式(1.3.4)求出差的最大值 Δ_{max} 即为非线性误差。

例 1.3.1　有一只压力传感器校准数据见表 1.3.1。要求根据这些数据求得最小二乘法线性度的拟合直线方程。

表 1.3.1　压力传感器校准数据

			$x_i \times 10^5/\text{Pa}$ 0	0.5	1.0	1.5	2.0	2.5
校正数据	1	正行程	0.002 0	0.201 5	0.400 5	0.600 0	0.799 5	1.000 0
		反行程	0.003 0	0.202 0	0.402 0	0.601 0	0.800 5	
	2	正行程	0.002 5	0.202 0	0.401 0	0.600 0	0.799 5	0.999 5
		反行程	0.003 5	0.203 0	0.402 0	0.601 5	0.800 5	
	3	正行程	0.003 5	0.202 0	0.401 0	0.600 0	0.799 5	0.999 0
		反行程	0.004 0	0.203 0	0.402 0	0.601 0	0.800 5	

解：为了求得直线方程式,必须先算出式(1.3.7)和式(1.3.8)中各数值之和。从所给数据知道,校准次数 $n=33$。所求各值如下：

$$\sum_{i=1}^{33} x_i = 37.5$$

$$\sum_{i=1}^{33} y_i = 15.042\ 5$$

$$\sum_{i=1}^{33} x_i y_i = 25.516\ 8$$

$$\sum_{i=1}^{33} x_i^2 = 63.75$$

把上述数据代入式(1.3.7)和式(1.3.8),得到

$$K = 0.398\ 50, \quad a = 0.002\ 98$$

于是,得到最小二乘法的拟合直线方程为

$$y = 0.002\ 98 + 0.398\ 50x$$

再将各个输入值 x_i 代入上式,就得到理论拟合直线的各点数值,见表 1.3.2。

表 1.3.2　理论拟合直线的各点数值

x_i	0	0.5	1.0	1.5	2.0	2.5
y_i	0.002 98	0.202 2	0.401 5	0.600 7	0.800 0	0.999 2

按表中数据和上述数据绘出曲线,可依次找出输入/输出校准值与上述理论拟合直线相应点数值之间的最大偏差 $\pm \Delta_{\max}$,根据式(1.3.2)便可求出该传感器的非线性误差。

（2）灵敏度

传感器的输出量 y 与输入量 x 之间的关系 $y = f(x)$ 称为该传感器的刻度方程。表示这种输入/输出关系的特性称为刻度特性。一般来说,刻度特性分为线性特性和非线性特性。

灵敏度表示传感器的输入量增量 Δx 与由它引起的输出量增量 Δy 之间的函数关系。更

确切地说,灵敏度 K 等于传感器输出增量与被测量增量之比,它是传感器在稳态输入输出特性曲线上各点的斜率,可用下式表示

$$K = \frac{\mathrm{d}y}{\mathrm{d}x} = \frac{\mathrm{d}f(x)}{\mathrm{d}x} = f'(x) \tag{1.3.9}$$

灵敏度表示单位被测量的变化所引起传感器输出值的变化量。很显然,灵敏度 K 值越高表示传感器越灵敏。

图 1.3.3 表示了传感器灵敏度的三种情况:图 1.3.3(a)所示为灵敏度 K 保持为常数,即灵敏度 K 不随被测输入量变化;图 1.3.3(b)所示为灵敏度 K 随被测输入量增加而增加;图 1.3.3(c)所示为灵敏度 K 随被测输入量增加而减小。

图 1.3.3　传感器的灵敏度

从灵敏度的定义可知,灵敏度是刻度特性的导数,因此它是一个有单位的量。当讨论某一传感器的灵敏度时,必须确切地说明它的单位。例如某传感器的压力灵敏度用 K_p 表示,单位是 mV/Pa,即每帕压力引起多少毫伏电压输出;对于电阻应变式传感器,用应变灵敏度 K 表示,其单位是 mA/με(毫安/微应变),即每一微应变引起多少毫安电流输出。

(3)灵敏度阈与分辨力

灵敏度阈是指传感器能够区别的最小读数变化量。有些传感器,如电位器式传感器,当输入量连续变化时,输出量只作阶梯变化,则分辨力就是输出量的每个"阶梯"所代表的输入量的大小。对于数字式仪表,灵敏度阈转变成分辨力。所谓分辨力就是指数字式仪表指示数字值的最后一位数字所代表的值,当被测量的变化量小于分辨力时,数字式仪表的最后一位数不变,仍指示原值。

灵敏度阈或分辨力都是有单位的量,它的单位与被测量的单位相同,例如某电桥的灵敏度阈是 0.000 3 Ω,某数字电压表的分辨力是 10 μV 等。

对于一般传感器的要求是,灵敏度应该大而灵敏度阈应该小。但也不是灵敏度阈越小越好,因为灵敏度阈越小,干扰的影响越显著,给测量的平衡过程造成困难,而且费时、费钱。因此,选择的灵敏度阈只要小于允许测量绝对误差的 1/3 即可。

从物理含义看,灵敏度是广义的增益,而灵敏度阈则是死区或不灵敏区。

(4)迟滞

传感器在正(输入量增大)反(输入量减小)行程中输入输出特性曲线的不重合程度称为迟滞。如图 1.3.4 所示,也就是说,达到同样大小的输入量所采用的行程方向不同时,尽管输入为同一输入量,但输出信号大小却不相等。产生这种现象的主要原因是传感器机械部分存在不可避免的缺陷,如轴承摩擦、间隙、紧固件松动、材料内摩擦、积尘等。

迟滞误差大小一般由实验方法确定。用最大输出差值 $\Delta_{\max}$ 与满量程输出 y_{FS} 的百分比来

表示,即

$$\delta_H = \pm \frac{1}{2} \frac{\Delta_{max}}{y_{FS}} \times 100\% \qquad (1.3.10)$$

迟滞误差的另一名称为回程误差。回程误差常用绝对误差表示。检测回程误差时,可选择几个测试点进行正反行程测试。对应于每一点的输入信号,得到输出信号的差值。差值中最大者即为回程误差。

(5)重复性

重复性是指传感器的输入在按同一方向变化时,在全量程内连续进行重复测试时所得到的各特性曲线的重复程度,如图1.3.5所示。多次重复测试的曲线越重合,说明重复性越好,误差也小。重复特性的好坏是与许多随机因素有关的,与产生迟滞现象具有相同的原因。

图 1.3.4　迟滞特性

图 1.3.5　重复特性

为了衡量传感器的重复特性,一般采用输出最大重复性偏差 Δ_{max} 与满量程 y_{FS} 的百分比来表示重复性指标

$$\delta_R = \pm \frac{\Delta_{max}}{y_{FS}} \times 100\% \qquad (1.3.11)$$

重复性误差只能用实验方法确定。用实验方法分别测出正反行程时诸测试点在本行程内同一输入量时输出量的偏差,取其最大值作为重复性误差,然后取其满量程输出 y_{FS} 的比值,比值越大重复性越差。

重复性误差也常用绝对误差表示。检测时也可选取几个测试点,对应每一点多次从同一方向趋近获得输出系列值,算出最大值与最小值之差作为重复性偏差,然后在几个重复性偏差中取出最大值 Δ_{max} 作为重复性误差。

1.3.2　传感器的动态特性

动态特性是指传感器对于随时间变化的输入量的响应特性。实际被测量随时间变化的形式可能是各种各样的,只要输入量是时间的函数,则其输出量也将是时间的函数。通常研究动态特性是根据标准输入特性来考虑传感器的响应特性。标准输入有三种:呈正弦变化的输入、阶跃变化的输入和线性输入,而经常使用的是前两种。

1. 动态特性的数学描述

为了便于分析传感器的动态特性,必须建立数学模型。线性系统的数学模型为一常系数线性微分方程。对线性系统动态特性的研究,其方法之一就是分析数学模型的输入量 x 与输出量 y 之间的关系,通过对微分方程求解,就可得到动态性能指标。

对于线性定常(时间不变)系统,其数学模型为高阶常系数线性微分方程,即

$$a_n \frac{\mathrm{d}^n y}{\mathrm{d}t^n} + a_{n-1} \frac{\mathrm{d}^{n-1} y}{\mathrm{d}t^{n-1}} + \cdots + a_1 \frac{\mathrm{d}y}{\mathrm{d}t} + a_0 y$$

$$= b_m \frac{\mathrm{d}^m x}{\mathrm{d}t^m} + b_{m-1} \frac{\mathrm{d}^{m-1} x}{\mathrm{d}t^{m-1}} + \cdots + b_1 \frac{\mathrm{d}x}{\mathrm{d}t} + b_0 x \qquad (1.3.12)$$

式中, y——输出量;

x——输入量;

t——时间;

$a_0, a_1, \cdots, a_n$——常数;

$b_0, b_1, \cdots, b_m$——常数;

$\dfrac{\mathrm{d}^n y}{\mathrm{d}t^n}$——输出量对时间 t 的 n 阶导数;

$\dfrac{\mathrm{d}^m x}{\mathrm{d}t^m}$——输入量对时间 t 的 m 阶导数。

2. 传递函数

动态特性的传递函数在线性(或线性化)定常系统中是指初始条件为 0 时,系统输出量的拉氏变换与输入量的拉氏变换之比。

传感器的一般方程式(1.3.12),当其初值为 0 时,对式(1.3.12)进行拉氏变换即可得系统传递函数 $H(s)$ 的一般式为

$$H(s) = \frac{y(s)}{x(s)} = \frac{b_m s^m + b_{m-1} s^{m-1} + \cdots + b_1 s_1 + b_0}{a_0 s^n + a_{n-1} s^{n-1} + \cdots + a_1 s_1 + a_0} \qquad (1.3.13)$$

式中,$y(s)$——传感器输出量的拉氏变换式;

$x(s)$——传感器输入量的拉氏变换式。

$$y(s) = \mathscr{L}[y(t)] = \int_0^\infty y(t) \mathrm{e}^{-st} \mathrm{d}t \qquad (1.3.14)$$

$$x(s) = \mathscr{L}[x(t)] = \int_0^\infty x(t) \mathrm{e}^{-st} \mathrm{d}t \qquad (1.3.15)$$

式中,s 是拉氏算子。

由上式可知,对一定常系统,当系统微分方程已知,只要把方程式中各阶导数用相应的 s 变量来替换,即可求得传感器的传递函数。

3. 动态响应

(1)正弦输入时的频率响应

① 零阶传感器。

在零阶传感器中,对照方程式(1.3.12)则只剩下 a_0 与 b_0 两个系数,于是微分方程为

$$a_0 y = b_0 x$$

$$y = \frac{b_0}{a_0}x = Kx \qquad (1.3.16)$$

式中,K——静态灵敏度。

式(1.3.16)表明,零阶系统的输入量无论随时间如何变化,其输出量幅值总是与输入量成确定的比例关系,在时间上也不滞后,辐角 φ 等于零。电位器式传感器就是零阶系统的一例。在实际应用中,许多高阶系统在变化缓慢、频率不高时,都可以近似地当做零阶系统来处理。

② 一阶传感器。

这时,式(1.3.12)除系数 a_1, a_0, b_0 外其他系数均为零,因此可写成

$$a_1 \frac{\mathrm{d}y}{\mathrm{d}t} + a_0 y = b_0 x \qquad (1.3.17)$$

上式两边各除以 a_0,得到

$$\frac{a_1}{a_0} \frac{\mathrm{d}y}{\mathrm{d}t} + y = \frac{b_0}{a_0}x$$

或者写成

$$\tau \frac{\mathrm{d}y}{\mathrm{d}t} + y = Kx \qquad (1.3.18)$$

式中,τ——时间常数$\left(\tau = \dfrac{a_1}{a_0}\right)$;

K——静态灵敏度$\left(K = \dfrac{b_0}{a_0}\right)$。

由弹簧(刚度 k)和阻尼器(阻尼系数 C)组成的机械系统可算是典型的一阶传感器的实例,如图 1.3.6 所示。除了弹簧-阻尼器属于一阶系统,还有 RC、RL 电路,液体温度计也属于一阶系统。

③ 二阶传感器。

很多传感器,例如振动传感器、压力传感器等属于二阶传感器,如图 1.3.7 所示。对照式(1.3.12)可得

图 1.3.6　一阶传感器　　　　　　　图 1.3.7　二阶传感器

$$a_2 \frac{\mathrm{d}^2 y}{\mathrm{d}t^2} + a_1 \frac{\mathrm{d}y}{\mathrm{d}t} + a_0 y = b_0 x \qquad (1.3.19)$$

与含有质量 m、弹性元件 k、阻尼器 C 和受作用力 $F(t)$ 的系统动力学方程

$$m\frac{\mathrm{d}^2 y}{\mathrm{d}t^2} + C\frac{\mathrm{d}y}{\mathrm{d}t} + ky = F(t) \tag{1.3.20}$$

相比较可知 $a_2 = m$，$a_1 = C$，$a_0 = k$，y 为位移，上式又可写成

$$\ddot{y} + 2\xi\omega_0\dot{y} + \omega_0^2 y = k_1 F(t) \tag{1.3.21}$$

式中，ω_0——系统无阻尼时的固有振动角频率，$\omega_0 = \sqrt{\dfrac{k}{m}}$；

$\quad\quad \xi$——比阻尼系数，$\xi = \dfrac{C}{2\sqrt{km}}$；

$\quad\quad k_1$——常数，$k_1 = \dfrac{1}{m}$。

将上式写成一般通用形式，则为

$$\frac{\ddot{y}}{\omega_0^2} + \frac{2\xi}{\omega_0}\dot{y} + y = \frac{k_1}{\omega_0^2}F(t) = KF(t) \tag{1.3.22}$$

式中，K——静态灵敏度，$K = \dfrac{1}{m\omega_0^2}$。

其传递函数为

$$H(s) = \frac{K}{\dfrac{s^2}{\omega_0^2} + \dfrac{2\xi s}{\omega_0} + 1} \tag{1.3.23}$$

频率特性为

$$H(\mathrm{j}\omega) = \frac{K}{1 - \left(\dfrac{\omega}{\omega_0}\right)^2 + 2\xi\mathrm{j}\dfrac{\omega}{\omega_0}} \tag{1.3.24}$$

幅频特性为

$$|H(\mathrm{j}\omega)| = \frac{K}{\left\{\left[1 - (\omega/\omega_0)^2\right]^2 + 4\xi^2(\omega/\omega_0)^2\right\}^{1/2}} \tag{1.3.25}$$

相频特性为

$$\varphi(\omega) = \arctan\left[\frac{2\xi}{(\omega/\omega_0) - (\omega_0/\omega)}\right] \tag{1.3.26}$$

（2）阶跃输入时的阶跃响应

对于一阶系统的传感器，设在 $t = 0$ 时，x 和 y 均为 0；当 $t>0$ 时，有一单位阶跃信号输入，如图 1.3.8(a) 所示，此时方程 (1.3.12) 变为

$$\frac{\mathrm{d}y}{\mathrm{d}t} + a_0 y = b_1\frac{\mathrm{d}x}{\mathrm{d}t} + b_0 x \tag{1.3.27}$$

此时该齐次方程的通解为

$$y_1 = C_1\mathrm{e}^{-\frac{t}{\tau}}$$

而该非齐次方程的特解为

$$y_2 = 1 \quad (t > 0 \text{ 时})$$

因此方程的解为

$$y = y_1 + y_2 = C_1 e^{-\frac{t}{\tau}} + 1$$

以初始条件 $y(0)=0$ 代入上式,即得 $t=0$ 时,$C_1 = -1$,所以

$$y = 1 - e^{-t/\tau}$$

式(1.3.22)画成曲线如图 1.3.8(b)所示。输出的初值为零,随着时间推移,y 接近于 1,当 $t=\tau$ 时,$y=0.63$。在一阶惯性系统中,时间常数 τ 值是决定响应速度的重要参数。

图 1.3.8   一阶传感器的阶跃响应

当传感器输入阶跃信号,其输出从一个稳态值到另一个稳态值(有些情况取 90%)所需的时间称为响应时间,响应时间的长短表明传感器对被测信号反应快慢的能力。

二阶传感器的阶跃响应特性分析本节不作详细叙述,感兴趣的学生请看本章附录1.1。

1.4 传感器的标定

在使用传感器之前必须对其进行标定,以保证使用过程中所测的信号准确、有用。此项工作就是用实验的方法,找出其输入/输出的关系,以确定传感器的性能指标。

对不同的情况、不同的要求以及不同的传感器有不同种类的标定方法。按传感器输入信号是否随时间变化,可分为静态标定和动态标定。

1.4.1 静态标定

当输入到传感器的信号是一个不随时间变化的常量的标定即为静态标定。静态标定用于测试、检验传感器的静态特性指标,如静态灵敏度、线性度、迟滞、重复性等。标定工作要遵循国家计量部门制定的有关标准和操作规程,并选择正确的标定条件和相应等级的设备组成实用标定系统。

1. 标定条件及仪器精度

(1)静态标定条件

静态标定条件是没有加速度、振动、冲击(除非这些参数本身就是被测量),环境温度为20 ℃±5 ℃,相对湿度不大于 85%,大气压力为(101.32±7.998)kPa 的情况。

(2)标定仪器设备精度等级的确定

按照规定,在对传感器标定时所用的标准仪器及设备至少要比被标定传感器的精度高一个等级,为保证标定数据真实可靠,必须选用与被标定传感器精度相适应的标准器具。只有这样标定出的传感器性能指标才是可信的,并可以在实际中应用。

2. 静态特性的标定方法

下面以活塞压力计标定压力传感器为例说明标定过程及步骤。

首先,用于标定的活塞压力计在精度上是一台高于被标定压力传感器若干倍的标准仪器;其次,工作环境满足前述静态标定条件。

如图1.4.1所示,将被标定压力传感器安装于活塞压力计相应位置上,从而构成标定系统。

标定工作的第一步是将被标定压力传感器的全量程等距地分成若干点。

第二步根据压力传感器量程分点情况,摇动手轮,打开针形阀,先由小到大逐点地输入标准量值,再由大到小逐点减小标准量值,如此正、反行程往复循环多次,逐点记录下各输入值(标准值)相对应的输出值(被标定值)。

图1.4.1 活塞压力计标定压力传感器

第三步将得到的输入、输出测试数据用表格列出或画成曲线。

第四步对测试数据进行处理,根据处理结果,可以确定该压力传感器的精度、线性度、灵敏度、重复性等静态指标。

1.4.2 动态标定

传感器的动态标定主要目的就是要确定其动态特性,如动态灵敏度、频率响应和固有频率等。

常用的动态标定设备有振动台、电磁激振器、压力发生器等。

下面以一种压电式加速度传感器的几个主要动态特性指标标定过程为例,讲述动态标定方法及步骤。

标定要严格按国家规定的检定规程和程序分步操作,并使工作环境达到标定条件。其中灵敏度、频率特性、电容量、绝缘电阻四项是该类传感器基本标定项目。

1. 灵敏度的标定

传感器输出的电信号(电压或电荷)与相应输入的加速度之比称为灵敏度。其标定大多数是在振动台上进行,而且是在单频(例如100 Hz)下标定的,振动台的加速度不大于$10\ g$。

2. 频率响应的标定

频率响应标定一般有两个目的:一是确定传感器所能使用的频率范围,一般压电式加速度传感器在低于其谐振频率1/5的频段内,灵敏度偏差一般在±5%以内,而低于其谐振频率1/3的频段内,灵敏度偏差一般在±10%;再就是检查加速度传感器有无异常响应。

频率响应标定包括两个部分,即幅频特性和相频特性的标定。

(1)幅频特性的标定

将加速度传感器固定在标准振动台上,并连接测量系统,使振动台以固定振幅正弦振动,然后改变振动频率,测出传感器的灵敏度随频率变化的曲线,就称为幅频特性的标定。

绘制幅频特性曲线的一种简单方法,就是以传感器的振幅灵敏度为纵坐标,即输出电荷幅值与输入加速度幅值之比为纵坐标,以频率为横坐标。

在幅频特性的标定中,常用的还有连续扫描法。其原理是在标准振动台内安装被标定加速度传感器组成闭环自动扫描系统,使被标定加速度传感器在自动扫描过程中受到一个恒定的加速度,并用记录仪自动记录被标定加速度传感器随频率变化的曲线。

（2）相频特性的标定

由于压电式加速度传感器的阻尼很小,一般不产生相位畸变,无需进行相频标定。当压电式加速度传感器与滤波器一起使用时,则相位随频率而变化,此时就要进行相频标定,方法如下:

将振动台的标准信号和被标定传感器的输出信号分别接到示波器的 x 轴和 y 轴的输入端。由于频率相等,振幅不相等,且有相位差存在,示波器将显示出李沙育图形,如图 1.4.2 所示。

图 1.4.2　李沙育图形

在图形外作一外切矩形,椭圆与 x 轴和 y 轴的交点为 c、a,矩形与 x 轴和 y 轴的交点为 d、b,则有

$$Oa = Ob \sin \varphi, \quad Oc = Od \sin \varphi$$

式中,φ——相位角。

因而

$$\varphi = \arcsin \frac{Oa}{Ob} = \arcsin \frac{Oc}{Od} \tag{1.4.1}$$

当输入振动台标准信号幅值不变,而不断改变其正弦信号的频率时,对应每个频率都有一个相位差值。依据这组数据就可以作出相频特性的标定曲线。

3. 谐振频率的标定

压电式加速度传感器的谐振频率是评价传感器基本工作特性及工作状态是否正常的一个重要指标。

谐振频率的标定分两种情况进行。第一种是谐振频率不超过 50 kHz 时,使用高频振动台作正弦激振,确定最大灵敏度所在的频率即为谐振频率。第二种情况是加速度传感器的谐振频率超过 50 kHz,此时采用冲击激振法标定,即将加速度传感器安装在钢砧上,冲击钢砧,使含有丰富谐波的冲击加速度激发起传感器谐振。而在示波器上得到的输出波形,是由外力冲击波和加速度传感器谐振叠加而成,如图 1.4.3 所示。

图 1.4.3　冲击响应图

根据示波器的扫描速度,即可确定被激发加速度传感器的谐振周期,其倒数就是谐振频率。

4. 电阻抗的检测

加速度传感器的等效电路参数主要有固定电容和绝缘电阻,因为这两个参数与传感器的电压灵敏度和低频响应有关。

在测电容量时,要在加速度传感器的工作频率下进行,一般选为 1 kHz。所加的激励电压要低,因为压电材料的电容量和外加电场有关。加速度传感器的绝缘电阻可用兆欧表测,所加

电压不能超过 100 V。

1.5 传感器的选用

在实际检测过程中,同一测量任务可用多种传感器完成。但是其测量成本、技术条件限制等往往是不一样的。因此,针对具体测量对象、测量目的,选择合适的测量传感器就必须有一定的标准。一般来说,在满足对传感器所有要求的前提下,还要考虑价格是否低廉、工作可靠性如何、是否便于维修等,具体选择要求如下。

1.5.1 传感器的指标及选择原则

1. 灵敏度

一般来说,传感器灵敏度越高越好。灵敏度越高说明传感器能检测到的变化量越小,这随之带来了外界噪声信号进入检测系统形成干扰的问题。因为噪声信号一般情况下都是较微弱的,只有高灵敏度的传感器才能感知到。同时灵敏度越高,稳定性越差,所以对于实际测量对象而言,选择能够满足测量要求的灵敏度指标即可。

在矢量测量时,要求传感器在纵方向灵敏度要高,而横向灵敏度要小。在作多维矢量测量时,还要求传感器的交叉灵敏度越小越好。

对于输入/输出为线性关系的传感器,要求其最大输入量不应使传感器进入非线性区域,更不能进入饱和区。另外,过高的灵敏度也会缩小其适用的测量范围。

因此,就选择传感器灵敏度指标而言,要考虑灵敏度过高会带来干扰和有效测量范围变小等问题。

2. 精度

传感器的精度表示传感器的输出与被测量真值的一致性程度。精度越高所测的量值与真值的误差越小。由于传感器处于检测系统的输入端,其测量值能否真实地反映被测量值,对于整个检测系统的测试质量有直接影响。然而,在实际测量中,也并非精度越高越好,因为传感器的精度等级越高,价格就越昂贵。因此,从实际出发不但要考虑测量对精度指标的要求,还要考虑测量成本等。

3. 可靠性

可靠性是指传感器在规定工作条件下和规定工作时间内,保持原有技术性能的能力。为了保证传感器在应用中具有较高的可靠性,在选用时必须考虑那些设计、制造良好、使用条件适宜的传感器。在使用过程中,严格保持规定的使用条件,尽量减小因使用条件不当而形成的不良影响。

例如电阻应变式传感器,湿度会影响其绝缘性,温度会影响其零漂,长期使用会产生蠕变现象等;变间隙型的电容传感器,环境中的水蒸气或浸入间隙的油剂,会改变介质的介电常数;光电传感器的感光表面有尘埃或水蒸气时,会改变光通量、偏振性或光谱成分;磁电式传感器、霍尔元件等,当在电场、磁场中工作时,也会带来测量误差。

在机械工程中,有些机械系统或自动化加工系统,往往要求传感器能长期地使用而不需经常更换或校准,而其工作环境比较恶劣,尘埃、油剂、温度、振动等干扰又很严重。例如轧钢工厂中的热轧机系统控制钢板厚度的 γ 射线检测装置,用于自适应磨削过程的测力系统或零件尺寸的自动检测装置等,都对传感器的可靠性有严格的要求。

4. 线性范围

任何传感器都有一定的线性范围,在线性范围内输出与输入成比例关系。线性范围越宽,说明传感器的工作量程越大。

传感器工作在线性区域内,是保证测量精度高的基本条件。例如机械式传感器中的测力弹性元件,其材料的弹性限度是决定测力量程的基本因素。当超过弹性限度时将产生线性误差。

然而任何传感器都不可能保证绝对线性,在允许限度内可以在其近似线性区域应用。例如变间隙型电容传感器和电感传感器,均采用在初始间隙附近的线性区域内工作,选用时必须考虑被测量的变化范围,令其线性误差在允许范围内。

5. 频率响应

频率响应主要有两项指标,一是响应时间,它是表示传感器能否迅速反应输入信号变化的一个指标。另一个是频率响应范围,它表征传感器能够通过多宽的频带。实际上传感器响应总有一定的延迟,通过的频带宽度也是有限的。但对于使用者来说,总是希望响应时间越短越好,通过频带越宽越好。

通常利用光电效应、压电效应原理制作的传感器响应速度快,工作频率范围也宽。而结构型传感器如电感传感器、电容传感器、磁电式传感器等,往往由于结构中的机械系统惯性的限制,其固有频率低,工作频率也低。

在动态测量中,传感器的响应特性对测量结果有直接的影响,在选用时应充分考虑被测量的变化特点,如稳态、瞬态、随机等。

6. 稳定性

作为长期使用的测量传感器,其工作稳定性显得特别重要。稳定性好的传感器在长时间工作下,对同一被测量输出量发生变化很小。另一种情况是当传感器受到扰动后,能够迅速回复到原来的状态。

造成传感器性能不稳定的主要原因是随着时间的推移和环境条件的变化,构成传感器的各种材料和元器件性能发生了变化。为了提高传感器性能的稳定性,应对材料、元器件或传感器的整体进行必要的稳定性处理。如结构材料的时效处理、冰冷处理、永磁材料的时间老化、温度老化、机械老化及交流稳磁处理、电气元器件老化更换处理等。

在常用的传感器中,考虑稳定性最多的就是温度稳定性,又称为温度漂移,它是传感器在外界温度变化下输出量发生的变化。例如考评某一传感器的温度稳定性,先将其置于某一温度下,如 28 ℃,将输出调至零点或某一特定点,使温度上升或下降一定度数如 5 ℃ 或 10 ℃,再读出输出值,前后两次输出之差即为温度稳定性误差。温度稳定性误差用若干摄氏度的绝对误差或相对误差表示。

1.5.2 选用条件要求

1. 抗干扰能力

实际使用的传感器总是工作在复杂的噪声环境中,噪声信号一旦进入测量系统并作用于测量结果便形成干扰。对于一个具体的传感器其受到的干扰类型和方式可能是不同的。但抗干扰措施主要有两种:一种是减小传感器对影响因素的灵敏度,另一种是减小外界干扰因素对传感器的影响或切断外界因素对传感器作用的通道。

2. 补偿与校正功能

有时传感器与测量系统误差的变化规律很复杂,采取一定的技术措施后仍难以满足要求或虽可能满足要求,但因价格昂贵或技术过分复杂而无现实意义。此时可以找误差的来源和数值,采用修正方法加以补偿和修正。例如传感器存在非线性,可以测出其特性曲线,然后加以校正。如果还存在温度误差,找出温度对测量值的影响规律,然后在实际测量时进行补偿。

补偿与校正可以利用硬件电子电路解决,也可以采用软件方法来解决。硬件方法如采用单片机等,而软件方法目前越来越多地被采用。

总之,选用传感器的要求主要可归纳为三个方面。第一是测量条件要求,主要包括测量目的、被测量的选择、测量范围、超标准过大的输入信号产生的频率、输入信号的频宽以及测量精度、测量所需的时间等。第二是传感器自身性能要求,主要包括精度、稳定性、响应速度、输出量类别(模拟信号还是数字信号)、对被测对象产生的负载效应、校正周期、输入端保护等。第三是使用条件要求,主要包括设置场地的环境条件(如温度、湿度、振动等)、所需功率容量、与其他设备的连接匹配、备件与维修服务等。

附录 *1.1* 二阶传感器的阶跃响应

由二阶系统动力学方程变形得

$$m \frac{\mathrm{d}^2 y}{\mathrm{d}t^2} = F - ky - C \frac{\mathrm{d}y}{\mathrm{d}t}$$

令 $\varepsilon = \dfrac{C}{2\sqrt{mk}}$,$\omega_0 = \sqrt{\dfrac{k}{m}}$,$F = AU(t)$,代入上式,便得二阶延迟系统的阶跃响应式为

$$\frac{\mathrm{d}^2 y}{\mathrm{d}t^2} + 2\xi\omega_0 \frac{\mathrm{d}y}{\mathrm{d}t} + \omega_0^2 y = k\omega_0^2 AU(t) \qquad (附 1.1.1)$$

该方程的特征方程为

$$\lambda^2 + 2\xi\omega_0\lambda + \omega_0^2 = 0 \qquad (附 1.1.2)$$

则特征根为

$$\lambda_1 = (-\xi + \sqrt{\xi^2 - 1})\omega_0$$

$$\lambda_2 = (-\xi - \sqrt{\xi^2 - 1})\omega_0$$

于是,式(附1.1.1)的解就按下列三种情况处理:

① λ_1 和 λ_2 是实数,即 $\xi>1$,这时齐次方程的通解就是

$$y_1 = k_1 e^{\lambda_1 t} + k_2 e^{\lambda_2 t}$$

取齐次方程的特解 $y_2 = C$,并代入式(附 1.1.1)可得 $C = kA$,所以 $y_2 = kA$。

则该方程的解为

$$y = kA + k_1 e^{\lambda_1 t} + k_2 e^{\lambda_2 t}$$

考虑到初始条件 $t = 0$ 时,$y = 0$,并把该解表达式代入原方程,即可求出 k_1 和 k_2,于是得解如下

$$y = kA \left[1 - \frac{(\xi + \sqrt{\xi^2 - 1})}{2\sqrt{\xi^2 - 1}} e^{(-\xi + \sqrt{\xi^2 - 1})\omega_0 t} + \frac{(\xi - \sqrt{\xi^2 - 1})}{2\sqrt{\xi^2 - 1}} e^{(-\xi - \sqrt{\xi^2 - 1})\omega_0 t} \right] \qquad (附 1.1.3)$$

这是表示过阻尼情况。

② λ_1 与 λ_2 是相等,即 $\xi = 1$ 时方程解为

$$y = - kA \left[1 - (1 + \omega_0 t) e^{-\omega_0 t} \right] \qquad (附 1.1.4)$$

这是表示临界阻尼的情况。

③ λ_1 与 λ_2 为共轭复根。即 $\xi < 1$ 时方程解为

$$y = kA \left[1 - \frac{e^{-\xi \omega_0 t}}{\sqrt{1 - \xi^2}} \sin \left(\sqrt{1 - \xi^2} \omega_0 t + \varphi \right) \right] \qquad (附 1.1.5)$$

这是表示欠阻尼情况,式中,$\varphi = \arcsin \left(\sqrt{1-\xi^2} \right)$。

对应于不同的 ξ 值的二阶系统单位阶跃响应曲线族如图附 1.1.1 所示。由于横坐标是量纲为 1 的量 $\omega_0 t$,所以曲线只与 ξ 有关,由图附 1.1.1 可见,在一定的 ξ 值下,欠阻尼系统比临界阻尼系统更快地达到稳定值;过阻尼系统反应迟钝,动作缓慢,所以一般传感器都设计成欠阻尼式的,ξ 取值一般为 $0.6 \sim 0.8$。

图附 1.1.1　二阶系统的阶跃响应曲线

思考题与习题

1. 根据传感器实现的功能分析其各组成部分的要求。

2. 传感器的主要特性有哪些?

3. 什么是传感器线性度？已知某传感器的输入/输出特性由下列一组数据表示,如习题表 1.1 所示,试计算它的线性度。

习题表 1.1　输入/输出数据表

输入 x	0	0.1	0.2	0.3	0.4	0.5	0.6	0.7	0.8	0.9	1.0
输出 y	0	5.00	10.00	15.01	20.01	25.02	30.02	35.01	40.01	45.00	50.0

4. 什么是传感器的静态特性、刻度特性、灵敏度？灵敏度与刻度特性有什么关系？

5. 已知某差压变送器,其理想特性为

$$U = 8x \qquad (U \text{ 为输出}, x \text{ 为位移})$$

它的实测数据如习题表 1.2 所示。

习题表 1.2　差压变送器实测数据

x/mm	0	1	2	3	4	5
U/mV	0.1	8.0	16.3	24.1	31.6	39.7

求:若指示仪表量程为 50 mV,指出仪表精度等级。

6. 试述传感器的静态标定过程。

7. 以振动传感器为例说明怎样进行动态特性的标定？

8. 选择传感器的一般依据是什么？

第2章

温度检测

温度是一个很重要的物理量,自然界中任何物理、化学过程都紧密地与温度相联系。在国民经济各部门,如电力、化工、机械、冶金、农业、医学等各部门以及人们日常生活中,温度检测与控制是十分重要的,在国防现代化及科学技术现代化中,温度的精确检测及控制更是必不可少的。

温度是表征物体或系统冷热程度的物理量。温度单位是国际单位制中七个基本单位之一。从能量角度来看,温度是描述系统不同自由度间能量分配状况的物理量;从热平衡观点来看,温度是描述热平衡系统冷热程度的物理量;从分子物理学角度来看,温度反映了系统内部分子无规则运动的剧烈程度。

检测温度的传感器或敏感元件很多,本章在简单介绍温标及测温方法的基础上,重点介绍膨胀式温度测量、电阻式温度传感与测试、热电偶温度计、辐射式温度计、石英晶体测温传感器、光导纤维温度计、薄膜热传感器、PN 结温度传感器、集成温度传感技术等测温原理及方法。

2.1 温标及测温方法

2.1.1 温标

为了保证温度量值的统一,必须建立一个用来衡量温度高低的标准尺度,这个标准尺度称为温标。温度的高低必须用数字来说明,温标就是温度的一种数值表示方法,并给出了温度数值化的一套规则和方法,同时明确了温度的测量单位。人们一般是借助于随温度变化而变化的物理量(如体积、压力、电阻、热电动势等)来定义温度数值,建立温标和制造各种各样的温度检测仪表。下面对常用温标作简单介绍。

1. 经验温标

借助于某一种物质的物理量与温度变化的关系,用实验的方法或经验公式所确定的温标称为经验温标。常用的有摄氏温标、华氏温标和列氏温标。

(1)摄氏温标

摄氏温标是把在标准大气压下水的冰点定为 0 摄氏度,把水的沸点定为 100 摄氏度的一种温标。在 0 摄氏度到 100 摄氏度之间进行 100 等分,每一等份为 1 摄氏度,单位符号为℃。

（2）华氏温标

华氏温标是以当地的最低温度为零度（起点）,人体温度为 100 华氏度,中间进行 100 等分,每一等份为 1 华氏度。后来,人们规定标准大气压下的纯水的冰点温度为 32 华氏度,水的沸点定为 212 华氏度,中间划分 180 等份,每一等份称为 1 华氏度,单位符号为°F。

（3）列氏温标

列氏温标规定标准大气压下纯水的冰熔点为 0 列氏度,水沸点为 80 列氏度,中间进行 80 等分,每一等份为 1 列氏度,单位符号为°R。

摄氏、华氏、列氏温度之间的换算关系为

$$C = \frac{5}{9}(F - 32) = \frac{5}{4}R \qquad (2.1.1)$$

式中,C——摄氏温度值;

F——华氏温度值;

R——列氏温度值。

摄氏温标、华氏温标都是用水银作为温度计的测温介质。而列氏温标则是用水和酒精的混合物来作为测温物质的。但它们都是依据液体受热膨胀的原理来建立温标和制造温度计的。由于不同物质的性质不同,它们受热膨胀的情况也不同,故上述三种温标难以统一。

2．热力学温标

1848 年开尔文（威廉·汤姆森）首先提出以热力学第二定律为基础,建立了温度仅与热量有关而与物质无关的热力学温标。因是开尔文提出来的,故又称为开尔文温标,用符号 K 表示。由于热力学中的卡诺热机是一种理想的机器,实际上能够实现卡诺循环的可逆热机是没有的,所以说,热力学温标是一种理想温标,是不可能实现的温标。

3．国际实用温标

为了解决国际上温度标准的统一及实用问题,国际上协商决定,建立一种既能体现热力学温度（即能保证一定的准确度）,又使用方便、容易实现的温标,这就是国际实用温标,又称国际温标。

1968 年国际实用温标规定,热力学温度是基本温度,用符号 T 表示,其单位为开尔文,用符号 K 表示。1 K 定义为水三相点热力学温度的 1/273.16,水三相点是指化学纯水在固态、液态及气态三项平衡时的温度,热力学温标规定三相点温度为 273.16 K。

另外,可使用摄氏温度,用符号 t 表示

$$t = T - T_0 (\text{℃}) \qquad (2.1.2)$$

这里摄氏温度的分度值与开氏温度分度值相同,即温度间隔 1 K 等于 1 ℃。T_0是在标准大气压下冰的融化温度,$T_0 = 273.15$ K,即水的三相点的温度比冰点高出 0.01 ℃。由于水的三相点温度易于复现,复现精度高,而且保存方便,是冰点不能比拟的,所以国际实用温度规定,建立温标的唯一基准点选用水的三相点。

2.1.2 温度检测的主要方法及分类

温度检测方法一般可以分为两大类,即接触测量法和非接触测量法。接触测量法是测温

敏感元件直接与被测介质接触。使被测介质与测温敏感元件进行充分的热交换,使两者具有同一温度,达到测量的目的。非接触测量法是利用物质的热辐射原理,测温敏感元件不与被测介质接触,通过辐射和对流实现热交换,达到测量的目的。各种温度检测方法各有自己的特点和各自的测温范围,常用的测温方法、类型及特点见表 2.1.1。

表 2.1.1　常用测温方法、类型及特点

测温方式	温度计或传感器类型			测量范围/℃	精度	特点
接触式	热膨胀式	水银		−50~650	0.1%~1%	简单方便,易损坏(水银污染)
		双金属		0~300	0.1%~1%	结构紧凑、牢固可靠
		压力	液体	−30~600	1%	耐振、坚固、价格低廉
			气体	−20~350		
	热电偶	铂铑-铂		0~1 600	0.2%~0.5%	种类多、适应性强、结构简单、经济方便、应用广泛。须注意寄生热电动势及动圈式仪表电阻对测量结果的影响
		其他		−200~1 100	0.4%~1.0%	
	热电阻	铂		−260~600	0.1%~0.3%	精度及灵敏度均较好,须注意环境温度的影响
		镍		−500~300	0.2%~0.5%	
		铜		0~180	0.1%~0.3%	
	热敏电阻			−50~350	0.3%~0.5%	体积小,响应快,灵敏度高,线性差,须注意环境温度影响
非接触式	辐射温度计			800~3 500	1%	非接触测温,不干扰被测温度场,辐射率影响小,应用简便
	光学高温计			700~3 000	1%	
	热探测器			200~2 000	1%	非接触测温,不干扰被测温度场,响应快,测温范围大,适于测温度分布,易受外界干扰,标定困难
	热敏电阻探测器			−50~3 200	1%	
	光子探测器			0~3 500	1%	
其他	示温涂料	碘化银、二碘化汞、氯化铁、液晶等		−35~2 000	<1%	测温范围大,经济方便,特别适于大面积连续运转零件上的测温,精度低,人为误差大

2.2　膨胀式温度计

热膨胀式温度计是利用液体、气体或固体热胀冷缩的性质,即利用测温敏感元件在受热后尺寸或体积发生变化,并根据尺寸或体积的变化值得到温度的变化值。膨胀式温度计分为液体膨胀式温度计和固体膨胀式温度计两大类。这里以固体膨胀式温度计中的双金属温度计和压力式温度计为例进行介绍。

2.2.1 双金属温度计

双金属温度计敏感元件如图 2.2.1 所示。它由两种热膨胀系数 α 不同的金属片组合而成,例如一片用黄铜, $\alpha = 22.8 \times 10^{-6}$,另一片用镍钢, $\alpha = 1 \times 10^{-6} \sim 2 \times 10^{-6}$,将两片粘贴在一起,并将其一端固定,另一端设为自由端,自由端与指示系统相连接。当温度由 t_0 变化到 t_1 时,由于 A、B 两者热膨胀不一致而发生弯曲,即双金属片由 t_0 时初始位置 AB 变化到 t_1 时的相应位置 A′B′,最后导致自由端产生一定的角位移,角位移的大小与温度成一定的函数关系,通过标定刻度,即可测量温度。双金属温度计一般应用在 $0 \sim 300\ ℃$ 范围内,最好情况下,精度可达 $0.5 \sim 1.0$ 级,常被用作恒定温度的控制元件,如一般用途的恒温箱、加热炉等就是采用双金属片来控制和调节"恒温"的。WSS 系列双金属温度计如图 2.2.2 所示。

图 2.2.1　双金属温度计敏感元件　　　　图 2.2.2　WSS 系列双金属温度计

双金属温度计的突出特点是:抗震性能好,结构简单,牢固可靠,读数方便,但它的精度不高,测量范围也不大。

2.2.2 压力式温度计

1. 压力式温度计的结构及工作原理

压力式温度计虽然属于膨胀式温度计,但它不是靠物质受热膨胀后的体积变化或尺寸变化反映温度,而是靠在密闭容器中液体或气体受热后压力的升高反映被测温度,因此这种温度计的指示仪表实际上就是普通的压力表。压力温度计的主要特点是结构简单,强度较高,抗震性较好。

压力式温度计主要由温包、毛细管和压力敏感元件(如弹簧管、膜盒、波纹管等)组成,如图 2.2.3 所示。温包、毛细管和弹簧管三者的内腔共同构成一个封闭容器,其中充满工作物质。温包直接与被测介质接触,它应把温度变化充分地传递给内部工作物质,所以,其材料应具有防腐能力,并有良好的热导率。为了提高灵敏度,温包本身的受热膨胀应远远小于其内部工作物质的膨胀,故材料的体膨胀系数要小。此外,还应有足够的机械强

图 2.2.3　压力式温度计

度,以便在较薄的容器壁上承受较大的内外压力差。通常,用不锈钢或黄铜制造温包,黄铜只能用在非腐蚀性介质里。当温包受热后,将使内部工作物质温度升高而压力增大,此压力经毛细管传到弹簧管内,使弹簧管产生变形,并由传动系统带动指针,指示相应的温度值。

目前生产的压力式温度计根据充入密闭系统内工作物质的不同可分为充气体的压力式温度计和充蒸气的压力式温度计。

2. 充气体的压力式温度计

气体状态方程式 $PV=mRT$ 表明,对一定质量 m 的气体,如果它的体积 V 一定,则它的温度 T 与压力 P 成正比。因此,在密封容器内充以气体,就构成充气体的压力温度计。工业上用的充气体的压力温度计通常充氮气,它能测量的最高温度可达 $500 \sim 550 \, ℃$,在低温下则充氢气,它的测温下限可达$-120 \, ℃$。在过高的温度下,温包中充填的气体会较多地透过金属壁而扩散,这样会使仪表读数偏低。

3. 充蒸气的压力式温度计

充蒸气的压力式温度计是根据低沸点液体的饱和蒸气压只和气液分界面的温度有关这一原理制成的。其感温包中充入约占 2/3 容积的低沸点液体,其余容积则充满液体的饱和蒸气。当感温包温度变化时,蒸气的饱和蒸气压发生相应变化,这一压力变化通过一直插入感温包底部的毛细管进行传递,在毛细管和弹簧管中充满上述液体,或充满不溶于感温包中液体的,在常温下不蒸发的高沸点液体,称为辅助液体,以传递压力。感温包中充入的低沸点液体常用的有氯甲烷、氯乙烷和丙酮等。

充蒸气的压力式温度计的优点是感温包的尺寸比较小、灵敏度高。其缺点是测量范围小、标尺刻度不均匀(向测量上限方向扩展),而且由于充入蒸气的原始压力与大气压力相差较小,故其测量精度易受大气压力的影响。

2.3 电阻式温度传感器

热电阻温度传感器是利用导体或半导体的电阻率随温度变化而变化的原理制成的,实现了将温度变化转化为元件电阻的变化。它主要用于对温度和温度有关的参数进行检测。若按其制造材料来分,有金属(铂、铜和镍)热电阻及半导体热电阻(称为热敏电阻)。下面分别对这两种热电阻进行介绍。

2.3.1 金属热电阻传感器

1. 热电阻类型

金属热电阻主要有铂电阻、铜电阻和镍电阻等,其中铂电阻和铜电阻最为常见。

(1)铂电阻

铂易于提纯、复制性好,在氧化性介质中,甚至高温下,其物理化学性质极其稳定,但在还原性介质中,特别是在高温下很容易被从氧化物中还原出来的蒸气所玷污,以致使铂丝变脆,并改变了它的电阻与温度的关系,此外,铂是一种贵金属,价格较贵,尽管如此,从对热电阻的要求来衡量,铂在极大的程度上能满足上述要求,所以仍然是制造基准热电阻、标准热电阻和工业用热电阻的最好材料。至于它在还原性介质中不稳定的特点可用保护套管设法避免或减轻,铂电阻温度计的使用范围是-200~850 ℃,铂电阻和温度的关系如下:

在-200~0 ℃的范围内

$$R_t = R_0 \left[1 + At + Bt^2 + C(t - 100\ ℃)t^3 \right] \qquad (2.3.1)$$

在0~850 ℃的范围内

$$R_t = R_0 (1 + At + Bt^2) \qquad (2.3.2)$$

式中,R_t——温度为 t 时的阻值;

R_0——温度为 0 ℃时的阻值;

A——常数,为 $3.908\ 02 \times 10^{-3}\ ℃^{-1}$;

B——常数,为 $-5.802 \times 10^{-7}\ ℃^{-2}$;

C——常数,为 $-4.273\ 50 \times 10^{-12}\ ℃^{-4}$。

（2）铜电阻

铜电阻的温度系数比铂大、价格低、而且易于提纯,但存在着电阻率小、机械强度差等弱点。在测量精度要求不是很高,测量范围较小的情况下,经常采用。

铜热电阻在-50~150 ℃的使用范围内其电阻值与温度的关系几乎是线性的,可表示为

$$R_t = R_0 (1 + \alpha t) \qquad (2.3.3)$$

式中,R_t——温度为 t 时的阻值;

R_0——温度为 0 ℃时的阻值;

α——铜电阻的电阻温度系数,$\alpha = 4.25 \sim 4.28 \times 10^{-3} ℃^{-1}$。

2. 热电阻的结构

热电阻主要由电阻体、绝缘套管和接线盒等组成。其结构如图2.3.1(a)所示。电阻体主要由电阻丝、引线、骨架等部分组成。端面热电阻实物图如图2.3.1(b)所示。

(a) 结构图　　　　　　(b) 实物图

图 2.3.1　热电阻

（1）电阻丝

由于铂的电阻率较大,而且相对机械强度较大,通常铂丝的直径在 0.03~0.07 mm±0.005 mm之间。可单层绕制,若铂丝太细,电阻体可做得小,但强度低;若铂丝粗,虽强度大,但电阻体大了,热惰性也大,成本高。由于铜的机械强度较低,电阻丝的直径需较大。一般为(0.1±0.005) mm 的漆包铜线或丝包线分层绕在骨架上,并涂上绝缘漆而成。由于铜电阻的温度低,故可以重叠多层绕制,一般多用双绕法,即两根丝平行绕制,在末端把两个头焊接起来,这样工作电流从一根热电阻丝进入,从另一根丝反向出来,形成两个电流方向相反的线圈,

其磁场方向相反,产生的电感就互相抵消,故又称无感绕法。这种双绕法也有利于引线的引出。

（2）骨架

热电阻线是绕制在骨架上的,骨架是用来支持和固定电阻丝的。骨架应使用电绝缘性能好、高温下机械强度高、体膨胀系数小、物理化学性能稳定、对热电阻丝无污染的材料制造,常用的是云母、石英、陶瓷、玻璃及塑料等。

（3）引线

引线的直径应当比热电阻丝大几倍,尽量减小引线的电阻,增加引线的机械强度和连接的可靠性,对于工业用的铂热电阻,一般采用 1 mm 的银丝作为引线。对于标准的铂热电阻则可采用 0.3 mm 的铂丝作为引线。对于铜热电阻则常用 0.5 mm 的铜线。

在骨架上烧制好热电阻丝,并焊好引线之后,在其外面加上云母片进行保护,再装入外保护套管,并和接线盒或外部导线相连接,即得到热电阻传感器。

3. 热电阻传感器的测量电路

热电阻传感器的测量电路常用电桥电路,由于工业用热电阻安装在生产现场,离控制室较远,因此热电阻的引线对测量结果有较大影响。为了减小或消除引线电阻的影响,目前,热电阻引线的连接方式经常采用三线制和四线制,如图 2.3.2 所示。

(a) 三线制　　　　　　　　(b) 四线制

图 2.3.2　热电阻传感器的测量电路

（1）三线制

在电阻体的一端连接两根引线,另一端连接一根引线,此种引线形式称为三线制。当热电阻和电桥配合使用时,这种引线方式可以较好地消除引线电阻的影响,提高测量精度。所以,工业热电阻多半采取这种方法。

（2）四线制

在电阻体的两端各连接两根引线称为四线制,这种引线方式不仅消除连接线电阻的影响,而且可以消除测量电路中寄生电动势引起的误差。这种引线方式主要用于高精度温度测量。

2.3.2　半导体热敏电阻传感器

热敏电阻是利用半导体材料的电阻率随温度变化而变化的性质制成的。其常用的半导体材料有铁、镍、锰、钴、钼、钛、镁、铜等的氧化物或其他化合物。一般根据产品性能不同,对半导体材料进行不同的配比,然后烧结而成。

1. 特性

热敏电阻的主要特性有温度特性和伏安特性。

（1）温度特性

热敏电阻按其性能可分为负温度系数 NTC 型热敏电阻、正温度系数 PTC 型热敏电阻、临界温度 CTR 型热敏电阻三种。NTC 型、PTC 型、CTR 型三类热敏电阻的特性如图 2.3.3 所示,半导体热敏电阻就是利用这种性质来测量温度的。现以负温度系数 NTC 型热敏电阻为例进行说明。

用于测量的 NTC 型热敏电阻,在较小的温度范围内,其电阻-温度特性关系为

$$R_T = R_0 e^{\beta\left(\frac{1}{T} - \frac{1}{T_0}\right)} \tag{2.3.4}$$

式中,R_T、R_0——温度 T、T_0 时的电阻值;

　　　　T——热力学温度;

　　　　β——热敏电阻材料常数,一般取 2 000 ~ 6 000 K,可由下式表示

$$\beta = \frac{\ln\left(\frac{R_T}{R_0}\right)}{\frac{1}{T} - \frac{1}{T_0}} \tag{2.3.5}$$

电阻温度系数为

$$\alpha = \frac{1}{R_T} \cdot \frac{\mathrm{d}R_T}{\mathrm{d}T} = -\frac{\beta}{T^2} \tag{2.3.6}$$

若 $\beta = 4\,000$ K,$T = 323.15$ K（50 ℃）,则 $\alpha = -3.8\%/℃$。可见,α、β 是表征热敏电阻材料性能的重要参数。

（2）伏安特性

把静态情况下热敏电阻上的端电压与通过热敏电阻的电流之间的关系称为伏安特性。它是热敏电阻的重要特性,如图 2.3.4 所示。

由图 2.3.4 可见,热敏电阻只有在小电流范围内端电压和电流成正比,因为电压低时电流也小,温度没有显著升高,它的电流和电压关系符合欧姆定律,但当电流增加到一定数值时,元件由于温度升高而阻值下降,故电压反而下降,因此,要根据热敏电阻的允许功耗线来确定电流,在测温中电流不能选得太高。

2. 热敏电阻的主要参数

选用热敏电阻除要考虑其特性、结构形式、尺寸、工作温度以及一些特殊要求外,还要重点考虑热敏电阻的主要参数,它不仅是设计的主要依据,同时对热敏电阻的正确使用有很强的指导意义。

图 2.3.3　三类热敏电阻的特性

图 2.3.4　热敏电阻伏安特性

（1）标称电阻值 R_H

是指环境温度为 (25 ± 0.2)℃时测得的电阻值,又称冷电阻,单位为 Ω。

（2）耗散系数 H

是指热敏电阻的温度变化与周围介质的温度相差 1 ℃时,热敏电阻所耗散的功率,单位为 W/℃。在工作范围内,当环境温度变化时,H 随之而变,此外 H 大小还和电阻体的结构、形状及所处环境(如介质、密度、状态)有关,因为这些会影响电阻体的热传导。

（3）电阻温度系数 α

热敏电阻的温度变化 1 ℃时,阻值的变化率。通常指温标为 20 ℃时的温度系数,单位为%/℃。

（4）热容量 C

热敏电阻的温度变化 1 ℃时,所需吸收或释放的能量,单位为 J/℃。

（5）能量灵敏度 G

是指热敏电阻的阻值变化 1%时所需耗散的功率,单位为 W,与耗散系数 H,电阻温度系数 α 之间的关系如下:

$$G = \frac{H}{\alpha} \times 100 \tag{2.3.7}$$

（6）时间常数 τ

是指温度为 T_0 的热敏电阻,在忽略其通过电流所产生热量的作用下,突然置于温度为 T 的介质中,热敏电阻的温度增量达到 $\Delta T = 0.63(T-T_0)$ 时所需时间,它与电容 C 和耗散系数 H 之间的关系如下:

$$\tau = \frac{C}{H} \tag{2.3.8}$$

（7）额定功率 P

热敏电阻在规定的条件下,长期连续负荷所允许的消耗功率,在此功率下,阻体自身温度不会超过其连续工作时所允许的最高温度,单位为 W。

3. 热敏电阻的特点

热敏电阻同其他测温元件相比具有以下特点:

① 灵敏度高。半导体的电阻温度系数比金属大,一般是金属的十几倍,因此,可大大降低对仪器、仪表的要求。

② 体积小,热惯性小,结构简单,可根据不同要求,制成各种形状。

③ 化学稳定性好,机械性能强,价格低廉,寿命长。

④ 热敏电阻的缺点是复现性和互换性差,非线性严重,测温范围较窄,目前只能达到 $-50 \sim 300$ ℃。

4. 热敏电阻的应用

由于热敏电阻具有许多优点,所以应用范围很广,可用于温度测量、温度控制、温度补偿、稳压稳幅、自动增益调整、气体和液体分析、火灾报警、过负荷保护等方面。下面介绍几种主要用法。

(1)温度测量

图 2.3.5 所示是热敏电阻测温原理图,测温范围为 $-50 \sim 300$ ℃,误差小于 ± 0.5 ℃,图中,S_1 为工作选择开关,"0"、"1"、"2"分别为电压断开、校正、工作三个状态。工作前根据开关 S_2 选择量程,将开关 S_1 置于"1"处,调节电位器 R_P 使检流计 G 指示满刻度,然后将 S_1 置于"2",热敏电阻被接入测量电桥进行测量。

(2)温度补偿

仪表中通常用的一些零件,多数是用金属丝制成的,例如线圈、线绕电阻等,金属一般具有正的温度系数,采用负的温度系数热敏电阻进行补偿,可以抵消由于温度变化所产生的误差。实际应用时,将负温度系数的热敏电阻与锰铜丝电阻并联后再与被补偿元件串联,如图 2.3.6 所示。

图 2.3.5 热敏电阻测温原理图

图 2.3.6 仪表中温度补偿

（3）温度控制

用热敏电阻与一个电阻相串联,并加上恒定的电压,当周围介质温度升到某一数值时,电路中的电流可以由十分之几毫安突变为几十毫安。因此可以用继电器的线圈代替不随温度变化的电阻。当温度升高到一定值时,继电器动作,继电器的动作反应温度的大小,所以热敏电阻可用作温度控制。

（4）过热保护

过热保护分为直接保护和间接保护。对小电流场合,可把热敏电阻直接串入负载中,防止过热损坏以保护器件。对大电流场合,可通过继电器、晶体管电路等保护。不论哪种情况,热敏电阻都与被保护器件紧密地结合在一起,充分热交换,一旦过热,则起保护作用。图 2.3.7所示为几种过热保护实例。

(a) 电机保护 (b) 变压器保护 (c) 晶体管保护

图 2.3.7 几种过热保护实例

2.4 热电偶传感器

2.4.1 热电偶测温原理

热电偶是目前应用广泛、简单的温度传感器,也是有源热电传感器的主要类型,它在很多方面具备了一种理想温度传感器的条件。

1. 热电偶的特点

（1）温度测量范围宽

随着科学技术的发展,目前热电偶的品种较多,它可以测量自−271 ~ +2 800 ℃以至更高的温度。

（2）性能稳定、准确可靠

在正确使用的情况下,热电偶的性能是很稳定的,其精度高、测量准确可靠。

（3）信号可以远传和记录

由于热电偶能将温度信号转换成电压信号,因此可以远距离传递也可以集中检测和控制。此外热电偶的结构简单、使用方便。其测量端能做得很小,因此可以用它来测量"点"的温度;又由于它的热容量小,因此反应速度很快。

2. 热电偶的分类

（1）按热电偶材料分类

按材料分类有廉金属、贵金属、难熔金属和非金属四大类。廉金属中有:铁-康铜、铜-康铜、镍铬-考铜、镍铬-康铜、镍铬-镍硅(镍铝)等;贵金属中有:铂铑$_{10}$-铂、铂铑$_{30}$-铂铑$_6$及有铂铑系以及铱铑系、铱钌系和铂铱系等;难熔金属中有:钨铼系、钨钼系、铱钨系和铌钛系等;非金属中有:二碳化钨-二碳化钼、石墨-碳化物等。

(2)按用途和结构分类

热电偶按照用途和结构分为:普通工业用和专用两类。

普通工业用的热电偶分为:直形、角形和锥形(其中包括无固定装置、螺纹固定装置和法兰固定装置等品种)。

专用的热电偶分为:钢水测温的消耗式热电偶、多点式热电偶和表面测温热电偶等。

3. 热电偶的测温原理

热电偶测温是基于热电效应。在两种不同的导体(或半导体)A 和 B 组成的闭合回路中,如果它们两个接点的温度不同,则回路中产生一个电动势,通常称为热电动势,这种现象就是热电效应,如图 2.4.1 所示。

在图 2.4.1 所示的回路中,两种丝状的不同导体(或半导体)组成的闭合回路,称为热电偶。导体 A 或 B 称为热电偶的热电极或热偶丝。热电偶的两个接点中,置于温度为 T 的被测对象中的接点称为测量端,又称工作端或热端;而温度为参考温度 T_0 的另一接点称为参比端或参考端,又称自由端或冷端。

热电偶产生的热电动势由接触电动势和温差电动势两部分组成。

(1)接触电动势

接触电动势就是由于两种不同导体的自由电子密度不同而在接触处形成的电动势,又称帕尔贴(Peltier)电动势。在两种不同导体 A、B 接触时,由于材料不同,两者有不同的电子密度,如 $N_A > N_B$,则在单位时间内,从导体 A 扩散到导体 B 的自由电子数比相反方向的多,即自由电子主要从导体 A 扩散到导体 B,这时 A 导体因失去电子而带正电,B 导体因得到电子而带负电,如图 2.4.2 所示。因此,在接触面上形成了自 A 到 B 的内部静电场,产生了电位差,即接触电动势。但它不会不断增加,而是很快地稳定在某个值,这是因为由电子扩散运动而建立的内部静电场或电动势将产生相反方向的漂移运动,加速电子在反方向的转移,使从 B 到 A 的电子速率加快,并阻止电子扩散运动的继续进行,最后达到动态平衡,即单位时间内从 A 扩散的电子数目等于反方向漂移的电子数目,此时在一定温度(T)下的接触电动势 $E_{AB}(T)$ 也就不发生变化而稳定在某值。其大小可表示为

$$E_{AB}(T) = \frac{kT}{e} \ln \left[\frac{N_A(T)}{N_B(T)} \right] \tag{2.4.1}$$

式中,e——单位电荷,$e = 1.6 \times 10^{-19} C$;

k——玻耳兹曼常数,$k = 1.38 \times 10^{-23} J/K$;

$N_A(T)$——材料 A 在温度为 T 时的自由电子密度;

$N_B(T)$——材料 B 在温度为 T 时的自由电子密度。

由上式可知,接触电动势的大小与温度高低及导体中的电子密度有关。温度越高,接触电动势越大;两种导体电子密度的比值越大,接触电动势也越大。

图 2.4.1　热电偶

图 2.4.2　接触电动势

（2）温差电动势

温差电动势是在同一导体的两端因其温度不同而产生的一种热电动势，又称汤姆森（Thomson）电动势。设导体两端的温度分别为 T 和 $T_0(T>T_0)$，由于高温端（T）的电子能量比低温端（T_0）的电子能量大，因而从高温端跑到低温端的电子数比从低温端跑到高温端的电子数要多，结果高温端失去电子而带正电荷，低温端得到电子而带负电荷，从而形成了一个从高温端指向低温端的静电场。此时，在导体的两端就产生了一个相应的电位差，这就是温差电动势。如图 2.4.3 所示，其大小可根据物理学电磁场理论得

$$E_A(T,T_0) = U_{AT} - U_{AT_0} = \frac{k}{e}\int_{T_0}^{T}\frac{1}{N_A}\frac{d(N_A t)}{dt}dt \qquad (2.4.2)$$

$$E_B(T,T_0) = U_{BT} - U_{BT_0} = \frac{k}{e}\int_{T_0}^{T}\frac{1}{N_B}\frac{d(N_B t)}{dt}dt \qquad (2.4.3)$$

式中，$E_A(T,T_0)$——导体 A 在两端温度分别为 T 和 T_0 时的温差电动势；

　　　$E_B(T,T_0)$——导体 B 在两端温度分别为 T 和 T_0 时的温差电动势；

　　　e——单位电荷；

　　　k——玻耳兹曼常数；

　　　$N_A(T)$——材料 A 在温度为 T 时的自由电子密度；

　　　$N_B(T)$——材料 B 在温度为 T 时的自由电子密度。

（3）热电偶回路的热电动势

金属导体 A、B 组成热电偶回路时，总的热电动势包括两个接触电动势和两个温差电动势，即

$$E_{AB}(T,T_0) = E_{AB}(T) + E_B(T,T_0) - E_{AB}(T_0) - E_A(T,T_0)$$

$$= \frac{kT}{e}\ln\frac{N_{AT}}{N_{BT}} + \frac{k}{e}\int_{T_0}^{T}\frac{1}{N_B}\frac{d(N_B t)}{dt}dt -$$

$$\frac{kT}{e}\ln\frac{N_{AT_0}}{N_{BT_0}} - \frac{k}{e}\int_{T_0}^{T}\frac{1}{N_A}\frac{d(N_A t)}{dt}dt \qquad (2.4.4)$$

由于温差电动势比接触电动势小，又 $T>T_0$，所以在总电动势 $E_{AB}(T,T_0)$ 中，以导体 A、B 在 T 端的接触电动势所占的比重最大，故总电动势的方向取决于该方向，这样对上式进行整理可得

$$E_{AB}(T,T_0) = \frac{k}{e}\int_{T_0}^{T}\ln\frac{N_A}{N_B}dt \qquad (2.4.5)$$

图 2.4.3　温差电动势

由上式可知,热电偶总电动势与电子密度 N_A、N_B 及两接点温度 T、T_0 有关。电子密度不仅取决于热电偶材料的特性,且随温度的变化而变化,它并非是常数,所以,当热电偶材料一定时,热电偶的总电动势成为温度 T 和 T_0 的函数差,即

$$E_{AB}(T,T_0) = f(T) - f(T_0) \tag{2.4.6}$$

如果使冷端温度 T_0 固定,则对一定材料的热电偶,其总电动势就只与温度 T 成单值函数关系,即

$$E_{AB}(T,T_0) = f(T) - C = \Phi(T) \tag{2.4.7}$$

式中,C——固定温度 T_0 决定的常数。

由此可得有关热电偶的几个结论:

① 热电偶必须采用两种不同材料作为电极,否则无论热电偶两端温度如何,热电偶回路总热电动势为零。

② 尽管采用两种不同的金属,若热电偶两接点温度相等,即 $T = T_0$,回路总电动势为零。

③ 热电偶 A、B 的热电动势只与接点温度有关,与材料 A、B 的中间各处温度无关。

4. 热电偶基本定律

（1）均质导体定律

由一种均质导体或半导体组成的闭合回路,不论其截面、长度如何以及各处的温度如何分布,都不会产生热电动势。即热电偶必须采用两种不同材料作为电极。

（2）中间导体定律

在热电偶回路中,接入第三种导体 C,如图 2.4.4 所示,只要这第三种导体两端温度相同,则热电偶所产生的热电动势保持不变。即第三种导体 C 的引入对热电偶回路的总电动势没有影响。

热电偶回路接入中间导体 C 后热电偶回路的总热电动势为

$$E_{ABC}(T,T_0) = E_{AB}(T) + E_{CA}(T_0) + E_{BC}(T_0) - E_A(T,T_0) +$$
$$E_C(T_0,T_0) + E_B(T,T_0) \tag{2.4.8}$$

因为
$$E_{BC}(T_0) + E_{CA}(T_0) = \frac{kT_0}{e}\ln\left(\frac{N_{BT_0}}{N_{CT_0}}\right) + \frac{kT_0}{e}\ln\left(\frac{N_{CT_0}}{N_{AT_0}}\right)$$

$$= \frac{kT_0}{e}\ln\left(\frac{N_{BT_0}}{N_{AT_0}}\right)$$

$$= E_{BA}(T_0) = -E_{AB}(T_0)$$

又
$$E_C(T_0,T_0) = 0$$

代入式(2.4.8),得

$$E_{ABC}(T,T_0) = E_{AB}(T) - E_{AB}(T_0) + E_B(T,T_0) - E_A(T,T_0)$$
$$= E_{AB}(T,T_0) \tag{2.4.9}$$

同理,热电偶回路中接入多种导体后,只要保证接入的每种导体的两端温度相同,则对热电偶的热电动势没影响。根据热电偶的这一性质,可以在热电偶的回路中引入各种仪表和连接导线等。例如,在热电偶的自由端接入一只测量电动势的仪表,并保证两个接点的温度相等,就可以对热电动势进行测量,而且不影响热电动势的输出。

（3）中间温度定律

在热电偶回路中,两接点温度为 T、T_0 时的热电动势,等于该热电偶在接点温度为 T、T_a 和 T_a、T_0 时热电动势的代数和,即

$$E_{AB}(T,T_0) = E_{AB}(T,T_a) + E_{AB}(T_a,T_0) \tag{2.4.10}$$

根据这一定律,只要给出自由端为 0 ℃时的热电动势和温度关系,就可以求出冷端为任意温度为 T_0 的热电偶热电动势,即

$$E_{AB}(T,T_0) = E_{AB}(T,0) + E_{AB}(0,T_0) \tag{2.4.11}$$

（4）标准电极定律

如图 2.4.5 所示,当温度为 T、T_0 时,用导体 A、B 组成的热电偶的热电动势等于 AC 热电偶和 CB 热电偶的热电动势之代数和,即

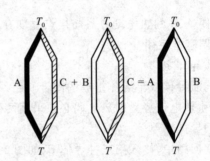

图 2.4.4 接入导体 C 的热电偶回路   图 2.4.5 标准电极

$$E_{AB}(T,T_0) = E_{AC}(T,T_0) + E_{CB}(T,T_0) \tag{2.4.12}$$

导体 C 称为标准电极,故把这一定律称为标准电极定律。

2.4.2 热电极材料及常用热电偶

1. 热电极材料

根据上述热电偶的测温原则,理论上任何两种导体均可配成热电偶,但因实际测温时对测量精度及使用等有一定要求,故对制造热电偶的热电极材料也有一定要求。除满足上述对温度传感器的一般要求外,还应注意如下要求:

① 在测温范围内,热电性质稳定,不随时间和被测介质变化,物理化学性能稳定,不易氧化或腐蚀。

② 电导率要高,并且电阻温度系数要小。

③ 它们组成的热电偶,其热电动势随温度的变化率要大,并且希望该变化率在测温范围内接近常数。

④ 材料的机械强度要高,复制性要好,复制工艺要简单,价格便宜。

完全满足上述条件要求的材料很难找到,故一般只根据被测温度的高低,选择适当的热电

极材料。下面分别介绍国内生产的几种常用热电偶。它们又分为标准化与非标准化热电偶。标准化热电偶是指国家标准规定了其热电动势与温度的关系和允许误差,并有统一的标准分度表。

2. 标准热电偶

(1) 铂铑$_{10}$-铂热电偶(S 型)

这是一种贵金属热电偶,由直径为 0.5 mm 以下的铂铑合金丝(铂 90%,铑 10%)和纯铂丝制成。由于容易得到高纯度的铂和铂铑,故这种热电偶的复制精度和测量准确度较高,可用于精密温度测量。在氧化性或中性介质中具有较好的物理化学稳定性,在 1 300 ℃ 以下范围内可长时间使用。其主要缺点是金属材料的价格昂贵;热电动势小,而且热电特性曲线非线性较大;在高温时易受还原性气体所发出的蒸气和金属蒸气的侵害而变质,失去测量准确度。

(2) 铂铑$_{30}$-铂铑$_6$热电偶(B 型)

它也是贵金属热电偶,长期使用的最高温度可达 1 600 ℃,短期使用可达 1 800 ℃,它宜在氧化性和中性介质中使用,在真空中可短期使用。它不能在还原性介质及含有金属或非金属蒸气的介质中使用,除非外面套有合适的非金属保护管才能使用。它具有铂铑$_{10}$-铂的各种优点,其抗污染能力强。其主要缺点是灵敏度低、热电动势小,因此冷端在 40 ℃ 以上使用时,可不必进行冷端温度补偿。

(3) 镍铬-镍硅(镍铬-镍铝)热电偶(K 型)

由镍铬与镍硅制成,热偶丝直径一般为 1.2 ~ 2.5 mm。镍铬为正极、镍硅为负极,该热电偶化学稳定性较高,可在氧化性或中性介质中长时间地测量 900 ℃ 以下的温度,短期测量可达 1 200 ℃;如果用于还原性介质中,就会很快地受到腐蚀,在此情况下只能用于测量 500 ℃ 以下温度。热电偶具有复制性好、产生热电动势大、线性好、价格便宜等优点,虽然测量精度偏低,但完全能满足工业测量要求,是工业生产中最常用的一种热电偶。

(4) 镍铬-考铜热电偶(E 型)

其正极为镍铬合金,成分为 9% ~ 10% 的铬,0.4% 的硅,其余为镍;负极为考铜,成分为 56% 的铜,44% 的硅。镍铬-考铜热电偶的热电动势是所有热电偶中最大的,如 $E_A(100.0) = 6.95$ mV,比铂铑$_{10}$-铂热电偶高了十倍左右,其热电特性的线性也好,价格又便宜。它的缺点是不能用于高温,长期使用温度上限为 600 ℃,短期使用可达 800 ℃;另外,考铜易氧化而变质,使用时应加保护套管。

以上几种标准热电偶的温度与电动势特性曲线如图 2.4.6 所示。虽然曲线描述方式在宏观上容易看出不少特点,但是靠曲线查看数据还很不精确,为了正确地掌握数值,编制了针对各种热电偶热电动势与温度的对照表,称为"分度表"。例如铂铑$_{10}$-铂热电偶(分度号为 S)的分度表如表 2.4.1 所示,表中温度按 10 ℃ 分挡,其中间值按内插法计算,按参考端温度为 0 ℃ 取值。

图 2.4.6 几种常用标准热电偶的温度与电动势特性曲线

表 2.4.1 铂铑$_{10}$-铂热电偶(分度号为 S)分度表

工作端温度/℃	0	10	20	30	40	50	60	70	80	90
	热电动势/mV									
0	0.000	0.055	0.113	0.173	0.235	0.299	0.365	0.432	0.502	0.573
100	0.645	0.719	0.795	0.872	0.950	1.029	1.109	1.190	1.273	1.356
200	1.440	1.525	1.611	1.698	1.785	1.873	1.962	2.051	2.141	2.232
300	2.323	2.414	2.506	2.599	2.692	2.786	2.880	2.974	3.069	3.164
400	3.260	3.356	3.452	3.549	3.645	3.743	3.840	3.938	4.036	4.135
500	4.234	4.333	4.432	4.532	4.632	4.732	4.832	4.933	5.034	5.136
600	5.237	5.339	5.442	5.544	5.648	5.751	5.855	5.960	6.064	6.169
700	6.274	6.380	6.486	6.592	6.699	6.805	6.913	7.020	7.128	7.236
800	7.345	7.454	7.563	7.673	7.782	7.892	8.003	8.114	8.225	8.336
900	8.448	8.560	8.673	8.786	8.899	9.012	9.126	9.240	9.355	9.470
1 000	9.585	9.700	9.816	9.932	10.048	10.165	10.282	10.400	10.517	10.635
1 100	10.754	10.872	10.991	11.110	11.229	11.348	11.467	11.587	11.707	11.827
1 200	11.947	12.067	12.188	12.308	12.429	12.550	12.671	12.792	12.913	13.034
1 300	13.155	13.276	13.397	13.519	13.640	13.761	13.880	14.004	14.125	14.247
1 400	14.368	14.489	14.610	14.731	14.852	14.973	15.094	15.215	15.336	15.456
1 500	15.576	15.697	15.817	15.937	16.057	16.176	16.296	16.415	16.534	16.653
1 600	16.771									

3. 非标准热电偶

非标准热电偶无论在使用范围或数量上均不及标准热电偶,但在某些特殊场合,譬如在高温、低温、超低温、高真空等被测对象中,这些热电偶具有某些特别良好的特性。随着生产和科学技术的发展,人们正在不断地研究和探索新的热电极材料,以满足特殊测温的需要。下面简述三种非标准热电偶,供参考。

(1) 钨铼系热电偶

该热电偶属廉价热电偶。可用来测量高达 2 760 ℃的温度,通常用于测量低于 2 316 ℃的温度,短时间测量可达 3 000 ℃。这种系列热电偶可用于干燥的氢气、中性介质和真空中,不宜用在还原性介质、潮湿的氢气及氧化性介质中,常用的钨铼系热电偶有钨-钨铼$_{26}$,钨铼-钨铼$_{25}$,钨铼$_5$-钨铼$_{20}$和钨铼$_5$-钨铼$_{26}$,这些热电偶的常用温度为 300 ~ 2 000 ℃,分度精度可达±1%。

（2）铱铑系热电偶

该热电偶属贵金属热电偶。铱铑-铱热电偶可用在中性介质和真空中,但不宜在还原性介质中,在氧化性介质中使用将缩短寿命。它们在中性介质和真空中测温可长期使用到2 000 ℃左右。它们热电动势虽较小,但线性好。

（3）镍钴-镍铝热电偶

测温范围为300～1 000 ℃。其特点是在300 ℃以下热电动势很小,因此不需要冷端温度补偿。

2.4.3　热电偶的结构

1. 普通型热电偶

普通型热电偶主要用于测量气体、蒸气、液体等介质的温度。由于使用的条件基本相似,所以这类热电偶已做成标准型,其基本组成部分大致是一样的。通常都是由热电极、绝缘管、保护套管和接线盒等主要部分组成。普通的工业用热电偶结构示意图如图2.4.7所示。

图2.4.7　普通的工业用热电偶结构示意图
1—热电极;2—绝缘管;3—保护套管;4—接线盒

（1）热电极

热电偶常以热电极材料种类来命名,其直径大小是由价格、机械强度、电导率以及热电偶的用途和测量范围等因素来决定的。贵金属热电极直径大多是0.13～0.65 mm,普通金属热电极直径为0.5～3.2 mm。热电极长度由使用、安装条件,特别是工作端在被测介质中插入深度来决定,通常为350～2 000 mm,常用的长度为350 mm。

（2）绝缘管

又称绝缘子,用来防止两根热电极短路,其材料的选用要根据使用的温度范围和对绝缘性能的要求而定,常用的是氧化铝和耐火陶瓷。它一般制成圆形,中间有孔,长度为20 mm,使用时根据热电极的长度,可多个串起来使用。

（3）保护套管

为使热电极与被测介质隔离,并使其免受化学侵蚀或机械损伤,热电极在套上绝缘管后再装入套管内。

对保护套管的要求一方面要经久耐用,能耐温度急剧变化,耐腐蚀,不分解出对电极有害的气体,有良好的气密性及足够的机械强度;另一方面是传热良好,传导性能越好,热容量越小,能够改善电极对被测温度变化的响应速度。常用的材料有金属和非金属两类,应根据热电偶类型、测温范围和使用条件等因素来选择保护套管材料。

（4）接线盒

接线盒供热电偶与补偿导线连接用。接线盒固定在热电偶保护套管上,一般用铝合金制成,分普通式和防溅式(密封式)两类,为防止灰尘、水分及有害气体侵入保护套管内,接线端子上注明热电极的正、负极性。

2. 铠装热电偶

铠装热电偶是由热电极、绝缘材料和金属套管经拉伸加工而成的组合体,其断面结构如图2.4.8所示,分单芯和双芯两种。它可以做得很长很细,在使用中可以随测量需要进行弯曲。

套管材料为铜、不锈钢等,热电极和套管之间填满了绝缘材料的粉末,目前常用的绝缘材料有氧化镁、氧化铝等。目前生产的铠装热电偶外径一般为 0.25～12 mm,有多种规格,它的长短根据需要来定,最长的可达 100 m 以上。

铠装热电偶的主要特点是,测量端热容量小,动态响应快,机械强度高,抗干扰性好,耐高压、耐强烈震动和耐冲击,可安装在结构复杂的装置上,因此已被广泛用在许多工业部门中。图2.4.9所示为 WRK 系列铠装热电偶。

图 2.4.8　铠装热电偶断面结构　　　　图 2.4.9　WRK 系列铠装热电偶

1—金属套管;2—绝缘材料;3—热电极

2.4.4　热电偶冷端温度补偿

由热电偶的作用原理可知,热电偶热电动势的大小,不仅与测量端的温度有关,而且与冷端的温度有关,是测量端温度 t 和冷端温度 t_0 的函数差。为了保证输出电动势是被测温度的单值函数,就必须使一个节点的温度保持恒定,而使用的热电偶分度表中的热电动势值,都是在冷端温度为 0 ℃时给出的。因此如果热电偶的冷端温度不是 0 ℃,而是其他某一数值,且又不加以适当处理,那么即使测得了热电动势的值,仍不能直接应用分度表,即不可能得到测量端的准确温度,会产生测量误差。但在工业使用时,要使冷端的温度保持为 0 ℃是比较困难的,通常采用如下一些温度补偿办法。

1. 补偿导线法

随着工业生产过程自动化程度的提高,要求把温度测量的信号从现场传送到集中控制室里,或者由于其他原因,显示仪表不能安装在被测对象的附近,而需要通过连接导线将热电偶延伸到温度恒定的场所。由于热电偶一般做得比较短(除铠装热电偶外),特别是贵金属热电偶就更短。这样热电偶的冷端离被测对象很近,使冷端温度较高且波动较大,如用很长的热电偶使冷端延长到温度比较稳定的地方,这种办法由于热电极线不便于敷设,且对于贵金属很不经济,因此是不可行的。所以,一般用一种导线(称补偿导线)将热电偶的冷端伸出来,如图2.4.10所示,这种导线采用在一定温度范围内(0～100 ℃)具有和所连接的热电偶有相同的热电性能的廉价金属。

图 2.4.10　补偿导线在测温电路的连接

A、B—热电偶电极；A′、B′—补偿导线；t_0'—热电偶原冷端温度；t_0—热电偶新冷端温度

常用热电偶的补偿导线见表 2.4.2。表中补偿导线型号的头一个字母与配用热电偶的型号相对应；第二个字母"X"表示延伸补偿导线(补偿导线的材料与热电偶电极的材料相同)；第二个字母"C"表示补偿型导线。

表 2.4.2　常用热电偶的补偿导线

补偿导线型号	配用热电偶型号	补偿导线		绝缘层颜色	
		正极	负极	正极	负极
SC	S	SPC(铜)	SNC(铜镍)	红	绿
KC	K	KPC(铜)	KNC(康铜)	红	蓝
KX	K	KPX(镍铬)	KNX(镍硅)	红	黑
EX	E	EPX(镍铬)	ENX(铜镍)	红	棕

在使用补偿导线时必须注意以下问题：

① 补偿导线只能在规定的温度范围内(一般为 0～100 ℃)与热电偶的热电动势相等或相近。

② 不同型号的热电偶有不同的补偿导线。

③ 热电偶和补偿导线的两个接点处要保持同温度。

④ 补偿导线有正、负极，需分别与热电偶的正、负极相连。

⑤ 补偿导线的作用只是延伸热电偶的自由端，当自由端 $t_0 \neq 0$ 时，还需进行其他补偿与修正。

2. 计算法

当热电偶冷端温度不是 0 ℃，而是 t_0 时，根据热电偶中温度定律，可得热电动势的计算校正公式

$$E(t,0) = E(t,t_0) + E(t_0,0) \tag{2.4.13}$$

式中，$E(t,0)$——表示冷端为 0 ℃，而热端为 t 时的热电动势；

$E(t,t_0)$——表示冷端为 t_0，而热端为 t 时的热电动势，即实测值；

$E(t_0,0)$——表示冷端为 0，而热端为 t_0 时的热电动势，即为冷端温度不为 0 时的热电动势校正值。

因此，只要知道了热电偶参比端的温度 t_0，就可以从分度表查出对应于 t_0 的热电动势 $E(t_0,0)$，然后将这个热电动势值与显示仪表所测的读数值 $E(t,t_0)$ 相加，得出的结果就是热电

偶的参比端温度为 0 ℃,对应于测量端的温度为 t 时的热电动势 $E(t,0)$,最后就可以从分度表查得对应于 $E(t,0)$ 的温度,这个温度的数值就是热电偶测量端的实际温度。

例如,S 型热电偶在工作时自由端温度 $t_0=30$ ℃,现测得热电偶的电动势为 7.5 mV,欲求被测介质的实际温度。

因为,已知热电偶测得的电动势为 $E(t,30)$,即 $E(t,30)=7.5$ mV,其中 t 为被测介质温度。

由分度表 2.4.1 可查得 $E(30,0)=0.173$ mV,则

$$E(t,0)=E(t,30)+E(30,0)=(7.5+0.173) \text{ mV}=7.673 \text{ mV}$$

由分度表 2.4.1 可查得 $E(t,0)=7.673$ mV 对应的温度为 830 ℃,则被测介质的实际温度为 830 ℃。

3. 补偿电桥法

补偿电桥法是利用不平衡电桥产生的电动势来补偿热电偶因冷端温度变化而引起的热电动势变化值,如图 2.4.11 所示,不平衡电桥(即补偿电桥)由电阻 R_1、R_2、R_3(锰铜丝绕制)、R_{Cu}(铜丝绕制)四个桥臂和桥路稳压电源所组成,串接在热电偶测量回路中,热电偶冷端与电阻 R_{Cu} 感受相同的温度,通常取 20 ℃时电桥平衡($R_1=R_2=R_3=R_{Cu}$),此时对角线 a、b 两点电位相等(即 $U_{ab}=0$),电桥对仪表的度数无影响。当环境温度高于 20 ℃时,R_{Cu} 增加,平衡被破坏,a 点电位高于 b 点,产生一不平衡电压 U_{ab},与热端电动势相叠加,一起送入测量仪表。适当选择桥臂电阻和电流的数值,可使电桥产生的不平衡电压 U_{ab} 正好补偿由于冷端温度变化而引起的热电动势变化值,仪表即可指示出正确的温度。由于电

图 2.4.11　冷端温度补偿电桥

桥是在 20 ℃时平衡,所以采用这种补偿电桥需把仪表的机械零位调整到 20 ℃。

4. 冰浴法

冰浴法是在科学实验中经常采用的一种方法,为了测温准确,可以把热电偶的冷端置于冰水混合物的容器里,保证使 $t_0=0$ ℃。这种办法最为妥善,然而不够方便,所以仅限于科学实验中应用。为了避免冰水导电引起 t_0 处的连接点短路,必须把连接点分别置于两个玻璃试管里,浸入同一冰点槽,使之互相绝缘,如图 2.4.12 所示。

5. 软件处理法

对于计算机系统,不必全靠硬件进行热电偶冷端处理。例如冷端温度恒定,但不为零的情况下,只要在取样后加一个与冷端温度对应的常数即可。对于 t_0 经常波动的情况,可利用热敏电阻或其他传感器把 t_0 输入计算机,按照运算公式设计一些程序,便能自动修正。后一种情况必须考虑输入的通道中除了热电动势之外还应该有冷端温度信号,如果多个热电偶的冷端温度不相同,还要分别取样,若占用的通道数太多,宜利用补偿导线将所有的冷端接到同一温度处,只用一个温度传感器和一个修正 t_0 的输入通道就可以了,冷端集中,对于提高多点巡检的速度也很有利。

图 2.4.12 冰点槽

2.4.5 常用热电偶测温线路

1. 测量某点温度的基本电路

图 2.4.13 所示是测量某点温度的基本电路,图中 A、B 为热电偶,C、D 为补偿导线,t_0 为使用补偿导线后热电偶的冷端温度,C 为铜导线,在实际使用时就把补偿导线一直延伸到配用仪表的接线端子。这时冷端温度即为仪表接线端子所处的环境温度。

2. 测量两点之间温度差的测温电路

图 2.4.14 所示是测量两点之间温度差的测温电路,用两支相同型号的热电偶,配以相同的补偿导线,这种连接方法应使各自产生的热电动势互相抵消,仪表 G 可测 t_1 和 t_2 之间的温度差。

图 2.4.13 测量某点温度的基本电路

图 2.4.14 测量两点之间温度差的测温电路

3. 测量多点的测温线路

多个被测温度用多支热电偶分别测量,但多个热电偶共用一台显示仪表,它们是通过专用的切换开关来进行多点测量的,测温线路如图 2.4.15 所示,但各支热电偶的型号要相同,测温范围不要超过显示仪表的量程。多点测温线路多用于自动巡回检测中,此时温度巡回检测点可多达几十个,以轮流或按要求显示各测点的被测数值。而显示仪表和补偿热电偶只用一个就够了,这样就可以大大地节省显示仪表和补偿导线。

图 2.4.15　多点测温线路

4. 测量平均温度的测温线路

用热电偶测量平均温度一般采用热电偶并联的方法,如图 2.4.16 所示,输入仪表两端的毫伏值为三个热电偶输出热电动势的平均值,即 $E = (E_1 + E_2 + E_3)/3$,如三个热电偶均工作在特性曲线的线性部分时,则代表了各点温度的算术平均值。为此,每个热电偶需串联较大电阻,此种电路的特点是,仪表的分度仍旧和单独配用一个热电偶时一样。其缺点是,当某一热电偶烧断时,不能很快地觉察出来。

5. 测量几点温度之和的测温线路

用热电偶测量几点温度之和的测温线路的方法一般采用热电偶的串联,如图 2.4.17 所示,输入仪表两端的热电动势之总和,即 $E = (E_1 + E_2 + E_3)$,可直接从仪表读出各点温度之和,此种电路的优点是,热电偶烧坏时可立即知道,还可获得较大的热电动势。应用此种电路时,每一热电偶引出的补偿导线还必须回接到仪表中的冷端处。

图 2.4.16　热电偶测量平均温度的并联线路

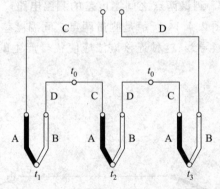

图 2.4.17　热电偶测量几点温度之和的串联线路

2.5　辐射式温度传感器

辐射式温度传感器是利用物体的辐射能随温度变化的原理制成的。在应用辐射式温度传感器检测温度时,只需把传感器对准被测物体,而不必与被测物体直接接触。辐射式温度传感器是一种非接触式测温方法,它可以用于检测运动物体的温度和小的被测对象的温度,与接触式测温法相比,它具有如下特点:

① 传感器和被测对象不接触,不会破坏被测对象的温度场,故可测量运动物体的温度并

可进行遥测。

② 由于传感器或热辐射探测器不必达到与被测对象同样的温度,故仪表的测温上限不受传感器材料熔点的限制,从理论上说仪表无测温上限。

③ 在检测过程中传感器不必和被测对象达到热平衡,故检测速度快,响应时间短,适于快速测温。

2.5.1 辐射测温的物理基础

1. 热辐射

物体受热激励了原子中带电粒子,使一部分热能以电磁波的形式向空间传播,它不需要任何物质作为介质(即在真空条件下也能传播),将热能传递给对方,这种能量的传播方式称为热辐射(简称辐射),传播的能量称为辐射能。辐射能量的大小与波长、温度有关,它们的关系被一系列辐射基本定律所描述,而辐射式温度传感器就是以这些基本定律作为工作原理而实现辐射测温的。

2. 黑体

辐射基本定律严格地讲只适用于黑体。所谓黑体是指能全部吸收落在它上面的辐射能量的物体。在自然界,绝对的黑体客观上是不存在的,铂黑碳素以及一些极其粗糙的氧化表面可近似为黑体。若以完全不透光或热流的、温度均一的腔体(球体、柱形、锥形等),壁上开小孔,当孔径与球径(若是球形腔体)相比很小时,这个腔体就成为很接近于绝对黑体的物体,这时从小孔入射的辐射能量几乎全部被吸收。

在某个给定温度下,对应于不同波长的黑体辐射能量是不相同的,在不同温度下对应全波长($\lambda : 0 \sim \infty$)范围总的辐射能量也是不相同的。三者间的关系如图2.5.1所示,且满足下述各定律。

图 2.5.1 黑体辐射能量与波长、
温度之间的关系

3. 辐射基本定律

(1) 普朗克定律

普朗克定律揭示了在各种不同温度下黑体辐射能量按波长分布的规律,其关系式

$$E_0(\lambda, T) = \frac{C_1}{\lambda^5 e^{\frac{c_2}{\lambda T}} - 1}$$

(2.5.1)

式中,$E_0(\lambda, T)$——黑体的单色辐射强度,定义为单位时间内,每单位面积上辐射出在波长 λ 附近单位波长的能量[$W/(cm^2 \cdot \mu m)$];

　　T——黑体的热力学温度(K);

　　C_1——第一辐射常数,$C_1 = 3.74 \times 10^4 \ W \cdot \mu m/cm^2$;

　　C_2——第二辐射常数,$C_2 = 1.44 \times 10^4 \ \mu m \cdot K$;

λ——波长（μm）。

（2）斯忒藩-玻耳兹曼定律

斯忒藩-玻耳兹曼定律确定了黑体全辐射与温度的关系。

$$E_0 = \sigma T^4 \qquad (2.5.2)$$

式中，σ——斯忒藩-玻耳兹曼常数，$\sigma = 5.67 \times 10^{-8}\ \text{W}/(\text{m}^2 \cdot \text{K}^4)$。

此式表明，黑体的全辐射能是和它的热力学温度的四次方成正比，所以这一定律又称为四次方定律。工程上常见的材料，一般都遵循这一定律，并称之为灰体。

把灰体全辐射能 E 与同一温度下黑体全辐射能 E_0 相比较，就得到物体的另一个特征量 ε

$$\varepsilon = \frac{E}{E_0} \qquad (2.5.3)$$

式中，ε——为黑度，它反映了物体接近黑体的程度。

2.5.2　辐射测温方法

辐射测温方法分亮度法、全辐射法和比色法。

（1）亮度法

亮度法是指被测对象投射到检测元件上的被限制在某一特定波长的光谱辐射能量，而能量的大小与被测对象温度之间的关系是普朗克公式所描述的一种辐射测温方法，即比较被测物体与参考源在同一波长下的光谱亮度，并使两者的亮度相等，从而确定被测物体的温度，典型测温传感器是光学高温计。

（2）全辐射法

全辐射法是指被测对象投射到检测元件上的对应全波长范围的辐射能量，而能量的大小与被测对象温度之间的关系是由斯忒藩-玻耳兹曼所描述的一种辐射测温方法，典型测温传感器是辐射温度计（热电堆）。

（3）比色法

被测对象的两个不同波长的光谱辐射能量投射到一个检测元件上，或同时投射到两个检测元件上，根据它们的比值与被测对象温度之间的关系实现辐射测温的方法，比值与温度之间的关系由两个不同波长下普朗克公式之比表示，典型测温传感器是比色温度计。

1. 光学高温计

光学高温计主要由光学系统和电测系统两部分组成，其原理如图 2.5.2 所示。图 2.5.2 上半部为光学系统。物镜 1 和目镜 4 都可沿轴向移动，调节目镜的位置，可清晰地看到温度电灯灯丝 3。调节物镜的位置，能使被测物体清晰地成像在灯丝平面上，以便比较两者的亮度。在目镜与观察孔之间置有红色滤光片 5，测量时移入视场，使所利用光谱有效波长 λ 约为 0.66 μm，以保证满足单色测温条件。图 2.5.2 下半部为电测系统。温度电灯灯丝 3 和滑线电阻 7，开关 S 和电源 E 相串联。毫伏表 6 用来测量不同亮度时灯丝两端的电压降，但指示值则以温度刻度表示。调整滑线电阻 7 可以调整流过灯丝的电流，也就调整了灯丝的亮度。一定的电流对应灯丝一定的亮度，因而也就对应一定的温度。

测量时，在辐射热源（被测物体）的发光背景上可以看到弧形灯丝，如图 2.5.3 所示。假

图 2.5.2　光学高温计原理

1—物镜;2—吸收玻璃;3—温度电灯灯丝;4—目镜;5—红色滤光片;6—毫伏表;7—滑线电阻

如灯丝亮度比辐射热源亮度低,灯丝就在这个背景上显现出暗的弧线,如图 2.5.3(a)所示;反之如灯丝的亮度高,则灯丝就在暗的背景上显示出亮的弧线,如图 2.5.3(b)所示;假如两者的亮度一样,则灯丝就隐灭在热源的发光背景里,如图 2.5.3(c)所示。这时由毫伏表 6 读出的指示值就是被测物体的亮度温度。

2. 辐射温度计

辐射温度计的工作原理是基于四次方定律。图 2.5.4 所示为辐射温度计的工作原理。被测物体的辐射线由物镜聚焦在受热板上。受热板是一种人造黑体,通常为涂黑的铂片,当吸收辐射能以后温度升高,由连接在受热板上的热电偶或热电阻测定。通常被测物体是 $\varepsilon<1$ 的灰体,如果以黑体辐射作为基准进行标定刻度,那么知道了被测物体的 ε 值,即可根据式 (2.5.2)、式(2.5.3)求得被测物体的温度。即由灰体辐射的总能量全部被黑体所吸收,这样它们的能量相等,但温度不同,即

$$\varepsilon\sigma T^4 = \sigma T_0^4 \tag{2.5.4}$$

$$T = \frac{T_0}{\sqrt[4]{\varepsilon}} \tag{2.5.5}$$

式中,T——被测物体温度;

T_0——传感器测得的温度。

图 2.5.3　灯丝亮度调整图

图 2.5.4　辐射温度计的工作原理

3. 比色温度计

图 2.5.5 所示为光电高温比色温度计的工作原理。被测对象经物镜 1 成像,经光栏 3 与光导棒 4 投射到分光镜 6 上,它使长波(红外线)辐射线透过,而使短波(可见光)部分反射。透过分光镜的辐射线再经滤光片 9 将残余的短波滤去,而后被红外光电元件硅光电池 10 接收,转换成电量输出;由分光镜反射的短波辐射线经滤波片 7 将长波滤去,而被可见光硅光电池 8 接收,转换成与波长亮度成函数关系的电量输出。将这两个电信号输入自动平衡显示纪

录仪进行比较得出光电信号比,即可读出被测对象的温度值。光栏 3 前的平行平面玻璃片 2 将一部分光线反射到瞄准反射镜 5 上,再经反射镜 11、目镜 12 和棱镜 13,便能从观察系统中看到被观测对象的状态,以便校准仪器的位置。

图 2.5.5　光电高温比色温度计的工作原理图

1—物镜;2—平行平面玻璃片;3—光栏;4—光导棒;5—瞄准反射镜;6—分光镜;7、9—滤光片;8、10—硅光电池;
11—圆柱反射镜;12—目镜;13—棱镜;14、15—负载电阻;16—可逆电动机;17—放大器

这种高温比色温度计属非接触测量,量程为 800 ～ 2 000 ℃ ,精度为 0.5% ,响应速度由光电元件及二次仪表记录速度而定。其优点是测温准确度高,反应速度快,测量范围宽,可测目标小,测量温度更接近真实温度,环境的粉尘、水汽、烟雾等对测量结果的影响小,可用于冶金、水泥、玻璃等工业部门。

2.6　光纤传感器

光导纤维简称光纤,将光纤引入传输"网络",是对传统的以铜导线为载体传送电信号的巨大冲击,它将以高速、高可靠性传送大量信息。它具有不受电磁干扰、绝缘性好、安全防爆、损耗低、传输频带宽、容量大、直径细、重量轻、可绕曲和耐腐蚀等优点,因此很快地被应用到信号检测领域。特别是经特殊设计、制造及处理的特殊光纤,其一些参数可随外界某些因素而变,因而这些光纤又具有敏感元件的功能。这样光纤的应用又开拓了一个新的领域——光纤传感器。

2.6.1　光纤传感原理

1. 光纤结构

目前采用最多的光纤为玻璃光纤,其结构如图 2.6.1 所示,它由导光的纤芯及其周围的包层组成,包层的外面常有塑料或橡胶等保护套。包层的折射率 n_1 略小于纤芯折射率 n_2 ,它们的相对折射率差 Δ

图 2.6.1　基本结构示意图

$$\Delta = 1 - \frac{n_2}{n_1} \qquad (2.6.1)$$

通常 Δ 为 $0.005 \sim 0.14$,这样的构造可以保证入射到光纤内的光波集中在芯子内传播。

2. 工作原理

光纤工作的基础是光的全反射。当光线射入一个端面并与圆柱的轴线成角 θ 时,根据折射定律,在光纤内折射成角 θ',然后以 φ 角入射至纤芯与包层的界面。当 φ 角大于纤芯与包层间的临界角 φ_c 时

$$\varphi \geqslant \varphi_c = \arcsin \left(\frac{n_2}{n_1} \right) \tag{2.6.2}$$

则射入的光线在光纤的界面上产生全反射,并在光纤内部以同样的角度反复逐次反射,直至传播到另一端面。工作时需要光纤弯曲,只要仍满足全反射定律,光线仍继续前进,可见这里的光线"转弯"实际上是由很多直线的全反射所组成。

当端面入射的光满足全反射条件时入射角 θ 为

$$n_0 \sin \theta = n_1 \sin \theta' = n_1 \sin \left(\frac{\pi}{2} - \varphi_c \right) = n_1 \cos \varphi_c \tag{2.6.3}$$

由式(2.6.2)可得

$$n_0 \sin \theta_c = n_1 \left(1 - \frac{n_2^2}{n_1^2} \right) = (n_1^2 - n_2^2)^{\frac{1}{2}} \tag{2.6.4}$$

式中,n_0——光纤所处环境的折射率,一般为空气,则 $n_0 = 1$,便得

$$\sin \theta_c = (n_1^2 - n_2^2)^{\frac{1}{2}} \tag{2.6.5}$$

式中,$n_0 \sin \theta_c$——光纤的数值孔径,用 NA 表示。

在一般技术条件中,该值常以光锥角表示。即使用时应使入射光处于 $2\theta_c$ 的光锥角内,光纤才能理想地导光。图 2.6.1 中虚线表示的入射角 θ_r 过大,经折射后不能满足式(2.6.1)的要求,这些光线便从包层中逸出而产生漏光。所以 NA 是光纤的一个重要参数,在传感器使用光纤中希望 NA 值大些,这有利于提高耦合效率。在满足全反射条件时,界面的损耗很小,反射率可达 0.999 5。

3. 分类

按传输的模式分为单模和多模两类。光可分解为沿轴向和径向传播的平面波。沿径向传播的平面波在纤芯和包层的界面上产生反射。如此波在一个往复(入射和反射)中相位变化为 2π 的整数倍时,就形成驻波。只有驻波并在 $2\theta_c$ 光锥内射入光纤的光才能在光纤中传播,一种驻波就是一个模。在光纤中只能传播一定量的模。如纤芯直径为 $5~\mu m$ 时只能传播一个模,称单模光纤;纤芯直径为 $50~mm$ 以上时,能传播数百个模称为多模光纤。

2.6.2　光纤温度传感器

光纤温度传感器按其工作原理可分为两大类:功能型和非功能型。

1. 功能型

功能型也称物性型或传感型,光纤在这类传感器中不仅作为光传播的波导而且具有测量的功能。功能型是利用光纤某种参数随温度变化的特性作为传感器的主体,即将光纤作为敏感元件进行测温。

图 2.6.2 给出了三种应用光纤制作温度计的原理图。图 2.6.2(a)为利用光的振幅变化的传感器,它的结构简单,如果光纤的芯径与折射率随周围温度变化,就会因线路不均匀的形成而使传输光散射到光纤外,从而使光的振幅发生变化,但灵敏度较差。

图 2.6.2(b)是利用光的偏振面旋转的传感器。在现有的单模光纤中,压力、温度等周围环境的微小变化均可使光的偏振面发生旋转,偏振面的旋转用光的检测元件能比较容易地变成振幅的变化,这种传感器灵敏度高,但抗干扰能力较差。

图 2.6.2(c)和图 2.6.2(d)所示则是利用光的相位变化的光纤温度传感器,图 2.6.3 所示是这种传感器原理框图,显然,这个传感器的构造复杂,从原理上讲,这个传感器应用了收到的相位发生变化的光与参考光相干涉以形成移动的干涉条纹原理,或是应用当相位变化到满足谐振条件时,输出光出现峰值的原理。

图 2.6.2　功能型光纤温度传感器

图 2.6.3　利用光相位变化的光纤温度传感器原理框图

目前,功能型光纤温度传感器还处于进一步开发阶段,其应用将更加广泛。

2．非功能型

非功能型也称结构型或传光型,光纤在这类传感器中只是作传光的媒质,还需要加上其他的敏感元件才能构成传感器。它的结构比较简单并能充分利用光电元件和光纤本身的特点,因此很受欢迎。

图 2.6.4 所示是非功能型温度传感器原理图,图 2.6.5 所示是一个光纤端面上配置液晶芯片的光纤温度传感器,将三种液晶以适当的比例混合,在 10 ~ 45 ℃ 之间,颜色从绿到红,这种传感器之所以能用来检测温度,是因为利用了光的反射系数随颜色而变化的原理,传输光纤中光纤的光通量要比较大,通常采用多模光纤。

图 2.6.4　非功能型温度传感器原理图

图 2.6.5　利用液晶的光纤温度传感器

2.7　集成数字温度传感器

前面我们已经学习了几种测温传感器,最近几年出现了深受人们欢迎的集成温度传感器,集成温度传感器是利用晶体管 PN 结的电流和电压特性与温度的关系,把敏感元件、放大电路和补偿电路等部分集成化,并把它们装封在同一壳体里的一种一体化温度检测元件。它除了与半导体热敏电阻一样有体积小、反应快的优点外,还具有线性好、性能高、价格低、抗干扰能力强等特点,虽然由于 PN 结受耐热性能和特性范围的限制,只能用来测 150 ℃以下的温度,但在许多领域得到广泛应用。

2.7.1 集成温度传感器的工作原理及分类

1. 工作原理

集成电路温度传感器是将作为感温器件的温敏三极管(一般为差分对管)及其外围电路集成在同一芯片上的集成化 PN 结温度传感器。这种传感器线性好,精度高,互换性好,并且体积小,使用方便,其工作温度范围一般为 −50 ~ +150 ℃。集成电路温度传感器的感温元件采用差分对晶体管,它产生与热力学温度成正比的电压和电流,这部分常称为 PTAT(Proportional To Absolute Temperature)。

图 2.7.1 所示是典型的感温部分电路,其输出电压为

$$U_{\mathrm{O}} = \frac{R_2}{R_1}\left(\frac{KT}{q}\right)\ln n \qquad (2.7.1)$$

式中,n——VT$_1$ 和 VT$_2$ 的发射结面积比。

只要 $\dfrac{R_2}{R_1}$ 为常数,则输出电压 U_{O} 与热力学温度 T 成正比。输出电压的温度灵敏度由电阻比 $\dfrac{R_2}{R_1}$ 和面积比 n 决定。

图 2.7.1 电压输出的 PTAT

2. 分类

集成电路温度传感器按其输出可分为电压型、电流型和数字输出型,典型的电压型集成电路温度传感器有 μPC616A/C、LM135、AN6701 等,典型的电流型集成电路温度传感器为 AD590、LM134。典型的数字输出型传感器有 DS1B820、ETC−800 等。

2.7.2 电压型集成温度传感器 μPC616A／C

最早研制的电压输出型温度传感器是四端传感器,μPC616A/C 为四端电压输出型。其框图如图 2.7.2 所示。它由 PTAT 核心电路、参考电压源和运算放大器三部分组成,其四个端子分别为 U_+、U_-、输入和输出。该类型传感器的最大工作温度范围是 −40 ~ 125 ℃,灵敏度是 10 mV/K,线性偏差为 0.5% ~ 2%,长期稳定性和重复性为 0.3%,精度为 ±4 K。

基本应用电路如图 2.7.3 所示。图 2.7.3(a)和图 2.7.3(b)所示分别给出了使用正电源和负电源的

图 2.7.2 四端电压输出型传感器框图

接法。由于输入端和输出端短接,作为三端器件,传感器在 U_+ 端和输出端之间给出正比于热力学温度的电压输出 U_O,其温度灵敏度是 10 mV/K。在内部参考电压的钳位作用下,U_+ 和 U_- 端之间的电压保持为 6.85 V,传感器实际上是一个电压源,所以传感器必须和一个电阻 R_1 串联,而所加电压 U_{CC} 要大于 6.85 V,常取 ±15 V。传感器电路电流通常选在 1 mA 左右,因此 R_1 值可由下式确定

$$R_1(\text{k}\Omega) = \frac{U_{CC}(\text{V}) - 6.85\ \text{V}}{1\ \text{mA}} \tag{2.7.2}$$

(a) 正电源   (b) 负电源

图 2.7.3　基本应用电路

图 2.7.4 给出了用输出电压直接表示摄氏温度的检测电路。图 2.7.4(a) 和图 2.7.4(b) 所示两种电路都是把传感器本身的参考电压分压,取出 2.73 V 作为偏置电压,使输出电平移动 −2.73 V,即使其在 273 K 时,输出为零,于是补偿后的输出 U_O 将直接指示摄氏温度,而不再是热力学温度。输出电压的灵敏度为 10 mV/℃,而且输出是对地而言的。图 2.7.4(b) 中的放大器可采用通用型运算放大器,若要求精度高,可使用高精度运算放大器。外部定标可在任何已知温度下进行,0 ℃ 或 25 ℃,只要调节电位器 R_P,使输出为 0 或 250 mV 即可。

(a)   (b)

图 2.7.4　摄氏温度检测电路

2.7.3　电流型集成温度传感器 AD590

1. 性能特点

电流输出型集成电路温度传感器是继电压输出型传感器之后发展的一种新型传感器,其
典型代表是 AD590。这种传感器以电流作为输出量指示温度,其典型
的电流温度灵敏度是 1 μA/K。它共有三个引脚,如图 2.7.5 所示。
实际使用只用两个,另一个用来接外壳做屏蔽用的,一般不接。该器
件使用非常方便。作为一种高阻电流源,没有电压输出型传感器遥测
或遥控应用的长馈线上的电压信号损失和噪声干扰问题,故特别适合
远距离测量或控制。出于同样理由,AD590 也特别适用于多点温度

图 2.7.5　AD590 外观图

测量系统,而不必考虑选择开关或 CMOS 多路转换器所引入的附加电
阻造成的误差。由于电路结构独特,并利用薄膜电阻激光微调技术作最后定标,故电流输出型
比电压输出型精度更高。另外,电流输出可通过一个外加电阻很容易地变为电压输出。

AD590 有如下特点:

① 线性电流输出:1 μA/K。

② 工作温度范围:-55 ~ 155 ℃。

③ 两端器件:电压输入,电流输出。

④ 激光微调使定标精度达±0.5 ℃。

⑤ 整个工作温度范围内非线性误差小于±0.5 ℃。

⑥ 工作电压范围:4 ~ 30 V。

⑦ 器件本身与外壳绝缘。

2. 简单应用

（1）温度测量

图 2.7.6 所示是应用 AD590 测量热力学温度的最简单的例子,如果 $R = 1$ kΩ,则每毫伏对
应 1 K。

（2）温差测量

图 2.7.7 所示是应用 AD590 测量温差的最简单的例子。利用两块 AD590 组成温差测量
电路。两块 AD590 分别处于两个被检测点,其温度为 T_{k1},T_{k2},由图得

图 2.7.6　热力学温度测量

图 2.7.7　温差测量

$$I = I_{T1} - I_{T2} = k_t(T_{k1} - T_{k2}) \tag{2.7.3}$$

这里假设两 AD590 有相同的标度因子 k_{T0}。运放的输出电压 U_0 为

$$U_0 = IR_3 = k_t R_3(T_{k1} - T_{k2}) \tag{2.7.4}$$

可见,整个电路的标度因子 $F = k_t R_3$ 的值取决于 R_3。其中,$R_3 = F/k_t$,尽管电路要求感温器件具有相同的 k,但总有差异,电路中引入电位器 R_P,通过隔离电阻 R_1 注入一个校正电流 ΔI,以获得平稳的零位误差。

(3) 多点温度测量

图 2.7.8 所示是应用 AD590 进行多点温度检测电路原理图。显然,AD590 被接成矩阵方式,这个电路很容易与计算机配合而形成多点自动巡回检测系统,因为 AD590 输出为电流,所以 CMOS 模拟开关的电阻对测量准确度几乎没有影响。

图 2.7.8 应用 AD590 进行多点温度检测

2.7.4 数字输出型传感器 DS18B20

美国 DALLAS 公司近年来推出了以 DS18B20 为代表的系列集成温度传感器,其器件的管芯内集成了温敏元件、数据转换芯片、存储器芯片和计算机接口芯片等多功能模块。该器件可直接输出二进制温敏信号,并通过串行输出方式与单片机通信。用其组成的测温系统稳定性、可靠性、维护工作量和工程造价等一系列指标都具有明显的优势。

1. DS18B20 的主要特性

① 适应电压范围 3.0 ~ 5.5 V,在寄生电源方式下可由数据线供电。

② 独特的单线接口方式,DS18B20 在与微处理器连接时,仅需要一条接口线即可实现微处理器与 DS18B20 的双向通信。

③ DS18B20 支持多点组网功能,多个 DS18B20 可以并联在唯一的三线上,实现组网多点测温。

④ DS18B20 在使用中,不需要任何外围元件,全部传感元件及转换电路集成在形如一只

三极管的集成电路内。

⑤ 测温范围−55 ~ +125 ℃,在−10 ~ +85 ℃时精度为±0.5 ℃。

⑥ 可编程的分辨率为 9 ~ 12 位,对应的可分辨温度分别为 0.5 ℃、0.25 ℃、0.125 ℃和 0.062 5 ℃,可实现高精度测温。

⑦ 在 9 位分辨率时,最多在 93.75 ms 内把温度转换为数字;12 位分辨率时,最多在 750 ms内把温度值转换为数字,速度更快。

⑧ 测量结果直接输出数字温度信号,以"一线总线"串行传送给 CPU,同时可传送 CRC 校验码,具有极强的抗干扰纠错能力。

⑨ 负压特性,电源极性接反时,芯片不会因发热而烧毁,但不能正常工作。

2. DS18B20 的结构

图 2.7.9 DS18B20的引脚排列

DS18B20 只有 3 根外部引脚,其引脚排列如图 2.7.9 所示。其中 U_{DD} 和 GND 为电源引脚,另一根 DQ 线则用作 I/O 总线,因此称为一线式数据总线。与单片机接口的每个 I/O 口可挂接多个 DS18B20 器件。供电方式包括数据总线供电(又称寄生供电)和外部电源供电两种模式,测量速度较快。

DS18B20 内部结构主要由四部分组成:64 位光刻 ROM、温度传感器、非挥发的温度报警触发器、配置寄存器。DS18B20 结构如图 2.7.10 所示。

光刻 ROM 中的 64 位序列号是出厂前被光刻好的,它可以看做该 DS18B20 的地址序列码,64 位光刻 ROM 的排列是:开始 8 位(28H)是产品类型标号,接着的 48 位是该 DS18B20 自身的序列号,最后 8 位是前面 56 位的循环冗余校验码。光刻 ROM 的作用是使每一个 DS18B20 都各不相同,这样,就可以实现一根总线上挂接多个 DS18B20 的目的。

图 2.7.10 DS18B20 结构图

DS18B20 中的温度传感器可完成对温度的测量。以 12 位转化为例,用 12 位符号扩展的二进制补码读数形式提供,以 0.062 5 ℃/LSB 形式表达,二进制中的前面 5 位是符号位,如果测得的温度大于 0,这 5 位为 0,只要将测到的数值乘以 0.062 5 即可得到实际温度;如果温度小于 0,这 5 位为 1,测到的数值需要取反加 1 再乘以 0.062 5 即可得到实际温度。例如

+125 ℃的数字输出为 07D0H,+25.062 5 ℃的数字输出为 0191H,-25.062 5 ℃的数字输出为 FF6FH,-55 ℃的数字输出为 FC90H。

DS18B20 温度传感器的内部存储器包括一个高速暂存 RAM 和一个非易失性的可电擦除的 E²PRAM,后者存放高温和低温触发器以及结构寄存器。暂存存储器包含了 8 个连续字节,前 2 个字节是测得的温度信息,第 1 个字节的内容是温度的低 8 位,第 2 个字节是温度的高 8 位,第 3 个和第 4 个字节是高温、低温触发器的易失性复件,第 5 个字节是结构寄存器的易失性复件,这 3 个字节的内容在每一次上电复位时被刷新,第 6、7、8 个字节用于内部计算,第 9 个字节是冗余检验字节。

DS18B20 完成温度转换后,就把测得的温度值与 T_H、T_L 作比较。若 $T > T_H$ 或 $T < T_L$,则将该器件内的报警标志置位,并对主机发出的报警搜索命令作出响应。因此,可用多只 DS18B20 同时测量温度并进行报警搜索,一旦某测温点越限,主机利用报警搜索命令即可识别正在报警的器件,并读出其序号,而不必考虑非报警器件。

3. DS18B20 工作原理

DS18B20 测温原理如图 2.7.11 所示。图中低温度系数晶振的振荡频率受温度影响很小,用于产生固定频率的脉冲信号送给计数器 1;高温度系数晶振随温度变化,其振荡频率明显改变,所产生的信号作为计数器 2 的脉冲输入。计数器 1 和温度寄存器被预置在 -55 ℃所对应的一个基数值。计数器 1 对低温度系数晶振产生的脉冲信号进行减法计数,当计数器 1 的预置值减到 0 时,温度寄存器的值将加 1,计数器 1 的预置将重新被装入,计数器 1 重新开始对低温度系数晶振产生的脉冲信号进行计数,如此循环,直到计数器 2 计数到 0 时,停止温度寄存器值的累加,此时温度寄存器中的数值即为所测温度。

图 2.7.11　DS18B20 测温原理

被测温度 T_x 同时调制低温度系数振荡器和高温度系数振荡器,其输出周期分别为

$$\tau_1 = f_1(T_x) \tag{2.7.5}$$

$$\tau_2 = f_2(T_x) \tag{2.7.6}$$

式(2.7.5)和式(2.7.6)表明 T_x 分别与 τ_1 和 τ_2 单值对应,为了简化分析,假设

$$\tau_1 = k_1 (1 + \alpha_1 \cdot T_x) \cdot T_x \tag{2.7.7}$$

$$\tau_2 = k_2 (1 + \alpha_2 \cdot T_x) \cdot T_x \tag{2.7.8}$$

式中,k_1、k_2——常数;

$\quad\quad$ α_1——低温度系数;

$\quad\quad$ α_2——高温度系数。

当式(2.7.7)、式(2.7.8)中 $\alpha_1 T_x \ll 1$ 和 $\alpha_2 T_x \gg 1$ 时,可简化为

$$\tau_1 = k_1 T_x \tag{2.7.9}$$

$$\tau_2 = k_2 (\alpha_2 \cdot T_x) \cdot T_x \tag{2.7.10}$$

如让计数器 1 被预置在与–55 ℃(温度量程下限)相应的某个基数值 m,τ_1 在计数器 1 中从 0 开始被计数,当计满至 m 时,计数器 1 自动复零并产生溢出脉冲,其周期将为

$$\tau_x = m \cdot \tau_1 = m \cdot k_1 \cdot T_x \tag{2.7.11}$$

现以 τ_2 作为 τ_x 的门控信号,在开门时限内,如果计数器 1 有溢出脉冲输出,表示高于–55 ℃,被预置在–55 ℃的温度寄存器的值就增加 1 ℃,然后重复这个过程,直到计数器 2 的门控信号关门为止,于是,温度寄存器中的内容将为

$$N_x = \frac{\tau_2}{\tau_x} = \frac{k_2 \cdot \alpha_2 \cdot T_x^2}{m \cdot k_1 \cdot T_x} = k \cdot T_x \tag{2.7.12}$$

式(2.7.12)中 $k = \dfrac{k_2 \cdot \alpha_2}{k_1 \cdot m}$ 为常数,温度转换值 N_x 将存放到便笺存储器(字节 0 和字节 1)中,再由主机通过发存储器命令读出,斜率累加器可适当补偿由于温度转换振荡器而产生的非线性误差。

4. DS18B20 使用中注意事项

① 较小的硬件开销需要相对复杂的软件进行补偿,由于 DS18B20 与微处理器间采用串行数据传送,因此,在对 DS18B20 进行读写编程时,必须严格地保证读写时序,否则将无法读取测温结果。在使用 VC 等高级语言进行系统程序设计时,对 DS18B20 操作部分仍要采用汇编语言实现。

② 连接 DS18B20 的总线电缆是有长度限制的。试验中,当采用普通信号电缆传输长度超过 50 m 时,读取的测温数据将发生错误;当将总线电缆改为双绞线带屏蔽电缆时,正常通信距离可达 150 m;当采用每米绞合次数更多的双绞线带屏蔽电缆时,正常通信距离进一步加长,这种情况主要是由总线分布电容使信号波形产生畸变造成的。因此,在用 DS18B20 进行长距离测温系统设计时,要充分考虑总线分布电容和阻抗匹配问题。

③ 在 DS18B20 测温程序设计中,向 DS18B20 发出温度转换命令后,程序总要等待 DS18B20 的返回信号,一旦某个 DS18B20 接触不好或断线,当程序读该 DS18B20 时,将没有返回信号,程序将进入死循环,这一点在进行 DS18B20 硬件连接和软件设计时也要给予一定的重视。

 思考题与习题

1. 试比较热电偶测温与热电阻测温有什么不同?(可从原理、系统组成和应用场合三方

面来考虑。)

2. 将一灵敏度为 0.08 mV/℃的热电偶与电压表相连接,电压表接线端是 50 ℃,若电压表读数是 60 mV,热电偶的热端温度是多少?

3. 标准电极定律与中间导体定律的内在联系如何? 标准电极定律的实用价值如何?

4. 当一个热电阻温度计所处的温度为 20 ℃ 时,电阻是 100 Ω。当温度是 25 ℃时,它的电阻是 101.5 Ω。假设温度与电阻间的变换关系为线性关系。试计算当温度计分别处在 −100 ℃和+150 ℃时的电阻值。

5. 为什么热电偶的参比端在实用中很重要? 对参比端温度处理有哪些方法?

6. 有一光纤,其纤芯折射率为 1.56,包层折射率为 1.24,则其数值孔径 NA 为多少?

7. 热辐射温度计的测温特点是什么?

8. 欲测量变化迅速的 200 ℃的温度应选择何种传感器? 测量 2 000 ℃的高温又应选择何种传感器?

9. 已知一个 AD590KH 两端集成温度传感器的灵敏度为 1 μA/℃;并且当温度为 25 ℃时,输出电流为 298.2 μA/℃。若将该传感器按习题图 2.1 接入电路,问:当温度分别为 −30 ℃和+120 ℃ 时,电压表的读数为多少? (注:不考虑非线性误差。)

习题图 2.1   用 AD590KH 测温原理简图

第3章

压力及力检测

在测量上所称的"压力"就是物理学中的"压强",它是反映物质状态的一个很重要的参数。

在压力测量中,常有表压、绝对压力、负压或真空度之分。工业上所用的压力指示值多数为表压,即绝对压力和大气压力之差,所以绝对压力为表压和大气压之和。如果被测压力低于大气压,称为负压或真空度。

压力在工业自动化生产过程中是重要工艺参数之一。因此,正确地测量和控制压力是保证生产过程良好地运行及达到优质高产、低消耗、安全生产的重要环节。本章在简单介绍压力的概念及单位的基础上,重点介绍应变式压力计、压电式压力传感器、电容式压力传感器和霍尔式压力计等的测量原理及测压方法。并以应变式压力测量系统和电子扫描多点压力测量系统为例简述测压系统的组成及应用。

3.1 压力的概念及单位

压力是垂直地作用在单位面积上的力。它的大小由受力面积和垂直作用力的大小两个因素决定。其表达式为

$$p = \frac{F}{A} \tag{3.1.1}$$

式中,p——压力;

    F——作用力;

    A——作用面积。

国际单位制(SI)中定义压力的单位是:1 N 的力垂直作用在 1 m^2 面积上所形成的压力,称为 1 个"帕斯卡",简称为"帕",单位符号为 Pa。

目前,工程技术界广泛使用很多其他压力单位,考虑到目前尚难完全统一,有必要了解现在通用的非法定压力计量单位,主要有下列几种。

(1) 工程大气压

单位符号为 at,是工业上目前常用的单位。即 1 kg 力垂直作用在 1 cm^2 面积上所产生的压力,用千克力/厘米^2 表示,即 kgf/cm^2。

（2）标准大气压

单位符号为 atm，是指在纬度 45°的海平面上，0 ℃时的平均大气压力。

工程大气压和标准大气压两个名词中虽有"大气压"三个字，但并不受气象条件影响，而是作为计量单位使用的恒定值。

（3）约定毫米汞柱

单位符号 mmHg，即在标准重力加速度下，0 ℃时 1 mm 高的水银柱在 1 cm^2 的底面上所产生的压力。

（4）约定毫米水柱

单位符号为 mmH_2O，即在标准重力加速度下，4 ℃时 1 mm 高的水柱在 1 cm^2 的底面上所产生的压力。

现将常用的几种压力单位与帕斯卡之间的换算关系列表，见表 3.1.1。

表 3.1.1　压力单位换算

单位	帕/Pa	巴/bar	毫巴/mbar	约定毫米水柱/mmH_2O	标准大气压/atm	工程大气压/at	约定毫米汞柱/mmHg	磅力/英寸^2/(lbf/in^2)
帕/Pa	1	1×10^{-5}	1×10^{-2}	1.019 716 $\times10^{-1}$	0.986 923 6 $\times10^{-5}$	1.019 716 $\times10^{-5}$	0.750 06 $\times10^{-2}$	1.450 442 $\times10^{-4}$
巴/bar	1×10^5	1	$\times10^3$	1.019 716 $\times10^4$	0.986 923 6	1.019 716	0.750 06 $\times10^3$	1.450 442 $\times10$
毫巴/mbar	1×10^2	1×10^{-3}	1	1.019 716 $\times10$	0.986 923 6 $\times10^{-3}$	1.019 716 $\times10^{-3}$	0.350 06	1.450 442 $\times10^{-2}$
约定毫米水柱/mmH_2O	0.980 665 $\times10$	0.980 665 $\times10^{-4}$	0.980 665 $\times10^{-1}$	1	0.967 8 $\times10^{-4}$	1×10^{-4}	0.735 56 $\times10^{-1}$	1.422 1 $\times10^{-3}$
标准大气压/atm	1.013 25 $\times10^5$	1.013 25	1.013 25 $\times10^3$	1.033 227 $\times10^4$	1	1.033 2	0.76 $\times10^3$	1.469 6 $\times10$
工程大气压/at	0.980 665 $\times10^5$	0.980 665	0.980 665 $\times10^3$	1×10^4	0.967 8	1	0.735 57 $\times10^3$	1.422 398 $\times10$
约定毫米汞柱/mmHg	1.333 224 $\times10^2$	1.333 224 $\times10^{-3}$	1.333 224	1.359 51 $\times10$	1.316 $\times10^{-3}$	1.359 51 $\times10^{-3}$	1	1.934 $\times10^{-2}$
磅力/英寸^2/(lbf/in^2)	0.689 49 $\times10^4$	0.689 49 $\times10^{-1}$	0.089 49 $\times10^2$	0.703 07 $\times10^3$	0.680 5 $\times10^{-1}$	0.707 $\times10^{-1}$	0.517 15 $\times10^2$	1

此表用法，先从纵列中找到被换算单位，再由横行中找到想要换算成的单位，两坐标交点处便是换算比值。例如，由工程大气压（at）换算成帕（Pa），先在单位列里找到 at（在倒数第三行），再在单位行里找到 Pa（在左边第一列），两者的交点处有数值 0.980 665×10^5，故可知 1 at = 0.098 066 5 MPa ≈ 0.1 MPa。

又如由工程大气压（at）换算成磅力/英寸^2（lbf/in^2），可由表中倒数第三行与最右边一列交点处找到比值 1.422 398×10，故可知 1 at = 1.422 398×10 lbf/in^2 ≈ 14.2 lbf/in^2。

表中约定毫米水柱 mmH₂O 是指 4 ℃时的水,即密度为 1 000 kg/m³ 的水所呈现的水柱高度。由式(3.1.1)可知,当作用力 $F=0$ 时压力 $p=0$。但地面上的一切物体无不处在环境大气压力的作用下,只有真空状态才能使 F 真正等于 0,自真空算起的压力称为绝对压力。

设计容器或管道的耐压强度时,主要根据内部流体压力和外界环境大气压力之差。这个压力差是个相对值,是以环境大气压力为参考点所得的值,所以称为相对压力。各种普通压力表的指示值都是相对压力,所以相对压力也称表压力,简称表压。

环境大气压力完全由当时当地空气柱的重力所产生,与海拔高度和气象条件有关,可以用专门的大气压力表测得,它的数值是以真空为起算点得到的,因此也是绝对压力。

如果容器或管道里的流体比外界环境大气压力低,表压就为负值,这种情况下的表压称为真空度,即接近真空的程度。

任意两个压力的差值称为差压,用 Δp 表示,它也是相对压力的概念,不过它不是以环境压力作为参考点,而是以其中一个被测压力作参考点,即 $\Delta p = p_1 - p_2$。差压在各种热工量、机械量测量中用得很多。

如果把绝对压力、环境大气压力、表压力、真空度、差压 Δp 的相互关系归纳成示意图,则如图 3.1.1 所示。

图 3.1.1 表压、绝对压力和
负压(真空度)的关系

3.2 应变式压力计

应变式压力计是电测式压力计中应用最广泛的一种。它是将应变电阻片(金属丝式、箔式或半导体应变片)粘贴在测量压力的弹性元件表面上,当被测压力变化时,弹性元件内部应力变化产生变形,这个变形应力使应变片的电阻产生变化,根据所测电阻变化的大小来测量未知压力。

3.2.1 电阻应变效应

电阻丝在外力作用下发生机械形变时,其电阻值发生的变化,称为电阻应变效应。

设有一根电阻丝,其电阻率为 ρ,长度为 l,截面积为 A,在未受力时的电阻值为

$$R = \rho \frac{l}{A} \tag{3.2.1}$$

如图 3.2.1 所示,电阻丝在拉力 F 作用下,长度 l 增加,截面积 A 减小,电阻率 ρ 也相应变化,将引起电阻变化 ΔR,其值为

$$\frac{\Delta R}{R} = \frac{\Delta l}{l} - \frac{\Delta A}{A} + \frac{\Delta \rho}{\rho} \tag{3.2.2}$$

对于半径为 r 的电阻丝,截面面积 $A = \pi r^2$,则有 $\Delta A / A = 2\Delta r / r$。令电阻丝的轴向应变为 $\varepsilon = \Delta l / l$,径向应变为 $\Delta r / r$,由材料力学可知 $\Delta r / r = -\mu(\Delta l / l) = -\mu \varepsilon$,$\mu$ 为电阻丝材料的泊松系数,经整理可得

$$\frac{\Delta R}{R} = (1 + 2\mu)\varepsilon + \frac{\Delta \rho}{\rho} \tag{3.2.3}$$

图 3.2.1　金属丝伸长后几何尺寸变化

通常把单位应变所引起的电阻相对变化称为电阻丝的灵敏系数,其表达式为

$$K = \frac{\Delta R/R}{\varepsilon} = (1+2\mu) + \frac{\Delta\rho/\rho}{\varepsilon} \qquad (3.2.4)$$

从式(3.2.4)可以明显看出,电阻丝的灵敏系数 K 由两部分组成:受力后由材料的几何尺寸变化引起的 $(1+2\mu)$;由材料电阻率变化引起的 $(\Delta\rho/\rho)\varepsilon^{-1}$。对于金属材料 $(\Delta\rho/\rho)\varepsilon^{-1}$ 项的值比 $(1+2\mu)$ 小得多,可以忽略,故 $K=1+2\mu$。大量实验证明,在电阻丝拉伸比例极限内,电阻的相对变化与应变成正比,即 K 为常数。通常金属丝的 $K=1.7\sim3.6$。式(3.2.4)可写成

$$\frac{\Delta R}{R} = K\varepsilon \qquad (3.2.5)$$

3.2.2　电阻应变片

1. 金属电阻应变片

金属电阻应变片分为金属丝式和箔式,图 3.2.2(a)所示的应变片是将金属丝(一般直径为 0.02~0.04 mm)贴在两层薄膜之间。为了增加丝体的长度,把金属丝弯成栅状,两端焊在引出线上。图 3.2.2(b)采用金属薄膜代替细丝,因此又称为箔式应变片。金属箔的厚度一般为 0.001~0.01 mm 之间。箔片是先经轧制,再经化学抛光而制成的,其线栅形状用光刻工艺制成,因此形状尺寸可以做的很准确。由于箔式应变片很薄,散热性能好,在测量中可以通过较大电流,提高了测量的灵敏度。

用薄纸作为基底制造的应变片,称为纸基应变片。纸基应变片工作在 70 ℃ 以下,为了提高应变片的耐热防潮性能,也可以采用浸有酚醛树脂的纸作基底。此时使用温度可达 180 ℃,而且稳定性能良好。除用纸基以外,还有采用有机聚合物薄膜的,这样的应变片称为胶基应变片。

(a) 丝式　　(b) 箔式

图 3.2.2　电阻应变片

1—应变丝;2—基底;3—引线;

4—金属膜引线

对于应变电阻材料,一般希望材料 K 值要大,且在较大范围内保持 K 值为常数;电阻温度系数要小,有较好的热稳定性;电阻率要高,机械强度高,工艺性能好,易于加工成细丝及便于焊接等。

常用的电阻应变丝的材料是康铜丝和镍铬合金丝。镍铬合金比康铜的电阻率几乎大一倍,因此用同样直径的镍铬电阻丝做成的应变片要小很多。另外,镍铬合金丝的灵敏系数也比

较大。但是,康铜丝的电阻温度系数小,受温度变化影响小。

应变片的尺寸通常用有效线栅的外形尺寸表示。根据基长不同可分为三种:小基长 $L = 2 \sim 7$ mm,中基长 $L = 10 \sim 30$ mm,大基长 $L > 30$ mm。线栅宽 B 可在 $2 \sim 11$ mm 内变化。表 3.2.1 给出了国产应变片的技术数据供选择时参考。

表 3.2.1 国产应变片的技术数据

型号	形式	阻值/Ω	灵敏系数 K	线栅尺寸 $(B \times L)$/mm^2
PZ–17	圆角线栅,纸基	120 ± 0.2	$1.95 \sim 2.10$	2.8×17
8120	圆角线栅,纸基	118	$2.0 \pm 1\%$	2.8×18
PJ–120	圆角线栅,胶基	120	$1.9 \sim 2.1$	3×12
PJ–320	圆角线栅,胶基	320	$2.0 \sim 2.1$	11×11
PB–5	箔式	120 ± 0.5	$2.0 \sim 2.2$	3×5
2×3	箔式	$87 \pm 0.4\%$	2.05	2×3
2×1.5	箔式	$35 \pm 0.4\%$	2.05	2×1.5

2. 半导体电阻应变片

半导体应变片的工作原理和导体应变片相似。对半导体施加应力时,其电阻率发生变化,这种半导体电阻率随应力变化的关系称为半导体压阻效应。与金属导体一样,半导体应变片电阻也由两部分组成,即由于受应力后几何尺寸变化引起的电阻变化和电阻率变化引起的电阻变化两部分,在这里电阻率变化引起的电阻变化是主要的,所以一般表示为

$$\frac{\Delta R}{R} \approx \frac{\Delta \rho}{\rho} = \pi \sigma \qquad (3.2.6)$$

式中,$\Delta R / R$——电阻的相对变化;

$\Delta \rho / \rho$——电阻率的相对变化;

π——半导体压阻系数;

σ——应力。

由于弹性模量 $E = \sigma / \varepsilon$,所以式(3.2.6)又可写为

$$\frac{\Delta \rho}{\rho} = \pi \sigma = \pi E \varepsilon = K \varepsilon \qquad (3.2.7)$$

式中,K——灵敏系数。

对于不同的导体,压阻系数以及弹性模数都不一样,所以灵敏系数也不一样,就是对于同一种半导体,随晶向不同压阻系数也不同。

实际使用中必须注意外界应力相对晶轴的方向,通常把外界应力分为纵向应力 σ_L 和横向应力 σ_t,与晶轴方向一致的应力称为纵向应力;与晶轴方向垂直的应力称为横向应力。与之相关的有纵向压阻系数 π_L 和横向压阻系数 π_t。当半导体同时受两向应力作用时,有

$$\frac{\Delta \rho}{\rho} = \pi_L \sigma_L + \pi_t \sigma_t \qquad (3.2.8)$$

一般半导体应变片是沿所需的晶向将硅单晶体切成条形薄片,厚度约为 $0.05 \sim 0.08$ mm,

在硅条两端先真空镀膜蒸发一层黄金,再用细金丝与两端焊接,作为引线。为了得到所需的尺寸,还可采用腐蚀的方法。制备好硅条再粘贴到酚醛树脂的基底上,一般在基底上事先用印制电路的方法制好焊接极。图 3.2.3 所示是一种条形半导体应变片。为提高灵敏度,除应用单条应变片外,还有制成栅形的。各种应变片的技术参数、特性及使用要求可参见有关应变片手册。

图 3.2.3　半导体应变片
1—P 型单晶硅条;2—内引线;
3—焊接电极;4—引线;5—基底

3.2.3　电阻应变片的粘贴及温度补偿

1. 应变片的粘贴

应变片用黏结剂粘贴在试件表面上,黏结剂形成的胶层必须准确迅速地将被测试件的应变传到敏感栅上。黏结剂的性能及粘贴工艺的质量直接影响着应变片的工作特性,如零漂、蠕变、滞后、灵敏系数、线性以及它们受温度影响的程度。可见,选择黏结剂和正确的黏结工艺与应变片的测量精度有着极其重要的关系。

选择黏结剂必须适合应变片材料和被测试件材料,不仅要求黏结力强,黏结后机械性能可靠,而且黏合层要有足够大的剪切弹性模量,良好的电绝缘性,蠕变和滞后小,耐湿、耐油、耐老化,动态应力测量时耐疲劳等。此外,还要考虑到应变片的工作条件,如温度、相对湿度、稳定性要求以及贴片固化时热加压的可能性等。

常用的黏结剂类型有硝化纤维素型、氰基丙烯酸型、聚酯树脂型、环氧树脂类和酚醛树脂类等。

粘贴工艺包括被测试件表面处理、贴片位置的确定、贴片、干燥固化、贴片质量检查、引线的焊接与固定以及防护与屏蔽等。

2. 温度误差及其补偿

(1) 温度误差

作为测量用的应变片,希望它的电阻只随应变而变,而不受其他因素的影响。实际上,应变片的电阻受环境温度(包括试件的温度)的影响很大。因环境温度改变引起电阻变化的主要因素有两方面:一方面是应变片电阻丝的温度系数;另一方面是电阻丝材料与试件材料的线膨胀系数不同。

温度变化引起的敏感栅电阻的相对变化为 $(\Delta R/R)_1$,设温度变化 Δt,栅丝电阻温度系数为 α_t,则

$$\left(\frac{\Delta R}{R}\right)_1 = \alpha_t \Delta t$$

试件与电阻丝材料的线膨胀系数不同所引起的变形使电阻有相对变化。

$$\left(\frac{\Delta R}{R}\right)_2 = K(\alpha_g - \alpha_s)\Delta t$$

式中,K——应变片灵敏系数;

α_g——试件膨胀系数;

α_s——应变片敏感栅材料的膨胀系数。

因此,由温度变化而引起总电阻相对变化为

$$\frac{\Delta R}{R} = \left(\frac{\Delta R}{R}\right)_1 + \left(\frac{\Delta R}{R}\right)_2 = \alpha_t \Delta t + K(\alpha_g - \alpha_s)\Delta t \qquad (3.2.9)$$

（2）温度补偿

为了消除温度误差，可以采取许多补偿措施。最常用和最好的方法是电桥补偿法，如图 3.2.4(a)所示。工作应变片 R_1 安装在被测试件上，另选一个特性与 R_1 相同的补偿片 R_b，安装在材料与试件相同的某补偿件上，温度与试件相同但不承受应变。R_1 和 R_b 接入电桥相邻臂上，造成 ΔR_{1t} 和 ΔR_{bt} 相同。根据电桥理论可知，当相邻桥臂有等量变化时，对输出没有影响，则上述输出电压与温度变化无关。当工作应变片感受应变时，电桥将产生相应的输出电压。

在某些测试条件下，可以巧妙地安装应变片而不需补偿件并兼得灵敏度的提高。如图 3.2.4(b)所示，测量梁的弯曲应变时，将两个应变片分贴于梁上、下两面对称位置，R_1 和 R_b 特性相同，所以两个电阻变化值相同而符号相反。但当 R_1 和 R_b 按图 3.2.4(a)接入电桥时，电桥输出电压比单片时增加一倍。当梁上、下面温度一致时，R_1 和 R_b 可起温度补偿作用。电路补偿法简单易行，使用普通应变片就可对各种试件材料在较大温度范围内进行补偿，因而最常用。

(a)　　　　　　　　(b)

图 3.2.4　温度补偿措施

3.2.4　转换电路

应变片将被测试件的应变 ε 转换成电阻的相对变化 $\Delta R / R$，还需进一步转换成电压或电流信号才能用电测仪表进行测量。通常采用电桥电路实现这种转换。根据电源的不同，电桥分直流电桥和交流电桥。

下面以直流电桥为例分析说明（交流电桥的分析方法相似）。在图 3.2.5 所示的电桥电路中，U 是直流电桥电压，R_1、R_2、R_3、R_4 为四个桥臂电阻，当 $R_L = \infty$ 时，电桥输出电压为

$$U_0 = U_{ab} = \frac{(R_1 R_4 - R_2 R_3)}{(R_1 + R_2)(R_3 + R_4)} U \qquad (3.2.10)$$

$U_0 = 0$ 时，有

$$R_1 R_4 - R_2 R_3 = 0$$

或

$$\frac{R_1}{R_2} = \frac{R_3}{R_4} \qquad (3.2.11)$$

图 3.2.5　直流电桥

上式称为直流电桥平衡条件。该式说明，欲使电桥达到平衡，其相邻两臂的电阻比值应该相等。

在单臂工作电桥（图 3.2.6）中，R_1 为工作应变片，R_2、R_3、R_4 为固定电阻，$U_0(U_{ab})$ 为电桥输出电压，负载 $R_L = \infty$，应变电阻 R_1 变化 ΔR_1，此时，电桥输出电压为

$$U_\mathrm{O} = \frac{(R_4/R_3)(\Delta R_1/R_1)}{[1+(\Delta R_1/R_1)+R_2/R_1](1+R_4/R_3)}U \quad (3.2.12)$$

设桥臂比 $n=R_2/R_1$，并考虑到电桥初始平衡条件 $R_2/R_1=R_4/R_3$，略去分母中的 $\Delta R_1/R_1$，可得

$$U_\mathrm{o} = \frac{n}{(1+n)^2}\frac{\Delta R_1}{R_1}U \quad (3.2.13)$$

由电桥电压灵敏度 K_U 定义可得

$$K_U = \frac{U_\mathrm{o}}{\Delta R_1/R_1} = \frac{n}{(1+n)^2}U \quad (3.2.14)$$

图 3.2.6　单臂工作电桥

可见提高电源电压 U 可以提高电压灵敏度 K_U，但 U 值的选取受应变片功耗的限制。在 U 值确定后，取 $dK_U/dn=0$，得 $(1-n)^2/(1+n)^4=0$，可知 $n=1$，也就是 $R_2=R_1$、$R_3=R_4$ 时，电桥电压灵敏度最高，实际上多取 $R_2=R_1=R_3=R_4$。

$n=1$ 时，由式(3.2.13)和式(3.2.14)可得单臂工作电桥输出电压

$$U_\mathrm{o} = \frac{U}{4}\frac{\Delta R_1}{R_1} \quad (3.2.15)$$

$$K_U = \frac{U}{4} \quad (3.2.16)$$

以上两式说明，当电源电压 U 及应变片电阻相对变化一定时，电桥的输出电压及电压灵敏度与各桥臂的阻值无关。

如果在电桥的相邻两臂同时接入工作应变片，使一片受拉，一片受压，如图 3.2.7(a)所示，并使 $R_1=R_2$，$\Delta R_1=\Delta R_2$，$R_3=R_4$，就构成差分电桥。可以推导出，差分双臂工作电桥输出电压为

$$U_\mathrm{o} = \frac{U}{2}\frac{\Delta R_1}{R_1} \quad (3.2.17)$$

如果在电桥的相对两臂同时接入工作应变片，使两片都受拉或都受压，如图 3.2.7(b)所示，并使 $\Delta R_1=\Delta R_4$，也可推导出与上式相同的结果。

图 3.2.7　双臂电桥　　　　　　图 3.2.8　全桥电路

如果电桥的四臂都为电阻应变片，如图 3.2.8 所示，则称为全桥电路，可以推导出全桥电路的输出电压为

$$U_\mathrm{o} = U\frac{\Delta R_1}{R_1} \quad (3.2.18)$$

可见，全桥电路的电压灵敏度比单臂工作电桥提高 4 倍。全桥电路与相邻臂工作的半桥电路不仅灵敏度高，而且当负载电阻 $R_\mathrm{L}=\infty$ 时，没有非线性误差，同时还起到温度补偿作用。

3.2.5 应变式压力传感器

应变式压力传感器常设计成两种不同的形式,即膜式及测力计式。前者是应变片直接贴在感受被测压力的弹性膜上;后者则是把被测压力转换成集中力以后,再用应变测力计的原理测出压力的大小。

1. 膜式应变传感器

图 3.2.9 所示是一种简单的平膜式压力传感器。由膜片直接感受被测压力而产生变形,应变片贴在膜片的内表面,在膜片产生应变时,使应变片有一定的电阻变化输出。

图 3.2.9　平膜式压力传感器

对于边缘固定的圆形膜片,在受到均匀分布的压力 p 后,膜片中一方面要产生径向应力,同时还有切向应力,由此引起的径向应变 ε_r 和切向应变 ε_t 分别为

$$\varepsilon_r = \frac{3p}{8h^2E}(1-\mu^2)(R^2-3x^2)\times10^{-4} \tag{3.2.19}$$

$$\varepsilon_t = \frac{3p}{8h^2E}(1-\mu^2)(R^2-x^2)\times10^{-4} \tag{3.2.20}$$

式中,R、h——平膜片工作部分半径和厚度;

E、μ——膜片的弹性模量和材料的泊松比;

x——任意点离圆心的径向距离。

由式(3.2.19)和式(3.2.20)可知,在膜片中心处,即 $x=0$,ε_r 和 ε_t 均达到正的最大值,即

$$\varepsilon_{rmax} = \varepsilon_{tmax} = \frac{3p(1-\mu^2)R^2}{8Eh^2}\times10^{-4} \tag{3.2.21}$$

而在膜的边缘,即 $x=R$ 处,$\varepsilon_t=0$,而 ε_r 达到最小值

$$\varepsilon_{rmin} = -\frac{3p(1-\mu^2)R^2}{4Eh^2}\times10^{-4} \tag{3.2.22}$$

在 $x=R/\sqrt{3}$ 处,$\varepsilon_t=0$。

由式(3.2.19)和式(3.2.20)可画出在均匀载荷下应变分布曲线,如图 3.2.10 所示。为

充分利用膜片的工作压限,可以把两片应变片中的一片贴在正应变最大区(即膜片中心附近),另一片贴在负应变最大区(靠近边缘附近),这时可得到最大差分灵敏度,并且具有温度补偿特性。图3.2.10(b)中的R_1、R_2所在位置以及将两片应变片接成相邻桥臂的半桥电路就是按上述特性设计的。图3.2.10(c)是专用圆形的箔式应变片,在膜片$R/\sqrt{3}$范围内,两个承受切力处均加粗以减小变形的影响,引线位置在$R/\sqrt{3}$处。这种圆形箔式应变片能最大限度地利用膜片的应变形态,使传感器得到很大的输出信号。

图 3.2.10　应变分布与应变片布置

平膜式压力传感器最大优点是结构简单,灵敏度高。但它不适于测量高温介质,输出线性差。

2. 测力式应变传感器

图3.2.11所示为一种带水冷的测力计式应变压力传感器。它与膜式传感器的最大区别在于被测压力不直接作用到贴有应变片的弹性元件上,而是传到一个测力应变筒上。被测压力经膜片转换成相应大小的集中力,这个力再传给测力应变筒。应变筒的应变由贴在它上边的应变片测量。一般测量应变片沿圆周方向粘贴,而补偿应变片则沿轴向粘贴,在承受压力时,后者实际受有压应力,根据需要可以贴两个或四个应变片,实现差分补偿测量。

显然,这种结构的特点是,当被测介质温度波动时,应变片受到的影响应小些。另外,由于应变片内外都不与被测介质接触,便于冷却介质(水或风)的流通。图3.2.11所示的压力传感器采用水冷,冷却水由左边导管引入,直接通到应变筒内部,再从应变筒底端开孔流到应变筒外面,再经右边导管流出。这样,冷却介质可以直接冷却应变筒及与被测介质接触的膜片,所以能保证应变传感器在高温下工作。为了保证绝缘,浸在水中的应变筒及应变片必须密封

图 3.2.11　水冷式应变压力传感器

1—应变片;2—外壳;3—垫片;4—冷却水管;5—密封垫;6—垫片;7—接线柱;
8—电缆;9—压帽;10—定位销;11—垫片;12—应变筒;13—垫片;14—保护帽

好,因此,在应变筒贴上应变片之后,需在外层封一层环氧树脂,最后在外边再封上一层防水橡胶膜。

3. 扩散硅型压力传感器

扩散硅型压力传感器是把半导体应变膜直接扩散到单晶片基底上,这个单晶片既有测量功能,又有弹性元件作用,形成了高自振频率的压力传感器。

作为弹性膜的基底一般多采用 N 型硅,采用扩散技术在特定区域内形成 P 型扩散电阻。图 3.2.12(a)所示是一个杯型硅片组合式测量元件。在基底上刻蚀出四个半桥,在经过温度、压力测试后,从四个半桥中选出其中两个组成一个全桥。选择合适的扩散电阻的位置可以使 $\sigma_t = -\sigma_r$,即 $R_t = R_r$,这样的差分电桥可以得到最大的灵敏度。图 3.2.12(b)所示是传感器膜片的一个截面的示意图。

图 3.2.13 所示是一个扩散硅压阻式压力传感器的结构示意图。外加压力通过金属膜传递到充油的内腔,这个压力再使硅测量元件产生应变,扩散电阻通过引线与带有补偿电阻的桥路印制板连接,为了减小温度误差一般以恒流源供电。

(a)   (b)

图 3.2.12　扩散硅型压力传感器的膜片
1—径向电阻;2—切向电阻;3—引片;4—N 型硅;5—硅;6—金银熔层;
7—薄铝层;8—金线;9—P 型硅;10—石英玻璃

图 3.2.13　扩散硅压阻式压力传感器
1—钢膜片;2—油;3—金引线;4—接线柱;5—N 型硅膜片;6—硅基底;7—玻璃绝缘;
8—连线;9—外壳;10—带补偿电阻的电路板;11—插座;12—密封环

3.2.6 应变式力传感器

电阻应变式力传感器是目前使用最多的测力传感器之一,它具有结构简单、制造方便和精度高等优点,在静态和动态测量中获得了广泛应用。其中 LC11 系列应变式传感器具有结构紧凑、性能稳定、抗过载能力强等特点,主要用于工程中的力值测量。

电阻应变式测力传感器一般以弹性体作为力敏元件,用它将被测力的变化转换成应变量的变化,而在弹性体上粘贴的应变片再把应变量变换为电阻量的变化。图 3.2.14 所示为电阻应变式传感器的组成框图。

图 3.2.14 电阻应变式传感器组成

常用的应变式测力传感器有三种典型结构:柱式、环式和悬臂梁式。

柱式的弹性元件分实心和空心两种,如图 3.2.15(a)、(b)所示。实心柱可以承受较大负荷,空心筒则适用于测量力较小的情况。

(a) 实心圆柱　　　　(b) 空心圆柱

(c) 圆柱面展开图　　　　(d) 桥路连接图

图 3.2.15 柱式弹性元件

弹性元件上应变片的粘贴,一般是对称地贴在应力均匀的圆柱表面的中间部分,如图 3.2.15(c)所示,四片沿轴向,四片沿横向,并连接成图 3.2.15(d)所示桥的形式,R_1 和 R_3,R_2 和 R_4 分别串接,放在相对臂内,以减少弯矩的影响,横向粘贴的应变片作为温度补偿片。

环式弹性元件结构如图 3.2.16 所示,分为大曲率环、小曲率环和扁环等。它们的共同特点是:在外力作用下,各点的应力分布变化较大,可采用贴片的方法反映不同方向的力;环式测力传感器一般用于测量 500 N 以上的荷载,由于输出有正有负,便于接成差分电桥,同时还具有线性误差小和滞后误差小等特点。

悬臂浮式元件分为等面积梁和等强度梁,如图 3.2.17 所示。它结构简单、加工容易、应变片粘贴方便、灵敏度较高,适用于测量小荷载。

图 3.2.16　环式弹性元件

(a) 等面积梁　　　　　　(b) 等强度梁

图 3.2.17　悬臂梁

3.3　压电式压力及力传感器

压电式传感器以某些电介质的压电效应为基础,在外力作用下,电介质的表面上产生电荷,从而实现对压力电测的目的。

3.3.1　压电效应

某些电介质物体在沿一定方向受到压力或拉力作用时发生形变,并且在其表面上会产生电荷,若将外力去掉,它们又重新回到不带电状态,这种现象称为压电效应。具有压电效应的物体称为压电材料或压电元件,如天然的石英晶体,人工制造的压电陶瓷、锆钛酸铅等。现以石英晶体为例说明压电现象。

1. 石英晶体的压电效应

图 3.3.1(a) 所示表示天然结构的石英晶体外形,它是个正六面体,在晶体学中可以把它用 3 根互相垂直的轴来表示,其中纵向轴 z–z 称为光轴;经过正六面体棱线,并垂直于光轴的

x-x轴称为电轴;与 x-x 轴和 z-z 轴同时垂直的 y-y 轴(垂直于正六面体的棱面)称为机械轴。通常把沿电轴 x-x 方向的力作用下产生的电荷的压电效应称为纵向压电效应,把沿机械轴 y-y 方向的力作用下产生的电荷的压电效应称为横向压电效应,而沿光轴 z-z 方向受力时不产生压电效应。

(a) 左旋石英晶体   (b) 石英晶体的晶轴

图 3.3.1   石英晶体

　　从晶体上沿轴线切下的薄片称为晶体切片,如图 3.3.2 所示。当晶体切片在沿 x 轴的方向上受到压力 F_x 作用时,晶体切片将产生厚度变形,并在与 x 轴垂直的平面上产生电荷 Q_x,它的大小为

$$Q_x = d_{11}F_x \qquad (3.3.1)$$

图 3.3.2   石英晶体切片

式中,d_{11}——压电系数,受力方向和变形不同时压电系数也不同。石英晶体的 $d_{11} = 2.3 \times 10^{-12}$ C/N。

　　电荷 Q_x 的符号由 F_x 是压力还是拉力决定,从式(3.3.1)可以看出,当晶体切片受到 x 向的压力作用时。Q_x 与作用力 F_x 成正比,而与晶体切片的几何尺寸无关。电荷的极性如图 3.3.3 所示。

　　如果在同一晶体切片上作用力是沿着机械轴的方向,其电荷仍在与 x 轴垂直平面上出现,其极性如图 3.3.3(c)、(d)所示,此时电荷的大小为

(a)　　　　　(b)　　　　　(c)　　　　　(d)

图 3.3.3   晶体切片上的电荷符号与受力方向的关系

$$Q_x = -d_{11}\frac{l}{h}F_y \qquad (3.3.2)$$

式中,l 和 h——晶体切片的长度和厚度;

　　　d_{11}——石英晶体在 y 轴方向上受力的压电系数。

由式(3.3.2)可见,沿机械轴方向的力作用在晶体上时产生的电荷与晶体切片的尺寸有关。负号表示沿 y 轴的压缩力产生的电荷与沿 x 轴施加的压缩力所产生的电荷极性相反。

在片状压电材料的两个电极面上,如果加以交流电压,那么压电片能产生机械振动,使压电片在电极方向上有伸缩现象。压电材料的这种现象称为电致伸缩效应。因为这种效应与压电效应相反,也称为逆压电效应。

2. 压电效应的物理解释

为方便起见,以石英晶体为例阐述压电效应的微观机制。石英晶体的压电效应早在 100 多年前就已被发现,它之所以至今仍不失为最好的和最重要的压电晶体之一的原因,一方面是它的性能稳定,另一方面是频率温度系数低。压电晶体压电效应的产生,是由于晶格在机械力的作用下发生的形变所引起的。

石英晶体的化学式为 SiO_2,在每一个晶体单元中,它有 3 个硅离子和 6 个氧离子,后者是成对的。硅离子有 4 个正电荷,氧离子有 2 个负电荷,1 个硅离子和 2 个氧离子交替排列。

石英晶体之所以能够产生压电效应,是与它的内部结构分不开的。为了讨论方便,这里,将硅、氧离子的排列等效为图 3.3.4(a)所示的正六边形排列。图中"$\oplus$"代表 Si^{4+},"$\ominus$"代表 $2O^{2-}$。

当外作用力为 0 时,正、负离子(即 Si^{4+},$2O^{2-}$)正好分布在正六边形的顶角上,形成 3 个互成 120° 夹角的电偶极矩 p_1、p_2 和 p_3,如图 3.3.4 所示。因为 $p=ql$,此时正负电荷中心重合,电偶极矩的矢量和等于 0,即 $p_1+p_2+p_3=0$。

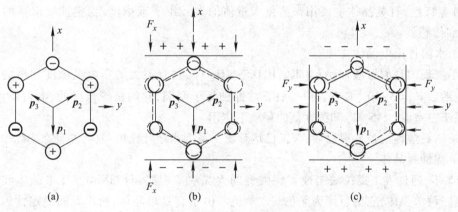

　　　　　(a)　　　　　　　　　(b)　　　　　　　　　(c)

图 3.3.4　石英晶体的压电效应示意图

当晶体受到沿 x 轴方向 F_x 作用时,晶体沿 x 方向将产生压缩,正、负离子的相对位置也随之发生变化,如图 3.3.4(b)虚线所示。此时正、负电荷中心不再重合,电偶极矩在 x 方向上的分矢量由于 p_1 减小和 p_2、p_3 的增大而不等于 0,即 $p_1+p_2+p_3>0$。在 x 轴的正向出现正电荷,电偶极矩在 y 方向上的分矢量仍为 0(因为 p_2、p_3 在 y 方向上的分量大小相等而方向相反),不出现电荷。由于 p_1、p_2 和 p_3 在 z 轴方向上的分量都为 0,不受外作用力的影响,所以在 z 轴方向上也不出现电荷。

当晶体受到沿 y 轴方向作用力时,晶体的形变如图 3.3.4(c)中虚线所示,与图 3.3.4(b)所示的情况相似,p_1 增大,p_2 和 p_3 减小,在 x 轴的方向出现电荷,它的极性与图 3.3.4(b)所示的情况相反,而在 y 轴和 z 轴方向上则不出现电荷。

如果沿 z 轴方向(即与纸面垂直的方向)上施加作用力,因为晶体在 x 方向和 y 方向所产生的形变完全相同,所以正、负电荷中心保持重合,电偶极矩矢量和等于 0。这就表明,沿 z 轴(光轴)方向施加作用力晶体不会产生压电效应。

很显然,当作用力 F_x 或 F_y 的方向相反时,电荷的极性也随之改变。如果对石英晶体的各个方向同时施加相等的力(如液体压力、热应力等),石英晶体也将保持不变。

3.3.2 压电材料

目前,在测压传感器中常用的压电材料有压电晶体、压电陶瓷和压电半导体等,它们各自有自己的特点。

1. 压电晶体

(1)石英晶体

石英晶体即二氧化硅(SiO_2),有天然的和人工培育的两种。它的压电系数 $d_{11} = 2.31 \times 10^{-12}$ C/N,在几百摄氏度的温度范围内,压电系数几乎不随温度而变。到 575 ℃ 时,它完全失去了压电性质,这就是它的居里点。石英的熔点为 1 750 ℃,密度为 2.65×10^3 kg/m^3,有很大的机械强度和稳定的机械性质,可承受高达 $6.8 \times 10^7 \sim 9.8 \times 10^7$ Pa 的应力,在冲击力作用下漂移较小。鉴于上述性质及灵敏度低,没有热释电效应(由于温度变化导致电荷释放的效应)等特性,石英晶体主要用来测量大量值的力或用于准确度、稳定性要求高的场合和制作标准传感器。

(2)水溶性压电晶体

最早发现的是酒石酸钾钠($NaKC_4H_4O_6 \cdot 4H_2O$),它有很大的压电灵敏度和高的介电常数,压电系数 $d_{11} = 3 \times 10^{-9}$ C/N。但是酒石酸钾钠易于受潮,它的机械强度低、电阻率也低,因此,只限于在室温(<45 ℃)和湿度低的环境下应用。

自从酒石酸钾钠被发现以后,人工已培育出一系列水溶性压电晶体并且在实际中应用。

(3)铌酸锂晶体

1965 年,通过人工提拉法制成了铌酸锂的大晶块。铌酸锂($LiNbO_2$)压电晶体和石英相似,也是一种单晶体,它的色泽为无色或浅黄色。由于它是单晶体,所以时间稳定性远比多晶体的压电陶瓷好。它是一种压电性能良好的电声换能材料,它的居里温度为 1 200 ℃ 左右,远比石英和压电陶瓷高,所以在耐高温的传感器上有广泛的应用前景。在力学性能方面其各向异性很明显,与石英晶体相比很脆弱,而且热冲击性很差,所以在加工装配和使用中必须小心谨慎,避免用力过猛和急冷急热。

2. 压电陶瓷

压电陶瓷是人制备的压电材料,它需经外加电场极化处理后才具有很强的压电效应。其种类很多,目前在传感器中应用较多的是钛酸钡和锆钛酸铅,尤其是锆钛酸铅的应用更为广泛。常用压电晶体和压电陶瓷材料性能见表 3.3.1。

表 3.3.1 常用压电晶体和压电陶瓷材料性能

压电材料			压电陶瓷				压电晶体	
		钛酸钡 BaTiO$_3$	锆钛酸铅系列			铌镁酸铅 DMN	铌酸锂 LiNbO$_3$	石英 SiO$_2$
			PZT-4	PZT-5	PZT-8			
性能参数	压电系数(C/N) d_{15}	260	410	670	410		2 220	$d_{11}=2.31$
	d_{31}	−78	−100	−185	−90	−230	−25.9	$d_{14}=0.73$
	d_{33}	190	200	4.5	200	700	487	
	相对介电常数 ε_r	1 200	1 050	2 100	1 000	2 500	3.9	4.5
	居里点温度/℃	115	310	260	300	260	1 210	573
	密度/(10^3 kg/m^3)	5.5	7.45	7.5	7.45	7.6	4.64	2.65
	弹性模量/(10^3 Pa)	110	83.3	117	123		24.5	80
	机械品质因数	300	2 500	80	≥800		105	105～106
	最大安全应力/(10^6 N/m^2)	81	76	76	83			95～100
	体电阻率/(Ω·m)	10^{10}	10^{10}	10^{10}				$>10^{12}$
	最高允许温度/℃	80	250	250				550

（1）钛酸钡压电陶瓷

钛酸钡（BaTiO$_3$）是由 BaCO$_3$ 和 TiO$_2$ 两者在高温下合成的,具有较高的压电系数（107×10^{-12} C/N）和介电常数（1 000～5 000）,但它的居里点较低,约为 120 ℃。此外,强度也不及石英,由于它的压电系数高（约为石英的 50 倍）,因而在传感器中得到了广泛应用。

（2）锆钛酸铅系压电陶瓷（PZT）

锆钛酸铅是 PbTiO$_3$ 和 PbZrO$_3$ 组成的固溶体 Pb（Zr,Ti）O$_3$,它的压电系数（200×10^{-12}～500×10^{-12} C/N）和居里点（300 ℃）较高,各项机电参数随温度、时间等外界条件的变化较小,是目前经常采用的一种压电材料。在锆钛酸铅中的基本配方中,添加 1 种或 2 种微量的其他元素如铌（Nb）、锑（Sb）、锡（Sn）、锰（Mn）、钨（W）等,可获得不同性能的 PZT 材料。

（3）铌酸盐系压电陶瓷

这一系列是以铁电体铌酸钾（KNbO$_3$）和铌酸铅（PbNb$_2$O$_6$）为基础的,铌酸铅具有很高的居里点（570 ℃）和低的介电常数,它的密度为 10 kg/cm^3。在铌酸铅中用钡或锶替代一部分铅,可引起性能的根本变化,从而得到具有较高机械品质的铌酸盐系压电陶瓷。

铌酸钾是通过热压过程制成的,它的居里点（435 ℃）也较高,特别适用于作 10～40 MHz 的高频换能器。

近年来,铌酸盐系压电陶瓷在水声传感器方面受到了重视,由于它的性能比较稳定,适用于深海水听器。

（4）铌镁酸铅压电陶瓷（PMN）

铌镁酸铅压电陶瓷是由 $Pb(Mg_{1/3}Nb_{2/3})O_3 - PbTiO_3 - PbZrO_3$ 三种化合物组成,它是在 $PbTiO_3 - PbZrO_3$ 基础上加一定量的 $Pb(Mg_{1/3}Nb_{2/3})O_3$ 而成的,具有较高的压电系数 ($d_{33} = 800 \times 10^{-12} \sim 900 \times 10^{-12}$ C/N)和居里点(260 ℃),能承受 7×10^7 Pa 的压力。因此可作为工作在高温下的测力传感器的压电元件。

3. 压电半导体

近年来出现了多种压电半导体如硫化锌(ZnS)、碲化镉(CdTe)、氧化锌(ZnO)、硫化镉(CdS)、碲化锌(ZnTe)和砷化镓(CaAs)等。这些材料的显著特点是:既具有压电特性,又具有半导体特性,有利于将元件和线路集成于一体,从而研制出新型的集成压电传感器的测试系统。

3.3.3 测量电路

当压电式传感器的压电元件受到外作用力时,在两个表面上分别出现等量的正电荷和负电荷 Q,相当于一个以压电材料为介质的有源电容器,其电容量为 C_a。因此,可以把传感器等效成一个电荷源与电容相并联的等效电路。由于电容器上的电压 U_a,电荷量 Q 与电容 C_a 的关系为 $U_a = Q/C_a$,故压电式传感器也可以等效为一个电压源和一个电容器 C_a 的串联电路。

实际传感器的输出信号很微弱,而且内阻很高,一般不能直接显示和记录,需要采用低噪声电缆把信号送到具有高输入阻抗的前置放大器。前置放大器有两个作用:一是放大压电传感器微弱的输出信号;二是把传感器的高阻抗输出变换成低阻抗输出。

根据压电传感器的等效电路,它的输出信号可以是电压也可以是电荷,因此前置放大器也有两种形式,一种是电压放大器,其输出电压与输入电压(传感器的输出电压)成正比;另一种是电荷放大器,其输出电压与输入电荷成正比。

1. 电压放大器

压电传感器接到电压放大器的等效电路,如图 3.3.5(a)所示。图 3.3.5(b)是 3.3.5(a)的等效简化电路。

(a)   (b)

图 3.3.5 压电传感器接至电压放大器的等效图

在图 3.3.5(b)中,等效电阻 R 和等效电容 C 各为

$$R = \frac{R_a R_i}{R_a + R_i}, C = C_c + C_i$$

式中,R_a——压电传感器的泄漏电阻;

$\quad R_i$——放大器的输入电阻;

C_c、C_i——电缆电容、输入电容。

而
$$u_A = \frac{Q}{C_a}$$

如果压电元件上受到角频率为 ω 的力 F,则可写成
$$F = F_m \sin \omega t \tag{3.3.3}$$

式中,F_m——作用力的幅值。

假设压电元件的材料为压电陶瓷,其压电系数为 d,则在外力作用下压电元件产生的电压值为
$$u_A = \frac{dF_m}{C_a} \sin \omega t \quad 或 \quad u_A = U_m \sin \omega t$$

式中,U_m——电压幅值;$U_m = dF_m / C_a$

由图 3.3.5(b)可得送到放大器输入端的电压
$$u_1 = dF \frac{j\omega R}{1 + j\omega R(C + C_a)} \tag{3.3.4}$$

由式(3.3.4)可得放大器输入电压的幅值 U_{im} 为
$$U_{im} = \frac{dF_m \omega R}{\sqrt{1 + \omega^2 R^2 (C_a + C_c + C_i)^2}} \tag{3.3.5}$$

输入电压与作用力之间的相位差 φ 为
$$\varphi = \frac{\pi}{2} - \arctan\left[\omega(C_a + C_c + C_i)R\right] \tag{3.3.6}$$

令 $\tau = R(C_a + C_c + C_i)$,$\tau$ 为测量回路的时间常数,并令 $\omega_0 = 1/\tau$,则可得
$$U_{im} = \frac{dF_m \omega R}{\sqrt{1 + (\omega/\omega_0)^2}} \approx \frac{dF_m}{C_a + C_c + C_i} \tag{3.3.7}$$

由式(3.3.7)可知,如果 $\omega/\omega_0 \gg 1$(即 $\omega\tau \gg 1$),也就是作用力的变化频率与测量回路时间常数的乘积远大于 1 时,前置放大器的输入电压与频率无关。一般认为 $\omega/\omega_0 \geq 3$,可近似认为输入电压与作用力的频率无关。这说明,在测量回路时间常数一定的条件下,压电传感器高频响应很好,这是压电传感器优点之一。

但是,当被测动态量变化缓慢,而测量回路时间常数也不大时,就会造成传感器灵敏度下降。因此,为了扩大工作带的低频端,就必须提高测量回路的时间常数。如果要靠增大测量回路的电容来达到提高 τ 的目的,就会影响到传感器的灵敏度。根据电压灵敏度 K_U 的定义
$$K_U = \frac{U_{im}}{F_m} = \frac{d}{\sqrt{\frac{1}{(\omega R)^2} + (C_a + C_c + C_i)^2}} \tag{3.3.8}$$

因为 $\omega R \gg 1$,故传感器电压灵敏度 K_U 近似为
$$K_U \approx \frac{d}{C_a + C_c + C_i} \tag{3.3.9}$$

由式(3.3.9)可以看出,传感器电压灵敏度 K_U 是与电容成反比的,若增加回路的电容,必然使传感器的灵敏度下降。为此,常常做成 R_i 很大的前置放大器,放大器输入内阻越大,测量回路时间常数越大,传感器的低频响应也就越好。

当 $\omega R(C_a+C_c+C_i)\gg 1$ 时,放大器的输入电压幅值 U_{im} 近似为

$$U_{im}\approx\frac{dF_m}{C_a+C_c+C_i} \tag{3.3.10}$$

由上式可见,当改变连接传感器与前置放大器的电缆长度时,C_c 将改变,U_{im} 也随之变化,从而使前置放大器的输出电压 $U_o=AU_{im}$ 也发生变化(A 为前置放大器增益),因此,传感器与前置放大器的组合系统输出电压与电缆电容有关。在设计时,常常把电缆长度定为一常值,因而使用时如果要改变电缆长度,必须重新校正灵敏度值,否则由于电缆电容 C_c 的改变将会引入测量误差。

2. 电荷放大器

电荷放大器是一个有反馈电容 C_f 的高增益运算放大器电路。它的输入信号为压电传感器产生的电荷。当略去泄漏电阻,并认为放大器输入电阻 R_i 趋于无穷大时,它的等效电路可用图 3.3.6 来表示。

根据运算放大器的基本特性,可以求得电荷放大器的输出电压

$$U_o=\frac{-QA}{C_a+C_c+C_i-C_f(A-1)}=-U_iA \tag{3.3.11}$$

式中,A——放大器的电压放大系数。

图 3.3.6 电荷放大器原理图

当 $A\gg 1$,$C_fA\gg C_a+C_c+C_i$ 时,有

$$U_o=\left|\frac{Q}{C_f}\right|,\ U_i\approx\left|\frac{Q}{C_fA}\right| \tag{3.3.12}$$

可见,在电荷放大器中输出电压 U_o 与电缆电容 C_c 无关,而与 Q 成正比,这是电荷放大器的突出优点。

3.3.4 压电式压力及力传感器

利用压电元件做成力-电转换元件的关键是选择合适的压电材料、变形方式、串联或并联的晶片数、晶片的几何形状和合理的传力机构。压电元件的变形方式以利用纵向压电效应的厚度变形为最方便,压电材料的选择取决于被测力的大小、测量精度和工作环境等。结构上大多数采用机械串联而非并联的一对或数对晶片,因为机械上并联的片数增加会给加工、安装带来困难。下面介绍几种测力传感器的实例。

1. 压电式三维测力传感器

图 3.3.7 所示是一种压电式三维测力传感器的三组晶体切片的组合情况,可同时测量三个互相垂直的 F_x、F_y、F_z 力分量。其中上、下两对晶片具有切变压电效应,用来测量水平方向的力 F_x 和 F_y;中间那对为与 x 轴方向成 0° 的切片,具有纵向压电效应,用来检测 F_z、压电元件的接地端用导电片与传感器基座相连。为保证电极接触良好和防止 F_x、F_y 产生的剪切力造成滑移,对压电晶体片要加有足够大的预紧力。

图 3.3.7 叠层式压电组件结构形式

2. 压电式单向测力传感器

图 3.3.8 所示是压电式单向测力传感器的结构图,这种传感器用于机床动态切削力的测量,晶体片为与 x 轴方向成 0° 的切片,上盖为传力元件,厚度为 0.1 ~ 0.5 mm,晶片的尺寸为 $\phi 8$ mm ×

1 mm,最大测力为 500 kg。基座内外底面对其中心线的垂直度,上盖以及晶片、电极的上下底面的平行度与表面光洁度都有严格的要求,否则会使横向灵敏度增加或使晶片因应力集中而过早破碎。为提高绝缘阻抗,传感器部件经多次净化后在超净环境下

图 3.3.8 压电式单向测力传感器

装配,加盖之后用电子束封焊。LC05 系列压电石英力传感器如图 3.3.9 所示。

图 3.3.9 LC05 系列压电石英力传感器

3. 压电式测量均匀压力传感器

图 3.3.10 所示是一种测量均匀压力的传感器结构。拉紧的薄壁管对晶体切片施一预载力,而感受外部压力的是由挠性材料做成的很薄的膜片。预载筒外的空腔与冷却系统相连,以保证传感器工作在一定的环境温度条件下,这样就避免了因温度变化造成的预载力变化引起的测量误差。

图 3.3.10 压电式压力传感器

4. 消除振动加速度影响的压电传感器

图 3.3.11 所示是另一种压力传感器的结构,它采用两个相同的膜片对晶片施加预载力,从而可以消除由于振动加速度引起的附加输出。

图 3.3.11　消除振动加速度影响

压电式传感器具有体积小、重量轻、结构简单、工作可靠、测量频率范围宽等优点。合理的设计能使它有较强的抗干扰能力,所以是一种应用较为广泛的测力传感器。但它不能测量频率太低的被测量,特别是不能测量静态参数,因此,目前多用来测量加速度和动态力或压力。

3.4 压磁式压力传感器

压磁式传感器是测力传感器的一种,它利用铁磁材料受力后导磁性能的变化,将被测力转换为电信号。它是一种具有输出信号大,输出阻抗低,抗电磁干扰能力强,结构简单,过载能力强,适用于在恶劣环境中工作的传感器。

3.4.1 压磁式传感器工作原理

1. 压磁效应

当铁磁材料受机械力(压力、扭力、弯力)作用后,在它内部产生了机械应力,从而引起铁磁材料磁导率发生变化。这种应力使铁磁材料的磁性质发生变化的现象,称为压磁效应。

铁磁材料的压磁效应具体可表述为:当材料受到压力时,在作用力方向磁导率减小,而在作用力垂直方向,磁导率增大;作用力是拉力时,其效果相反;作用力取消后,磁导率复原。铁磁材料的压磁效应还与磁场有关。

压磁式传感器所使用的铁磁材料,一般为硅钢片、坡莫合金等。又因硅钢片性能稳定,价格便宜,故选用者居多。

2. 工作原理

压磁式传感器的结构简图如图 3.4.1 所示。它由压磁元件 1、弹性支架 2、传力刚球 3 组成。压磁元件装入弹性支架内,支架对压磁元件有额定压力 5%～15%的预应力。外力通过刚球集中作用在弹性横梁上,垂直均匀地传给压磁元件。

本例的压磁元件由冷轧硅钢片冲压而成形,经热处理后叠成一定厚度,用环氧树脂黏合在一起。在中间部分冲有四个对称小孔,如图 3.4.2 所示。孔 1 与孔 2 间绕励磁线圈,孔 3 与孔 4 间绕感应

图 3.4.1　压磁传感器
结构简图

线圈。压磁元件在外力作用下产生应变,引起磁导率的变化。在励磁线圈中通以交变电流时,磁导率的变化将导致线圈耦合系数的变化,从而使输出的感应电动势变化,达到把作用力转换成电荷量输出的目的。

图 3.4.2　压磁式传感器工作原理

下面就图 3.4.2 分析感应电动势是如何随外力作用而变化的。当励磁线圈孔 1、2 线圈绕组 N_{12} 中通过交变电流时,铁心产生磁场。若把四个孔空间分成 A、B、C、D 四个区域,在无外力作用的情况下,A、B、C、D 四个区域的磁导率是相同的,这时合成磁场强度 H 平行于输出线圈的平面,磁感应线不穿过感应线圈,输出线圈(孔 3、4 线圈绕组 N_{34})不产生感应电动势。当有外力作用时,如图 3.4.2(c)所示,A、B 区域将受到一定的应力,而 C、D 区域基本上仍处于自由状态,沿作用力方向的 A、B 区域的磁导率下降,磁阻增大,而 C、D 区域磁导率基本不变。这样励磁绕组所产生的磁感应线将重新分布,部分磁感应线绕过 C、D 区域闭合,于是合成磁场 H 不再与 N_{34} 平面平行,一部分磁感应线穿过 N_{34} 而产生感应电动势,外作用力越大,穿过 N_{34} 的磁感应线就越多,感应电动势值就越大。

3.4.2　压磁元件

由上论述可看出压磁式传感器核心部分是压磁元件,它实质是一个力/电变换元件。压磁元件多采用硅钢片、坡莫合金和铁氧体。其中,坡莫合金具有很高的灵敏度,但成本高;铁氧体也有较高的灵敏度;但材质较脆。为了减小涡流损耗,压磁元件的铁心大都采用薄片的铁磁材料叠合而成。冲片形状大致有四种,如图 3.4.3 所示。

图 3.4.3　冲片形状

四孔圆弧形冲片如图 3.4.3(a)所示,它是一个矩形削去四角,这是为了在冲孔部位得到较大的压应力,从而提高传感器的灵敏度。这种冲片适用于测量 $5×10^5$ N 以下的力,一般设计应力约为 $(2.5～4)×10^3$ N/cm^2。

六孔圆弧形冲片如图 3.4.3(b)所示,与四孔形冲片相比,增加了两个较大的孔,使沿轴线承受力减小,灵敏度下降。但量程扩大,同时也可避免压力增大时中间部分磁路达到饱和的状态。这种冲片可测量 $3×10^6$ N 以下的力,设计应力可达 $(7～10)×10^3$ N/cm^2。

中字形冲片如图 3.4.3(c)所示,励磁绕组绕在臂 A 上,输出绕组绕在臂 C 上。无外力作用时,磁感应线沿最短路程闭合,穿过输出线圈较少。当有外力作用时,臂 B 的磁导率下降,磁阻增加,穿过臂 C 的磁感应线增多,感应电动势增大。这种冲片的传感器灵敏度高。但零位电流也大(无外力作用时,也产生感应电动势)。可测力如图 3.4.3(a)所示,设计应力约为 $(2.5～4)×10^3$ N/cm^2。

田字形冲片如图 3.4.3(d)所示,前三种是根据互感原理,这种是基于自感原理。在 A、B、C、D 四个臂处分别绕上线圈,组成一个电感电桥。无外力作用时,调整线圈感抗相等,使电桥平衡。有外力作用时,A、B 两臂受压应力作用,磁导率下降,磁阻增加,电感量较少,而 C、D 两臂电感量基本不变,此时电桥失去平衡,输出一个正比于外作用力的电压信号。这种冲片结构稍复杂,但灵敏度高、线性好,适用测量 $5×10^3$ N 以下的力,设计应力为 $(10～15)×10^3$ N/cm^2。

3.4.3　压磁式测力传感器应用特点

压磁式测力传感器具有输出功率大、抗干扰能力强、过载性能好、结构与电路简单、能在恶劣环境下工作、寿命长等一系列特点。尽管它的测量精度不高(误差约为 1%)、反应速度低,但由于上述优点,尤其是寿命长,还是得到了重工业、化学工业领域广大使用者的青睐。

压磁式测力传感器最直接的应用是测压力,若要测量其他物理量,这些物理量要通过力的变换,才可以使用这种传感器进行测量。

目前这种传感器已成功地用在冶金、矿山、造纸、印刷、运输等各个行业。例如用来测量轧钢的轧钢刀、刚带的张力、纸张的张力,吊车提物的自动称量、配料的测量、金属切削过程的切削力以及电梯安全保护等。

3.5　电容式压力及力传感器

电容式压力及力传感器是将被测量(如尺寸、压力等)的变化转换成电容量的变化的一种传感器。实际上,它本身就是一个可变电容器。目前,从工业生产过程自动化应用来说,有压力、差压、绝对压力、带开方的差压(用于测流量)等品种及高差压、微差压、高静压等规格。

3.5.1　电容式传感器的工作原理

考虑两平行板组成的电容器,忽略边缘效应,其电容量为

$$C = \frac{\varepsilon A}{d} \tag{3.5.1}$$

式中,ε——极板间介质的介电常数,$\varepsilon = \varepsilon_0 \varepsilon_r$;

A——极板的遮盖面积;

d——极板间的距离。

当被测量的变化使式中的 d、A 或 ε 任一参数发生变化时,电容量 C 也就随之变化。因此,电容式传感器有三种基本类型,即变极距(d)型、变面积(A)型、变介电常数(ε)型。它们的电极形状有平板形、圆柱形和球面形三种。

1. 变极距型电容式传感器

图 3.5.1 是变极距型电容式传感器的结构原理图。图 3.5.1 中 1、3 为固定极板,2 为可动极板。当可动极板因被测量变化而向上移动 Δd 时,图 3.5.1(a)、(b)结构的电容量增量为

$$\Delta C = \frac{\varepsilon A}{d - \Delta d} - \frac{\varepsilon A}{d} = C_0 \frac{\Delta d}{d - \Delta d} \tag{3.5.2}$$

式中,C_0——极距为 d 时的初始电容量。

在实际应用中,为了改善非线性,提高灵敏度和减少外界因素(如电源电压、环境温度等)的影响,电容式传感器常常做成差分形式。

(a)　　　　　　　　　(b)　　　　　　　　　(c)

图 3.5.1　变极距型电容式传感器结构原理图

2. 变面积型电容式传感器

图 3.5.2 所示是变面积型电容式传感器的一些结构示意图,图 3.5.2(a)、(b)、(c)所示为单边式,图 3.5.2(d)所示为差分式,图 3.5.2(a)、(b)所示结构也可做成差分式。与变极距型相比,它们的测量范围大,可测较大的线位移和角位移。图 3.5.2(d)中 1、3 为固定极,2 为可动极。一般情况下,变面积型电容式传感器常做成圆柱形,如图 3.5.2(c)、(d)所示。忽略边缘效应,圆柱形电容器的电容量为

$$C = \frac{2\pi \varepsilon l}{\ln(r_2 / r_1)} \tag{3.5.3}$$

式中,l——外圆筒与内圆柱覆盖部分的长度;

r_2、r_1——外圆筒内半径和内圆柱(或圆筒)外半径。

对于单边圆柱形线位移,如图 3.5.2(c)所示,当可动极 2 位移 Δl 时,电容量变化为

$$\Delta C = \left| \frac{2\pi\varepsilon l}{\ln(r_2/r_1)} - \frac{2\pi\varepsilon(l-\Delta l)}{\ln(r_2/r_1)} \right| = \frac{2\pi\varepsilon\Delta l}{\ln(r_2/r_1)} = C_0 \frac{\Delta l}{l} \qquad (3.5.4)$$

变面积型和变极距型电容式传感器一般采用空气作电介质。空气的介电常数 ε_0 在极宽的频率范围内几乎不变,温度稳定性好,介质的电导率极小,损耗极小。

图 3.5.2　变面积型电容式传感器结构原理图

3. 变介电常数型电容式传感器

变介电常数型电容式传感器的结构原理如图 3.5.3 所示。这种传感器多用来测量电介质的厚度,如图 3.5.3(a)所示,测量位移如图 3.5.3(b)所示,测量液位如图 3.5.3(c)所示,还可根据极间介质的介电常数随温度、湿度、容量改变而改变来测量温度、湿度、容量,如图 3.5.3(d)所示。

图 3.5.3　变介电常数型电容式传感器结构原理图

3.5.2　差分电容式传感器

在实际压力测量中,常使用差分电容式传感器,不但提高了灵敏度,同时也改善了非线性。图 3.5.4(a)是改变极板间距离的差分电容式传感器原理图,中间一片为动片,两边的两片为定片,当动片移动 x 距离后,一边的间隙为 $d-x$,另一边则变为 $d+x$,输出电容为两者之差,即

$$\Delta C = C_0 \frac{d}{d-x} - C_0 \frac{d}{d+x} = 2C_0 \frac{x}{d} \left[1 + \left(\frac{x}{d} \right)^2 + \cdots \right] \qquad (3.5.5)$$

式中,C_0——平衡时初始电容。

由式(3.5.5)可看出,与单个电容输出相比非线性得到很大改善,灵敏度也提高了一倍。

图 3.5.4(b)是改变极板间遮盖面积的差分电容式传感器的原理图。上、下两个圆筒是定极片,而中间的为动片,当动片向上移动时,与上极片的遮盖面积增加,而与下极片的遮盖面积

减小,两者变化的数值相等,传感器输出为两电容之差,由式(3.5.3)可得

$$\Delta C = \frac{2\pi\varepsilon(l+\Delta l)}{\ln(r_2/r_1)} - \frac{2\pi\varepsilon(l-\Delta l)}{\ln(r_2/r_1)} = 2C_0\frac{\Delta l}{l} \qquad (3.5.6)$$

比较式(3.5.6)和式(3.5.4)可以看出,差分电容式传感器的灵敏度比单边的提高了一倍。

图 3.5.4   差分电容式传感器原理图

3.5.3   测量电路

将电容量转换成电压或电流的电路称为电容式传感器的测量电路。它们的种类很多,目前较常用的有电桥电路、调频电路、脉冲调宽电路和运算放大器式电路等。

1. 桥式电路

图 3.5.5(a)、(b)所示为桥式测量电路的单臂接法和差分接法。在图 3.5.5(a)中高频电源经变压器接到电容桥的一条对角线上,电容 C_1、C_2、C_3、C_x 构成电容桥的四臂,C_x 为电容式传感器,交流电桥平衡时

$$\frac{C_1}{C_2} = \frac{C_x}{C_3} \qquad U_o = 0$$

当 C_x 改变时,$U_o \neq 0$ 有电压输出。此种电路常用于液位检测仪中。

在图 3.5.5(b)的电路中,接有差分电容式传感器,其输出电压有效值为

$$U_o = \frac{(C_0-\Delta C)-(C_0+\Delta C)}{(C_0-\Delta C)+(C_0+\Delta C)}U = -\frac{\Delta C}{C_0}U \qquad (3.5.7)$$

式中,U——工作电压有效值;

$\quad C_0$——电容式传感器平衡状态的电容值。

2. 紧耦合电桥电路

图 3.5.6 所示为用于电容测量的紧耦合电桥电路。由紧耦合电桥理论可得在此状态下输出电压 U_o 为

$$U_o = -\frac{\Delta C}{C}U\frac{4\omega_0^2 L_0 C}{2\omega^2 L_0 C-1} \qquad (3.5.8)$$

式中,ω——电源角频率;

$\quad L_0$——线圈电感。

图 3.5.5　电容式传感器的格式电路

在两 L_0 完全不耦合，即非耦合情况下，输出电压 U_o 为

$$U_o = \frac{\Delta C}{C} U \frac{2\omega^2 L_0 C}{(\omega^2 L_0 C - 1)^2} \tag{3.5.9}$$

将上两式电桥灵敏度 $\dfrac{U_o}{U(\Delta C/C)}$ 随 $\omega^2 L_0 C$ 变化的曲线绘在同一坐标系中，如图 3.5.7 所示，其中曲线 1 是紧耦合电桥，曲线 2 是非耦合电桥。

图 3.5.6　紧耦合电桥电路

图 3.5.7　差分电容式传感器电桥灵敏度曲线

由图可以看出，非耦合电桥的谐振发生在 $\omega^2 L_0 C = 1$ 时，其灵敏度最大，随 $\omega^2 L_0 C$ 离开 1 而逐渐减小；紧耦合电桥发生在 $\omega^2 L_0 C = 1/2$ 处，这时灵敏度为最大，随 $\omega^2 L_0 C$ 的减小灵敏度亦减小，但是当 $\omega^2 L_0 C$ 值大于 1 后，开始时随 $\omega^2 L_0 C$ 增大而减小，当 $\omega^2 L_0 C$ 大于 2 后，灵敏度趋于恒值 2。

比较 $\omega^2 L_0 C > 2$ 的两段灵敏度特性曲线可清楚看出：紧耦合电容电桥电路比非耦合时优越。前者灵敏度为恒值，即工作电源频率和 L_0 值的波动对紧耦合电桥的灵敏度没有影响。

上述结论是在理想情况下获得的，实践表明：只要输出阻抗 L_0 和线圈的 Q 值足够大，就可以得到良好的近似。

3. 差分脉冲调宽电路

差分脉冲调宽电路也称脉冲调制电路，它是利用对传感器电容充放电使电路输出脉冲的宽度随电容式传感器的电容量变化而变化，然后通过低通滤波器就能得到对应被测量变化的直流信号。

图 3.5.8 为差分脉冲调宽电路原理图，图中 C_1、C_2 为差分式传感器的两个电容，初始电容值相等；A_1、A_2 是两个比较器，U_{REF} 为其参考电压。当接通电源时，双稳态触发器的 Q（即 A

点)为高电位,$\overline{Q}$ 为低电位。因此 A 点通过 R_1 对 C_1 充电,直至 F 点的电位等于参考电压 U_{REF} 时,比较器 A_1 输出脉冲,使双稳态触发器翻转,Q 变为低电位,$\overline{Q}$(即 B 点)变为高电位。此时 F 点电位 U_{REF} 经二极管 VD_1 迅速放电至 0,同时 B 点高电位经 R_2 向 C_2 充电,当 G 点电位充至 U_{REF} 时,比较器 A_2 输出脉冲,使双稳态触发器再一次翻转,Q 又变为高电位。如此周而复始,则在 A、B 两点分别输出宽度受 C_1、C_2 调制的矩形脉冲。

图 3.5.8　差分脉冲调宽电路原理图

　　当 $C_1 = C_2$ 时,各点的电压波形如图 3.5.9(a)所示,输出电压 U_{AB} 的平均值为 0。但当 C_1、C_2 值不相等时,C_1、C_2 充电时间常数就发生变化,若 $C_1 > C_2$,则各点电压波形如图 3.5.9(b)所示,输出电压 u_{AB} 的平均值不为 0。u_{AB} 经低通滤波后,就可得到一直流电压 U_O 为

$$U_O = U_A - U_B = \frac{T_1 - T_2}{T_1 + T_2} U_1 \tag{3.5.10}$$

图 3.5.9　差分脉冲调宽电路各点电压波形

式中，U_A、U_B——A 点和 B 点矩形脉冲的直流分量；

T_1、T_2——C_1 和 C_2 的充电时间；

U_1——触发器输出的高电压。

电容 C_1 和 C_2 的充电时间为

$$T_1 = R_1 C_1 \ln \frac{U_1}{U_1 - U_{REF}} \quad T_2 = R_2 C_2 \ln \frac{U_1}{U_1 - U_{REF}}$$

设 $R_1 = R_2 = R$，则得

$$U_o = \frac{C_1 - C_2}{C_1 + C_2} U_1 \qquad (3.5.11)$$

因此，输出的直流电压与传感器两电容差值成正比。

差分脉冲调宽电路与电桥电路相比，只采用直流电源，无需振荡器，也就不存在对载波波形纯度等的要求。输出信号一般为 100 kHz ~ 1 MHz 的矩形波，只要配置一个低通滤波器就能得到直流信号，对矩形波的纯度要求不高，也不需要相敏检波器，从而避免了伴随而来的线性问题。虽然对直流电源的电压稳定度要求较高，但比高稳定度的稳频稳幅交流电源易于做到。

4. 调频电路

将电容式传感器接入高频振荡器的 LC 谐振回路中，作为回路的一部分，当被测量使电容发生变化时，就使振荡频率产生相应变化。由于振荡器的频率受电容式传感器的电容调制，故称调频电路。

图 3.5.10 所示为调频电路原理图，图中 C_1 为固定电容，C_2 为寄生电容，C_0 为传感器初始电容，ΔC 为由被测量变化引起的电容，则调谐回路的电容 $C = C_1 + C_i + C_0 \pm \Delta C$，而且外接电容 $C_2 = C_3 \gg C$，则

$$f = \frac{1}{2\pi\sqrt{LC}} = \frac{1}{2\pi\sqrt{L(C_1 + C_i + C_0 + \Delta C)}} \qquad (3.5.12)$$

图 3.5.10　调频电路原理图

调频电路的灵敏度较高，可测至 0.01 μm 级位移变化量；频率输出易于得到数字输出而不需用 A/D 转换器；能获得高电平（伏特级）直流信号，抗干扰能力强，可以发送、接收实现遥测遥控。但调频电路的频率受温度和电缆电容影响较大，需采取稳频措施，电路较为复杂，频率稳定度也不可能很高，约为 10^{-5}，因此精度为 0.1% ~ 1%。调频电路输出非线性较大，需用

线性化电路进行补偿。

5. 运算放大器

将电容式传感器接入运算放大器电路中,作为电路的反馈元件而构成的测量电路如图 3.5.11 所示。图中 u 是交流电源电压,C 是固定电容,C_x 是传感器电容,u_0 是输出信号电压。由运算放大器的工作原理可知,在开环放大倍数为 A 和输入阻抗 Z_i 较大的情况下

图 3.5.11　运算放大器电路原理图

$$u_0 = -\frac{1/(j\omega C_x)}{1/(j\omega C)}u = -\frac{C}{C_x}u \qquad (3.5.13)$$

以 $C_x = \varepsilon S/d$ 代入,可得

$$u_0 = -\frac{uC}{\varepsilon S}d \qquad (3.5.14)$$

式中,负号表示输出电压 u_0 的相位与电源电压 u 的相反。式(3.5.14)说明 u_0 与 d 是线性关系,它表明运算放大器电路能克服变极矩形电容式传感器 C 与 d 是非线性关系,但要求 A 和 Z_i 足够大。为保证测量精度,还要求电源电压 u 的幅值和固定电容 C 的容量稳定。

3.5.4　电容式压力及力传感器

电容式传感器不但应用于压力、差压力、液压、料位、成分含量等热工参数测量,也广泛应用于位移、振动、加速度、荷重等机械量的测量。

1. 电容式差压传感器

电容式差压传感器的核心部分如图 3.5.12 所示。将左右对称的不锈钢基座 2 和 3 的外侧加工成环状波纹沟槽,并焊上波纹隔离膜片 1 和 4。基座内侧有玻璃层 5,基座和玻璃层中央都有孔。玻璃内表面磨成凹球面,球面除边缘部分外镀以金属膜 6,此金属膜层为电容的定极板并有导线通往外部。左右对称的上述结构中央夹入并焊接弹性平膜片,即测量膜片 7,为电容的中央动极板。测量膜片左右空间被分隔成两个室,故有两室结构之称。

在测量膜片左右两室中充满硅油,当左右隔离膜片分别承受高压 p_H 和低压 p_L 时,硅油的不可压缩性和流动性便能将差压 $\Delta p = p_H - p_L$ 传递到测量膜片的左右面上。因为测量膜片在焊接前加有预张力,所以当 $\Delta p = 0$ 时处于中间平衡位置并十分平整,此时定极板左右两电容的电容值完全相等,即 $C_H = C_L$,电容量的差值等于 0。当有差压作用时,测量膜片发生变形,也就是动极板向低压侧定极板靠近,同时远离高压侧定极板,使得电容 $C_L > C_H$。这就是差分电容式传感器对压力或差压的测量工作过程。

此种电容式差压传感器的特点是:灵敏度高、线性好、并减少了由于介电常数 ε 受温度影响引起的不稳定性。

下面叙述在实际测量中使用该传感器测量压力(表压力和绝对压力)的两种方式,如图 3.5.13 所示。表压测量采用以大气压为基准测容器内压力的方法;绝对压力的测量是采用以绝对真空为基准而测容器内压力的方法。两者基本原理相同,所不同的是表压传感器将低压侧制成对应大气压开口的结构;而绝对压力测量则把低压侧设计成真空室的结构。

图 3.5.14　变面积电容式压力传感器

间电容变化由中心柱 6 引至电子线路,变为直流信号 4 ~ 20 mA 输出。电子线路与上述可变电容安装在同一外壳中,整体小巧紧凑。

此种传感器可利用软导线悬挂在被测介质中,如图 3.5.14(b)所示;也可用螺纹或法兰安装在容器壁上,如图 3.5.14(c)所示。

金属膜片为不锈钢或加镀金层,使其具有一定的防腐能力,外壳为塑料或不锈钢。为保护膜片在过大压力下不致被损坏,在其背面有带波纹表面的挡块 8,压力过高时膜片与挡块贴紧可避免变形过大。

这种传感器的测量范围是固定的,不能随意迁移,而且因其膜片背面为无防腐能力的封闭空间,不可与被测介质接触,故只限于测量压力,不能测压差。膜片中心位移不超过 0.3 mm,其背面无硅油,可视为恒定的大气压力。采用两线制连接方式,由直流 12 ~ 36 V 供电,精度为 0.25 ~ 0.5 级。允许在 -10 ~ +150 ℃ 环境中工作。

除用于一般压力测量之外,这种传感器还常用于开口容器的液位测量,即使介质有腐蚀性或黏稠不易流动,也可使用。

3. 电容式力传感器

电容式力传感器是利用电容传感器测量弹性元件在负荷下产生的位移来实现力值测量的。

图 3.5.15(a)所示为大吨位电子吊秤使用的电容式称重传感器。在扁环形弹性元件的内腔上下平面上,分别固连电容式传感器的定极板和动极板。称重时,弹性元件受力变形,使动极板产生位移,导致电容式传感器电容量变化,经过测量电路可以得到相应的电信号。

图 3.5.15(b)是另一种电容式称重传感器的结构原理图。在一块特种钢(一般采用镍铬钼钢,其浇铸性好、弹性极限高)上,于同一高度并排平行打一些圆孔,孔的内壁以特殊的黏结剂固定两个截面为 T 形的绝缘体,保持其平行并留有一定间隙,在相对面上粘贴铜箔,从而形成一排平板电容。当圆孔受荷重变形时,电容值将改变,在电路上各电容并联,因此总电容增量将正比于平均荷重 W。此种传感器具有误差较小,接触面影响小,测量电路可装置在孔中,工作稳定性好等优点。

图 3.5.15　电容式称重传感器

1—动极板;2—定极板;3—绝缘材料;4—弹性体;5—极板支架

3.6　霍尔式压力计

　　霍尔式压力计是利用霍尔元件测量弹性元件变形的一种电测压力计。它结构简单,体积小,频率响应宽,动态范围(输出电动势的变化)大,可靠性高,易于微型化和集成电路化。但信号转换效率低,温度影响大,使用于要求转换精度高的场合必须进行温度补偿。

3.6.1　霍尔效应

　　能够产生霍尔效应的器件称为霍尔元件,它是由半导体材料制成的薄片,常用的材料有锗、锑化铟和砷化铟。如图 3.6.1 所示的霍尔元件,若在它的两端通过控制电流 I,并在薄片的垂直方向上施加磁感应强度为 B 的磁场,那么在垂直于电流和磁场的方向上(即霍尔元件输出端之间)将产生电动势 E_H(霍尔电动势),这种现象称为霍尔效应。

图 3.6.1　霍尔效应原理图

　　霍尔效应的产生是由于运动电荷受磁场中洛伦兹力作用的结果。假设在 N 型半导体薄片中通以控制电流 I,那么半导体中的载流子(电子)将沿着和电流相反方向运动,若在垂直于半导体薄片平面的方向加以磁场 B,则由于洛伦兹力的作用,电子向一边偏转(见图中虚线方向),并使该边积累电子,而另一边则积累正电荷,于是产生电场。该电场阻止运动电子的继续偏转。当作用在电子上的电场力与洛伦兹力相等时,电子的积累达到动态平衡,这时,在薄片两横端面之间建立的电场称为霍尔电场,相应的电动势就称为霍尔电动势 E_H,其大小为

$$E_H = \frac{R_H I B}{d} \qquad (3.6.1)$$

式中,R_H——霍尔常数;

  I——控制电流；

  B——磁感应强度；

  d——霍尔元件的厚度。

  霍尔元件的特性经常用灵敏度 K_H 表示，即

$$K_H = \frac{R_H}{d} \tag{3.6.2}$$

此时

$$E_H = K_H IB \tag{3.6.3}$$

  式(3.6.3)表明，霍尔电动势的大小正比于控制电流 I 和磁感应强度 B 的乘积及灵敏度 K_H。灵敏度 K_H 表示霍尔元件在单位磁感应强度和单位控制电流下输出霍尔电动势的大小，一般要求它越大越好。霍尔元件的灵敏度 K_H 大小与元件材料的性质和几何尺寸有关。由于半导体(尤其是 N 型半导体)的霍尔常数 R_H 要比金属的大得多，所以实际应用中，都是采用半导体材料制作的霍尔元件。此外，元件的厚度 d 对灵敏度的影响也很大，元件的厚度越薄，灵敏度就越高，所以霍尔元件一般都比较薄。

  由式(3.6.3)还可以看出，当控制电流的方向或磁场的方向改变时，输出电动势的方向也将改变，但当磁场与电流同时改变方向时，霍尔电动势并不改变原来的方向。

3.6.2   霍尔式压力计的工作原理

  由式(3.6.3)可见，在控制电流不变的情况下，霍尔电动势 E_H 与磁感应强度 B 成正比。如果设法形成一个线性不均匀磁场，并且使霍尔元件在这个磁场中移动，这时将输出一个与位移大小成正比的霍尔电动势。采用两个相同的磁铁，如图 3.6.2(a)所示布置，就可以得到一个线性的不均匀磁场。两个磁极间的磁感应强度分布曲线如图 3.6.2(b)所示。为得到较好的线性分布，磁极端面做成特殊形状的磁靴。

  图 3.6.3 是一霍尔式压力计结构原理图。图中 1 为管接头，2 为基座，3 为膜盒，4 为芯杆，5 为杠杆，6 为霍尔元件，7 为磁铁。霍尔元件直接与弹性元件(弹簧或膜盒等)的位移输出端相连接，弹性元件是一个膜盒，当被测压力发生变化时，膜盒顶端芯杆将产生位移，推动带有霍尔片的杠杆，霍尔片在由四个磁极构成的线性不均匀磁场中运动，使作用在霍尔元件上的磁场变化，因此，输出的霍尔电动势也随之变化。当霍尔片处于两对磁极中间对称位置时，由于在霍尔片两部分通过的磁通量大小相等，方向相反，所以总的输出电动势等于 0。当在压力的作用下使霍尔元件偏离中心平衡位置时，由于非均匀磁场，这时霍尔元件的输出电动势就不再是 0，而是与压力大小有关的某一数值。由于磁场是线性分布，所以霍尔元件的输出随位移(压力)的变化也是线性的。由图 3.6.3 中可见，被测压力等于 0 时，霍尔元件平衡，当输入压力是正压时，霍尔元件向上运动；当输入压力是负压时，霍尔元件向下运动，此时输出的霍尔电动势符号也发生变化。

图 3.6.2 产生线性磁场的磁极　　图 3.6.3 霍尔式压力计结构原理图

3.6.3 霍尔式压力计的误差及补偿

霍尔式压力计的误差主要由两部分组成,第一部分是弹性元件的变换误差;第二部分是霍尔元件的变换误差。下面重点分析由于霍尔元件某些特性引起的误差及修正措施。

1. 不等位电动势及其补偿

如图 3.6.4 所示,霍尔电动势是从电极 c、d 上引出的,在制作工艺上不可能保证霍尔电极 c、d 完全位于同一个等位面上。图 3.6.4(a)所示,虽然 a、b 极间通以控制电流以后,得到均匀平行的等位线,但由于引出电极不在同一等位线上,如图 3.6.4(b)所示,由于制造霍尔片的材料不均匀,造成等位线不均匀,也使引出电极不在同一等位线上。由于以上两种原因,霍尔片中只要通以电流,就会在 c、d 两电极间出现电位差,这个电位差就称为不等位电动势。

在使用中为了克服不等位电动势,可以应用桥路原理对不等位电动势进行补偿,图 3.6.5 给出了几种常用的不等位电动势的补偿电路。

图 3.6.4 不等位电动势产生示意图

2. 霍尔电动势的温度系数

引起霍尔电动势随温度变化的因素很多,主要包括温差电动势和灵敏度系数随温度变化两种情况。霍尔片与引出电极一般都是由不同性质的材料制成,当各接点温度不同时,将产生热电动势。在实际应用中,由于接触电阻不同、材料不均匀、散热条件不同都可能造成霍尔元件温度场的不均匀,这就是产生温差电动势的根源。

图 3.6.5　霍尔元件几种不等位电动势的补偿电路

为减小温差电动势,除制作工艺应予以保证外,使用中还应保持良好的散热条件。

另一个引起霍尔电动势随温度变化的因素就是温度对灵敏系数的影响。由于霍尔元件材料的电阻率、载流子浓度都随温度变化,所以霍尔元件的一些性能也随温度变化。图 3.6.6 所示给出了各种材料霍尔电动势随温度变化的曲线,图中 E_{Ht} 和 E_{H0} 分别表示在温度为 t 和 $0\ ℃$ 时的霍尔电动势。由图可见,锑化铟(InSb)受温度影响最明显,而硅(Si)受温度影响最小。

图 3.6.6　霍尔电动势随温度变化的关系曲线

3. 温度对内阻的影响

霍尔片是由半导体材料制成的,所以温度变化对霍尔元件的内阻影响很大,不同材料霍尔元件与温度的关系曲线示于图 3.6.7 中,图中 R_t 和 R_0 分别表示温度为 t 和 $0\ ℃$ 时的内阻。由图中可见,温度对内阻的影响与对霍尔电动势的影响有相近的趋势。锑化铟(InSb)对温度最敏感,而砷化铟(InAs)的温度敏感度最小。

4. 温度补偿

由前述可知,温度不但影响霍尔电动势的输出,还影响输入、输出电阻的大小,也就是说,温度是霍尔元件最主要的误差来源。

温度对输入阻抗的影响最好是采用恒流源供电的方法加以补偿。由于采用了恒流源供电,尽管输入阻抗发生了变化,也不会影响控制电流 I 的变化。这样就可以保证输入阻抗的变化不会影响霍尔电动势的输出。

图 3.6.8 所示是一种既简单、补偿效果又好的补偿线路的等效电路。考虑霍尔元件输入电阻和霍尔电动势两个温度系数都为正的补偿问题,图 R_L 为负载电阻,U_L 是输出电压。当温度升高时,霍尔元件输入阻抗 R_i 将增加,显然由于 R_i 的增加将导致在 R_L 上的电压降 U_L 相应减小。另外,由于 E_H 也具有正温度系数,即温度升高时 E_H 也将增加,这样又会使 U_L 增加。这两个温度影响因素在 R_L 上的影响正好相反,如果适当选择 R_L 的大小,影响可以互相抵消。

图 3.6.7　霍尔元件电阻与温度关系

图 3.6.8　霍尔元件输出等效电路

在 0 ℃时输出回路的电流为

$$I_o = \frac{E_H}{R_i + R_L} \tag{3.6.4}$$

负载上的电压降为

$$U_L = R_L I_o = \frac{R_L}{R_i + R_L} E_H \tag{3.6.5}$$

当温度为 t 时,输出回路电流将为

$$I_t = \frac{E_{Ht}}{R_{it} + R_L} = \frac{E_H(1 + \alpha t)}{R_i(1 + \beta t) + R_L} \tag{3.6.6}$$

式中,α——霍尔电动势温度系数;

　　　β——霍尔片输出阻抗温度系数。

此时相应的输出电压为

$$U_{Lt} = R_L I_t = R_L \frac{E_H(1 + \alpha t)}{R_i(1 + \beta t) + R_L} \tag{3.6.7}$$

如果要求完全补偿,应满足

$$U_L = U_{Lt} \tag{3.6.8}$$

将式(3.6.5)、式(3.6.7)代入式(3.6.8),则有

$$\frac{R_L}{R_i + R_L} E_H = \frac{R_L E_H(1 + \alpha t)}{R_i(1 + \beta t) + R_L} \tag{3.6.9}$$

将式(3.6.9)简化,则得

$$R_L = R_i \frac{\beta}{\alpha} \tag{3.6.10}$$

对于某一选定的霍尔元件,R_i、α、β 都是已知的,所以正确地选用负载电阻即可对温度影响实现自动补偿。例如,对于 HZ-4 型霍尔元件,输入电阻 $R_i = 40\ \Omega$,$\alpha = 0.03\%$,$\beta = 0.3\%$,则

负载电阻选为

$$R_L = 40 \times \frac{0.3\%}{0.03\%} \ \Omega = 400 \ \Omega$$

实际测量中,在要求较高时,有时采用恒温的方法,它不但解决了霍尔元件的温度误差问题,同时也解决了弹性元件的温度误差问题。

3.6.4 霍尔式压力计

如图 3.6.9 所示的霍尔式压力计。这由两部分组成:一部分是弹性元件,用它来感受压力,并把压力转换成位移量;另一部分是霍尔元件与磁系统。通常把霍尔元件固定在弹性元件上,这样当弹性元件产生位移时,将带动霍尔元件在具有均匀梯度的磁场中运动,从而产生霍尔电动势,完成将压力或压差变换为电量的任务。图 3.6.9 所示霍尔式压力计的磁路系统由两块宽度为 11 mm 的半环形五类磁钢组成,两端都是由工业纯铁构成极靴,极靴工作端尺寸为 9 mm×11 mm,气隙宽度为 3 mm,极间间隙为 4.5 mm,采用 HZ-3 型锗霍尔元件,励磁电流为 10 mA,小于额定电流的原因是为了降低元件的温升。其位移量在 ±1.5 mm 范围内输出的霍尔电动势值约为 ±20 mV。

图 3.6.9 霍尔式压力计及磁钢外形

一般来说,任何非电量只要能转换成位移量的变化,均可利用霍尔式位移传感器的原理变换成霍尔电动势。

3.7 电子秤

电子秤作为各种工业过程中物料流动的在线控制工具显得越来越重要。电子秤既能在产品制造过程中起到优化生产和提高产品质量的作用,又能把有关生产过程中物料流动的数据加以采集并传送到数据处理中心,作为在线库存控制和财务结算之用,因此有很好的应用前景,具有广泛的市场。下面简述其原理及简单应用。

3.7.1 电子秤的原理

在许多机械秤中,一般的工作原理是用已知质量的砝码去平衡未知的质量,这种质量对质量的比较使这类秤与地球引力无关。因此,这类秤移到引力不同的地方时不需要改变校准值。

采用称重传感器的电子秤,基本上是测量质量受到地球引力的作用而产生的力。由于引力随海拔高度而变化,当电子秤移到引力不同的地方时,必须对该秤重新校准。

设计机械秤首要的是杠杆放大系统,系统中载重架上比较小的垂直偏移经放大后在秤的刻度盘上形成很大的指针偏转。然而载重架的偏移通常很大,所以不允许机械秤装在工业过程的设备中。

相反,用于电子秤的称重传感器的压缩量通常可以忽略不计,因而在实践中可以安装在工业过程中的任何地方。

如上所述,称重传感器把机械力转换成一个电气量,如电阻的变化、磁性的变化或频率的变化等。由称重传感器来的电信号经放大处理后,在模拟指针仪表或记录器上给出偏转量,或通过模数转换后在数字显示器上显示,或同时输入到电子数据处理系统。

微处理机在称重电子线路中被广泛使用之前,所有这些问题必须通过硬件来解决。最终的准确度取决于对所用器件、电源和放大器的要求,尤其是直接影响准确度的传感器供桥电源必须稳定。大多数系统中电桥电路采用直流供电,放大器的长期稳定性就成为很大的问题。图 3.7.1 所示为一个比较简单的称重系统框图。

图 3.7.1 简单的称重系统框图

称重传感器(LC)通过接线盒(J)连接到供桥电源单元(BS)。从称重传感器来的模拟信号在模数转换器(A/D)中进行转换,重量值在数字显示器(D)上显示出来。打印机通过键盘和顺序单元(K)与系统连接,通过编程和继电器单元(R)实现配料,设定值(P_1)和(P_2)与 A/D 转换器输出的数字重量值也在继电器单元(R)中比较。当重量值达到设定值时,继电器单元(R)使阀门关闭,带有原料编号的重量值在打印机上被打印出来,并传输到电子数据处理系统(EDP)中。

在现代微处理机系统中所有这些都由软件来实现,并使顺序控制、数据处理等具有不同级别的灵活性。当然,输出信号去控制阀门、电动机的起动器、给料器等仍然需要通过继电器或通过大功率三极管或晶闸管。但整个系统的价格自从使用微处理机以来,已有了相当大的下降。

图 3.7.2 示出了采用微型计算机的与上述相类似的称重系统。重量值可通过键盘（K）或从卡片读入器（PR）或从电子数据处理系统（EDP）送入微型计算机。设定值和实际值的比较在微型计算机中进行，阀门通过连锁单元（IL）开启和关闭。这种系统的灵活性实际上是不受限制的，仅取决于软件设计。

图 3.7.2 微型计算机称重系统

不仅有许多电子称重设备制造厂制作它们自己的电子装置和称重传感器，而且还有许多公司专门制造非常先进的电子称重或专做高质量的称重传感器。

3.7.2 称重传感器原理

在电子称重系统中，称重传感器的作用是把作用在它上面的被测力准确地转换成相应的电信号。

称重传感器根据制作原理不同可以分为感应式、电容式、压磁式、振弦式和应变式等，而压磁式、振弦式和应变式传感器在电子秤系统中都得到了广泛的应用。下面以振弦式称重传感器为例进行简要介绍。

目前振弦式传感器主要用于实验室的电子秤和其他小秤，以及工业上的平台秤和皮带秤等，图 3.7.3 所示是它的工作原理图。振弦放在两个永久磁铁的气隙内，每根振弦都与使振弦按固有频率振荡的电子振荡回路相连。用参考质量对两根振弦预加负荷，当未知负荷通过角度为 θ 的弦线施加于负荷连接点 D 时，左弦将受到增强的张力作用，从而增大了该弦的固有频率，反之右弦由于张力减弱降低其固有频率。

左右弦的频率之差正比于所施加的负荷 A，传感器的输出与将频率差变成脉冲串的电子线路相连。通过一个预设定时间的脉冲计数器对该脉冲取样，即可直接读出重量值。

图 3.7.3 振弦式传感器的工作原理图

图 3.7.4 ICS–XXXC–T 系列电子皮带配料秤

3.7.3　电子秤的应用

电子秤的应用极其广泛,图 3.7.4 所示为ICS-XXXC-T系列电子皮带配料秤,适用于陶瓷、精细化工、烟草等对配料精度要求较高的场所。其主要分类与应用见表 3.7.1。

表 3.7.1　电子秤的分类与应用

	类　别	应　用
静态称重系统	汽车衡、轨道衡、废钢秤、吊车秤	汽车、火车、飞机等的重量,货物重量以及确定板坯、钢锭的重量
动态称重系统	轨道衡、驼峰称重、轨道液体罐车、双秤台系统	铁路车辆、卡车、拖车等在运动状态下称重
配料称重系统	多种原料组分装入一个称重斗的微机配料系统　多种原料组分装入几个称重斗的微机配料系统	塑料工业、洗涤剂生产、食品工业、铸造工业、玻璃生产、炼钢等方面
其他称重系统	皮带秤、重量检验秤、计数秤	控制物料流量、检验欠重、超重以及对库房中的零件、元件的进货和发货等进行计数

3.8　差分变压器

差分变压器是互感式传感器,是把被测位移转换为传感器线圈的互感系数变化量,由于这种传感器通常做成差分的,故称为差分变压器,由于该类传感器具有结构简单、灵敏度高、测量范围广等优点,被广泛应用于位移量的测量。

3.8.1　差分变压器的工作原理及特性

差分变压器主要由一个线框和一个铁心组成,在线框上绕有一组一次绕组作为输入绕组,在同一线框上另绕两组二次绕组作为输出绕组,并在线框中央圆柱孔中放入铁心,如图 3.8.1 所示,当一次绕组加以适当频率的电压激励时,根据变压器的作用原理,在两个二次绕组中就产生感应电动势。

当铁心处于中间位置时,由于两个二次绕组完全相同,即两个二次绕组通过的磁感应线相等,因而 $U_{21}=U_{22}$,则输出电压

$$U_2 = U_{21}-U_{22}=0 \qquad (3.8.1)$$

当铁心向右移动时,右边二次绕组内所穿过磁通要比左边二次绕组所穿过磁通多一些,所以互感也大些,U_{22} 也增大,而左边二次绕组中穿过的磁通减少,U_{21} 也减小,则输出电压

$$U = U_{21}-U_{22}<0 \qquad (3.8.2)$$

一次绕组

二次绕组　　　铁心　　　绝缘框架

(a) 结构图　　　　　　　　　　(b) 原理图

图 3.8.1　差分变压器

当铁心向左移动时,与上述情况恰好相反,则输出电压

$$U = U_{21} - U_{22} > 0 \qquad\qquad (3.8.3)$$

由上述讨论可见,输出电压的方向反映了铁心的运动方向,输出电压的大小反映了铁心的位移大小。其输出特性如图 3.8.2(a) 所示。在实际中使用的差分变压器,其特性如图 3.8.2(b) 所示,当 $x = 0$ 时,其输出电压 $\Delta U \neq 0$,而是 U_{δ},此值约为 1 mV 至几十毫伏,并称为零位电压。产生零位电压的原因很多,首先是结构和电气参数不对称;其次是导磁材料的不均质、电源电压波形失真及含有噪声等诸多因素所引起。零位电压是有害的,首先给测试结果带来误差,其次使零位附近变得不灵敏(因在 $x = 0$ 附近曲线较平坦),故在实际使用时,在测量电路中要采取补偿措施,才能加以应用。此外,这种传感器易受温度影响,其中影响最大的是一次绕组的电阻温度系数。当温度升高时,电阻增大,在工作电压不变时电流将减小,从而引起输出电压减小。为克服此缺点,可采用恒流源供电或加热敏电阻补偿。

(a) 理想特性　　　　　　　　　　(b) 实际特性

图 3.8.2　差分变压器的输出特性

3.8.2　差分变压器测压力

差分变压器与测量位移的弹性敏感元件如膜片、膜盒等相结合,就可以组成测量其他与位移有关的多个物理量的测量系统。图 3.8.3 所示的是 CPC-A 型膜片式差压计,测量的是两个压力之差 Δp。

测量时,高压流体 p_2 和低压流体 p_1 分别通过导压管和高压阀 1 及低压阀 2 进入高压室 3

图 3.8.3　CPC-A 型膜片式差压计

1—高压阀;2—低压阀;3—高压室;4—低压室;5—膜片;6—连杆;7—衔铁

和低压室 4 中,膜片 5 在其两侧的压力差也就是差压 $\Delta p = p_2 - p_1$ 的作用下发生形变,产生一个向低压侧的位移,膜片 5 的位移通过连杆 6 带动衔铁 7 在差分变压器的线圈中移动,从而使差分变压器的输出电压发生变化,这个输出电压的大小便反映了差压 Δp 的大小。

3.9　数字式压力计实例

压力传感器将被测压力转换成对应的电信号,如果将该电信号放大,然后通过 A/D 转换,就可以实现由 LED 或 LCD 数字显示。这类数字式压力计目前在国内市场上相当普遍。本节以美国摩托罗拉(Motorola)公司生产的 MPX 系列压力传感器为例,介绍这类数字式压力计的结构和原理。

3.9.1　MPX压力传感器

MPX 系列压力传感器是硅压阻式传感器,内部采用的是单个 X 形压敏电阻元件,由于压敏电阻呈 X 形布置,故而称为 X 形硅压力传感器,MPX2000 系列压力传感器如图 3.9.1 所示,其结构原理如图 3.9.2 所示。

图 3.9.1　MPX2000 系列压力传感器

该 X 形电阻利用离子注入工艺在硅膜片上光刻而成,并采用了激光修正技术和温度补偿技术,获得了很高的测量精度和很好的线性度,且灵敏度高,长期使用重复性好。

若选用 MPX700 作为集成传感器,1、3 引脚为外加电源,2、4 引脚为输出电压端,测量范围 0 ~ 700 kPa,零点偏差在 0 ~ 35 mV 范围内,标称满量程输出为 60 mV,图 3.9.3 所示为当外加电源电压为 3 V 时,输入压力与输出电压的关系图。

图 3.9.2 X 形压力传感器结构原理图

1—电源电压;2—刻蚀膜片边缘;

3—横向电压应变仪;4—差分输出电压;

5—温度补偿电阻

图 3.9.3   测量电路

3.9.2   测量电路

测量电路由温度补偿电路、放大电路和 A/D 转换电路等组成,如图 3.9.4 所示。

1. 温度补偿电路

由于输出电压受环境温度影响,因此要进行适当的温度补偿。温度补偿的方法很多,这里采用了最简单的方法,即在传感器与电源之间串联电阻,如图 3.9.4 所示,将传感器的 3 脚和 1 脚接电阻 R_{19} 和 R_{20}。在 0 ~ 80 ℃ 的温度范围内可获得较满意的温度补偿效果。R_{19} 和 R_{20} 还有一个重要作用是将 15 V 的电源电压大部分降压,使传感器驱动电压保持在 3 V 左右。

用这种方法进行温度补偿时,要保证其中一个电阻的阻值为传感器电桥输入电阻的3.577 倍(25 ℃),而传感器电桥输入电阻一般为 400 ~ 550 Ω,这样温度补偿电阻在 1 431 ~ 1 967 Ω 之间。如果补偿量大于±0.5 % 或工作温度低于 80 ℃,可以在 400 ~ 550 Ω 中任取一个值来计算补偿电阻的阻值。例如图中 R_{19} 的取值为 420×3.577 Ω ≈ 1.5 kΩ。

2. 放大电路

传感器输出的模拟电压在满量程 700 kPa 时才达到 60 mV,所以需要放大。放大电路作用有两个,一是将传感器输出电压放大以驱动后续电路,二是提供零电压时传感器零点调整电压。

放大器采用了一块四运放集成电路 LM324,这里只用了其中三个,如图 3.9.4 中 IC_{1a}、IC_{1b}、IC_{1c}。LM324 具有较高的输入阻抗,因此 IC_{1a} 和 IC_{1b} 不会增加传感器的负载。

图 3.9.4　数字压力计电路图

IC$_{1a}$ 和 IC$_{1b}$ 组成一个非对称双端输入、双端输出放大器,其输出电压传输到 IC$_{1c}$ 组成双端输入、单端输出放大器。IC$_{1b}$ 的另一个重要作用是提供输入电压为零时,传感器零点偏移电压的校正。IC$_{1c}$ 的输出送到 A/D 转换器的输入端口。

放大器的闭环增益 A_F 为

$$A_F = 2 \times (1 + 100 \ \text{k}\Omega / R) \tag{3.9.1}$$

式中,R——R_{P1} 与 R_7 之和,$100 \ \text{k}\Omega$ 是电路中 R_9 的电阻值。

放大器的增益可以通过电位器 R_{P1} 调节,以满足满量程(700 kPa)时应达到的输出。

IC$_3$ 为稳压电路 MC78L05,其输出电压为 5 V,它为 A/D 转换器 ICL7106 提供正电源。

电阻 R_{15}、R_{P2}、R_{17} 组成分压器,可为 IC$_{1b}$ 和反相输入端提供可调电压。由于 IC$_{1b}$ 的增益小于 1,故此电压经 IC$_{1b}$ 后幅度减小,然后再到 A/D 输入转换器上,这样可减小由于传感器误差带来不良的影响,同时也使当输入压力为零时,显示器显示为零。

3. A/D 转换电路

A/D 转换电路采用了 $3\frac{1}{2}$ 位 A/D 转换芯片 ICL7106,它将被运算放大器放大了的模拟电压信号转换成相应的数字量。A/D 转换器 ICL7106 内含 7 段数字译码器、显示驱动电路、底板频率发生器、参考电压和时钟电路,芯片和直接驱动 LCD 显示器。

R_2、R_3、R_4 构成分压网络,5 V 的稳定电压经分压后,参考电压 U_{REF} 为

$$\begin{aligned}
U_{REF} &= R_3 \times 5 \ \text{V} / (R_2 + R_3 + R_4) \\
&= 10 \times 5 \ \text{V} / (100 + 10 + 100) \\
&= 238 \ \text{mV}
\end{aligned} \tag{3.9.2}$$

当最大输入电压为 700 kPa 时,电桥驱动电压为 3 V 的情况下,其对应的输出电压为

60 mV,这个电压经放大器后再输入到 A/D 转换器的输入端,显示器应显示 700 kPa。

设放大器增益为 A_F,则显示器的最大显示数 $N=700$,即

$$N = (U_{in}/U_{REF}) \times 1\,000$$
$$= (A_F \times 60 \text{ mV}/238 \text{ mV}) \times 1\,000$$
$$= 700 \tag{3.9.3}$$

从上式很容易计算出 $A_F \approx 2.78$,即放大器的增益只需设计成 2.78 就可满足要求。

 思考题与习题

1. 什么是金属导体的应变效应?电阻应变片由哪几部分组成?各部分的作用是什么?

2. 试举例说明电阻应变式测力传感器的应用。

3. 用压电敏感元件和电荷放大器组成的压力测量系统能否用于静态测量?对被测力信号的变化速度有何限制?这种限制由哪些因素组成?

4. 分析压磁效应与压电陶瓷产生压电效应的相似性。

5. 霍尔式压力计有何特点?可以测量哪些对象?

6. 简述差分电容式传感器测力时的特点。

第4章

流量检测

流量是指单位时间内流过管道某截面流体的体积或质量。前者称为体积流量,后者称为质量流量。

在一段时间内流过的流体量就是流体的总量,即瞬时流量对时间的累积。流体的总量对于计量物质的损耗与储存等都具有重要的意义。测量总量的仪表一般称为流体计量表或流量计。

液体和气体统称为流体。流体的性质各不相同,例如液体和气体在可压缩性上差别很大,其密度受温度、压力的影响也相差悬殊。况且各种流体的黏度、腐蚀性、导电性等也不一样,很难用同一种方法测量其流量。尤其是工业生产过程情况复杂,某些场合的流体伴随着高压、高温,甚至是气液两相或液固两相的混合流体流动。

为满足各种状况流量的测量,目前已出现了一百多种流量计,它们适用于不同的测量对象和场合。本章将以常见的差压式、容积式、速度式、振动式和电磁式等流量计为例进行讲述。

4.1 流量的检测方法

如果用 q_V 表示体积流量,用 q_m 表示质量流量,ρ 表示流体的密度,则两者之间的关系为

$$q_m = q_V \cdot \rho \tag{4.1.1}$$

在时间 t 内,流体流过管道某截面的总体积流量 q'_V 和总质量流量 q'_m 分别为

$$q'_V = \int_0^t q_V \mathrm{d}t \tag{4.1.2}$$

$$q'_m = \int_0^t q_m \mathrm{d}t \tag{4.1.3}$$

4.1.1 节流差压法

在管道中安装一个直径比管径小的节流件,如孔板、喷嘴、文丘利管等,当充满管道的单相流体流经节流件时,由于流道截面突然缩小,流速将在节流件处形成局部收缩,使流速加快。由能量守恒定律可知,动压能和静压能在一定条件下可以相互转换,流速加快必然导致静压力

降低,于是在节流件前后产生静压差,而静压差的大小和流过的流体流量有一定的函数关系,所以通过流量节流件前后的压差即可求得流量。

4.1.2 容积法

应用容积法可连续地测量密闭管道中流体的流量,它是由壳体和活动壁构成流体计量室。当流体流经该测量装置时,在其入口、出口之间产生压力差,此流体压力差推动活动壁旋转,将流体一份一份地排出,记录总的排出份数,则可得出一段时间内的累计流量。容积式流量计有椭圆齿轮流量计、腰轮(罗茨式)流量计、刮板式流量计、膜式煤气表及旋转叶轮式水表等。

4.1.3 速度法

测出流体的流速,再乘以管道截面积即可得出流量。显然,对于给定的管道其截面积是个常数。流量的大小仅与流体流速的大小有关,流速大流量大,流速小流量小。由于该方法是根据流速而来的,故称为速度法。根据测量流速方法的不同,有不同的流量计,如动压管式、热量式、电磁式和超声式等。

4.1.4 流体阻力法

它是利用流体流动给设置在管道中的阻力体以作用力,而作用力大小和流量大小有关的原理测流体流量,故称为流体阻力法。常用的靶式流量计其阻力体是靶,由力平衡传感器把靶的受力转换为电量,实现测量流量的目的。转子流量计是利用设置在锥形测量管中可以自由运动的转子(浮子)作为阻力体,它受流体自下而上的作用力而悬浮在锥形管道中某个位置,其位置高低和流量大小有关。

4.1.5 流体振动法

这种方法是在管道中设置特定的流体流动条件,使流体流过后产生振动,而振动的频率与流量有确定的函数关系,从而实现对流体流量的测量。它分为流体强迫振动的旋进式和自然振动的卡门涡街式两种。

1. 旋进式

在测管入口处装一组固定的螺旋叶片,使流体流入后产生旋转运动。叶片后面是一个先缩后扩的管段,旋转流被收缩段加速,在管道轴线上形成一条高速旋转的涡线。该涡线进入扩张段后,受到从扩张段后返回的回流部分流体的作用,使其偏离管道中心,涡线发生进动运动,而进动频率与流量成正比。利用灵敏的压力或速度检测元件将其频率测出,即可测出流体流量。

2. 卡门涡街式

在被测流体的管道中插入一个断面为非流线型的柱状体,如三角柱体或圆柱体,称为漩涡发生体。当流体流过柱体两侧时,会产生两列交替出现而又有规则的漩涡列。漩涡分离的频率与流速成正比,通过测量漩涡分离频率可测出流体的流速和瞬时流量。

由于漩涡在柱体后部两侧产生压力脉动,在柱体后面尾流中安装测压元件,则能测出压力的脉动频率,经信号变换即可输出流量信号。

4.1.6 质量流量测量

质量流量测量分为间接式和直接式。间接式质量流量测量是在直接测出体积流量的同时,再测出被测流体的密度或测出压力、温度等参数求出流体的密度。因此,测量系统由测量体积流量的流量计(如节流差压式、涡轮式等)和密度计或带有温度、压力等补偿环节组成,其中还有相应的计算环节。直接式质量流量测量是直接利用热、差压或动量来检测,如双涡轮质量流量计,它是一根轴上装有两个涡轮,两涡轮间由弹簧联系,当流体由导流器进入涡轮后,推动涡轮转动,涡轮受到的转矩和质量流量成正比。由于涡轮叶片倾角不同,受到的转矩是不同的。因此,使弹簧受到扭转,产生扭角,扭角的大小正比于两个转矩之差,即正比于质量流量,通过两个磁电式传感器分别把涡轮转矩变换成交变电动势,两个电动势的相位差即是扭角。又如科里奥利力质量流量计就是利用动量来检测质量流量。

4.2 差压式流量计

差压式流量计也称为节流式流量计,它是利用流体流经节流装置时产生压力差的原理来实现流量测量的。这种流量计是目前工业中测量气体、液体和蒸气流量最常用的仪表。差压式流量计主要由两大部分组成:一部分是节流式变换元件,节流装置如孔板、喷嘴、文丘利管等;另一部分是用来测量节流元件前后静压差的差压计,根据压差和流量的关系可直接指示流量。

4.2.1 节流装置的工作原理

流体流经节流装置(如孔板)时的节流现象如图 4.2.1 所示。

当连续流动的流体遇到安插在管道内的节流装置时,由于节流的截面积比管道的截面积小,形成流体流通面积突然缩小,在压头作用下流体的流速增大,挤过节流孔,形成流束收缩。在挤过节流孔后,流速又由于流通面积的变大和流束的扩张而降低。与此同时,在节流装置前后的管壁处的流体静压力产生差异,形成静压力差 $\Delta p = p_1 - p_2$,并且 $p_1 > p_2$,此即节流现象。也就是节流装置的作用在于造成流束的局部收缩,从而产生压差,并且流过的流量愈大,在节流装置前后所产生的压差也就越大,因此可通过测量压差来测量流体流量的大小。

图 4.2.2 所示为在装有标准孔板的水平管道中,当流体流经孔板时的流束及压力分布情况。图中管道截面 I−I、II−II、III−III 处流体的绝对压力分别为 p_1'、p_2'、p_3',各截面流体的平均流速分别为 v_1、v_2、v_3,孔板入口侧和出口侧流体的绝对压力为 p_1、p_2。从图中分析可得如下两点结论:

图 4.2.1 孔板附近的流动图

图 4.2.2 孔板附近流束及压力分布

（1）流束收缩

沿管道轴向连续向前流动的流体,当遇到节流装置的阻挡时,近管壁处的流体受到节流装置的阻挡最大,促使流体一部分动压头转换为静压头,使节流装置入口端面近管壁处的流体静压力 p_1 升高（即图中 $p_1 > p_1'$）,并且比管道中心处的静压力要大,即形成节流装置入口端面处产生径向压差。这一径向压差使流体产生径向附加速度,从而改变流体原来的流向。在径向附加速度的影响下,近管壁处的流体质点的流向就与管的中心轴线相倾斜,形成了流束的收缩运动。同时,由于流体运动的惯性,使得流束收缩最小截面的位置不在节流孔中,而位于节流孔之后,并随着流量大小而变。

（2）静压差 Δp 的产生

由于节流装置造成流束的局部收缩,同时流体又保持连续的流动状态,因此在流束截面积最小处的流速达到最大。由流体力学理论可知,在流束截面积最小处的流体静压力最低。同理,在孔板出口端面处,由于流速已比原来增大,因此静压力也比原来低（ $p_2 < p_1'$）。故节流装置入口侧的静压力 p_1 比其出口侧的静压力 p_2 大。并且流量越大,节流装置两端压差 Δp 也越大,利用差压计测出压差即可得到流体流过的流量,此即节流装置的工作原理。

4.2.2 流量方程

根据节流现象及原理,流量方程式以伯努利方程和流体流动的连续性方程为依据。为简化问题,先假设流体是理想的,求出理想流体的流量基本方程式,然后再考虑到实际流体与理想流体的差别,加以适当的修正,获得适用于实际流体的流量基本方程式。对于不可压缩流体的体积流量,其基本方程式为

$$q_V = \alpha F_0 \sqrt{\frac{2}{\rho}(p_1 - p_2)} \qquad (4.2.1)$$

质量流量基本方程式为

$$q_m = \alpha F_0 \sqrt{2\rho(p_1 - p_2)} \qquad (4.2.2)$$

式（4.2.1）、式（4.2.2）中,F_0——节流件的工作开孔面积;

ρ——流体的密度;

$\Delta p = p_1 - p_2$——节流件前后的压力差；

α——流量系数，它和节流件的面积以及流体的黏性、密度、取压方式等多种因素有关，是一个用实验确定的系数。

对上述方程处理后，可得到工程上实用流量方程式

$$q_V = 0.012\,52\alpha\varepsilon d^2\sqrt{\frac{\Delta p}{\gamma}} = 0.012\,52\alpha\varepsilon m D^2\sqrt{\frac{\Delta p}{\gamma}} \tag{4.2.3}$$

$$q_m = 0.012\,52\alpha\varepsilon d^2\sqrt{\gamma\Delta p} = 0.012\,52\alpha\varepsilon m D^2\sqrt{\gamma\Delta p} \tag{4.2.4}$$

式中，ε——流体膨胀的校正系数。对于不可压缩流体 $\varepsilon = 1$，对于可压缩流体 $\varepsilon < 1$；

m——孔板开孔面积 F_0 与管道内截面积 F 之比，即 $m = F_0/F = d^2/D^2$；

d——节流装置在工作状态下的开孔直径；

D——工作状态下的管道内径；

γ——被测流体的重度（现在一般采用密度）。

4.2.3 流量系数的确定

从上述流量方程式可看出，如果测得压差 $\Delta p = p_1 - p_2$，要求得流量，必须使流量与差压之间成一一对应关系，而其他各系数应保持为恒定值。虽然 F_0、α、ε、γ 等各系数实际上都与某些因素有关，但最主要的还是流量系数。它是一个影响因素复杂，变化范围大的重要系数。如果在测量过程中不能保持 α 为恒定值，则其流量误差将会较大。因此，正确处理流量方程中各系数是十分重要的。

流量系数与节流装置的形式、取压方式、雷诺数、节流装置开口截面比和管道内壁粗糙度等有关。但是当流束在几何上与流体动力学上相似时，其流量系数是相等的。

目前我国节流装置的取压形式采用角接取压法，并定为标准节流装置。角接取压法的特点是容易实现环室取压，当雷诺数大于界限值时流量系数恒定，因此测量精度高。下面根据角接取压法的实验数据介绍流量系数的确定。

当节流装置形式和取压方式确定之后，流量系数就取决于雷诺数和开孔截面比。实验表明：在一定形式的节流装置和一定的截面比值条件下，当管道中的雷诺数大于某一界限雷诺数时，流量系数不再随雷诺数变化，而趋向定值。图 4.2.3 所示是标准孔板的流量系数 α_0，流体雷诺数 Re 和孔板截面比 m 的实验关系曲线。从图中可知，对 m 值相等的同类型节流装置，当流体沿光滑管道流动时，其流量系数只是雷诺数的函数。并且，当 Re 大于某一界限值 Re_k 时，流量系数 α_0 趋向定值，它的数值仅随 m 而定，同时，Re_k 值则随 m 减小而降低。根据相似性原理，两个几何上相似的流束，如果它们的雷诺数相等，则流速在流体动力学上也是相似的，即其流量系数也相等。因此，对于同一类型的节流装置只要 m 值相等，则流量系数只是雷诺数的函数。所以上述的实验数据根据相似原理可以应用于各种不同管径和各种不同介质的流量测量中。

图 4.2.3 所示 Re_k 线右边为 α_0 定值区域。在应用标准节流装置测量流量时，只有当 α_0 值在所需测量的范围内都保持常数的条件下，压差和流量才有恒定的对应关系。因此，在使用差压式流量计时必须要注意到这一点。

图 4.2.4 所示是标准孔板在雷诺数大于界限雷诺数 Re_k 时的流量系数随 m 值变化的关系。这些流量系数是在光滑管道中当 $Re>Re_k$ 时,用实验方法测得的,称为原始流量系数。并用 α_0 表示。实际工程中的测量条件没有这样理想,所以实际流量系数 α 是在原始流量系数 α_0 基础上乘以修正系数而得。

图 4.2.3 标准孔板的原始流量系数与雷诺数的关系

图 4.2.4 标准孔板的原始流量系数

4.2.4 标准节流装置

人们对节流装置作了大量的研究工作,一些节流装置已经标准化了。对于标准化的节流装置,只要按照规定进行设计、安装和使用,不必进行标定就能准确地得到其精确的流量系数,从而进行准确的流量测量。图 4.2.5 为全套标准节流装置。

图 4.2.5 全套标准节流装置

1—上游直管段;2—导压管;3—孔板;4—下游直管段;5、7—法兰;6—取压环室

标准节流装置的使用条件:

① 被测介质应充满全部管道截面并连续地流动。

② 管道内的流束(流动状态)是稳定的。

③ 在节流装置前后要有足够长的直管段,并且要求节流装置前后长度为二倍管道直径,管道的内表面上不能有凸出物和明显的粗糙不平现象。

④ 各种标准节流装置的使用管径 D 的最小值规定如下:

孔板:$0.05 \leqslant m \leqslant 0.70$ 时,$D \geqslant 50$ mm;

喷嘴:$0.05 \leqslant m \leqslant 0.65$ 时,$D \geqslant 50$ mm;

文丘利管:$0.20 \leqslant m \leqslant 0.50$ 时,100 mm$\leqslant D \leqslant 800$ mm。

标准节流装置的结构已作统一规定,图4.2.6 所示为标准孔板及标准喷嘴的结构图。

图 4.2.6　标准孔板、喷嘴结构

4.2.5　取压方式

目前,对各种节流装置取压的方式均有不同,即取压孔在节流装置前后的位置不同,即使在同一位置上,为了达到压力均衡,也采用不同的方法。对标准节流装置的每种节流元件的取压方式都有明确规定。

以孔板为例,通常采用的取压方式有:角接取压法、法兰取压法、理论取压法、径距取压法和管接取压法五种。各种取压方式的取压孔位置如图4.2.7 所示。

1. 角接取压法

上、下游的取压管位于孔板前后端面处,如图4.2.7 中1–1 所示。通常用环室或夹紧环取压。环室取压是在紧贴孔板的上、下游形成两个环室,通过取压管测量两个环室的压力差。夹紧环取压是在紧靠孔板上下游两侧钻孔,直接取出管道压力进行测量。两种方法相比,环室取

图 4.2.7　各种取压位置图

压均匀,测量误差小,对直管段长度要求较短,多用于直径小于 400 mm 处,而夹紧环取压多用于管道直径大于 200 mm 处。

2. 法兰取压法

不论管道直径大小,上下游取压管的中心均位于距离孔板两侧相应端面25.4 mm 处,如图 4.2.7 中 2-2 所示。

3. 理论取压法

上游取压管的中心位于距孔板前端面一倍管道直径 D 处,下游取压管的中心位于流速最大的最小收缩断面处,如图 4.2.7 中 3-3 所示。通常最小收缩断面位置和面积比 m 有关,而且有时因为法兰很厚,取压管的中心不一定能准确地放置在该位置上,这就需要对差压流量计的示值进行修正。特别是由于孔板流束的最小断面位置随着流量的变化也在变化,而取压点不变。因此,在流量的整个测量范围内,流量系数不能保持恒定。通常这种取压方法应用于管道内径$D>100$ mm 的情况,对于小直径管道,因为法兰的相对厚度较大,不易采用该法。

4. 径距取压法

上游取压管的中心位于距离孔板前端一倍管道直径 D 处,下游取压管的中心位于距离孔板前端面 $D/2$ 处,如图 4.2.7 中 4-4 所示。径距取压法和理论取压法的差别仅为其下游取压点是固定的。

5. 管接取压法

上游取压管的中心位于距孔板前端面 $2.5D$ 处,下游取压管的中心位于距孔板后端面 $8D$ 处,如图 4.2.7 中 5-5 所示。这种取压方式测得的压差值,即为流体流经孔板的压力损失值,所以也称为损失压降法。

4.2.6　差压计

节流装置前后的压差测量是应用各种差压计实现的。差压计的种类很多,如膜片差压变送器、双波纹管差压计和力平衡式差压计等。

1. 双波纹管差压计

双波纹管差压计主要由两个波纹管、量程弹簧、扭力管及外壳等部分组成,如图 4.2.8 所示。

图 4.2.8 双波纹管差压计结构图

1—高压引入口;2—高压室波纹管 B_1;3—温度补偿波纹管;4—阻压环;5—连接轴;6—单向保护阀;
7—填充液;8—高压室;9—阻尼旁路;10—阻尼阀;11—低压引入口;12—低压室波纹管 B_2;13—单向保护阀;
14—微调量程螺母;15—螺杆;16—量程弹簧;17—量程弹簧支撑板;18—中心基座;19—低压室;20—排液(气)针阀;
21—阻尼保护;22—低压室壳体;23—挡板;24—摆杆;25—高压室壳体

当被测流体的压力 p_1 和 p_2 分别由导压管引入高、低压室后,在压差 $\Delta p = p_1 - p_2 > 0$ 的作用下,高压室的波纹管 B_1 被压缩,容积减小,内部充填的不可压缩液体将流向 B_2,使低压侧的波纹管 B_2 伸长,容积增大,从而带动连接轴自左向右运动。当连接轴移动时,将带动量程弹簧伸长,直至其弹性变形与差压值产生的测量力平衡为止。而连接中心上的挡板将推动扭管转动,通过扭管的中心轴将连接轴的位移传给指针或显示单元,指示差压值。

2. 膜片式差压计

膜片式差压计主要由差压测量室(高压和低压室)、三通导压阀和差分变压器三大部件组成,如图 4.2.9 所示。

当高压 p_1 和低压 p_2 分别导入高、低压室后,在压差 $\Delta p = p_1 - p_2$ 的作用下,膜片向低压室方向产生位移,从而带动不锈钢连杆及其端部的软铁在差动变压器线圈内移动,通过电磁感应将膜片的位移行程转化为电信号,再通过显示仪表显示。

4.2.7 标准节流装置的安装要求

流量计安装的正确和可靠与否,对能否保证将节流装置输出的差压信号准确地传送到差压计或差压变送器上,是十分重要的。因此,流量计的安装必须符合以下要求:

① 安装时,必须保证节流件的开孔和管道同心,节流装置端面与管道的轴线垂直;在节流件的上下游,必须配有一定长度的直管段。

② 导压管尽量按最短距离敷设在 3 ~ 50 m 之内。为了不致在此管路中积聚气体和水分,导压管应垂直安装。水平安装时,其倾斜率不应小于 1∶10,导压管为 10 ~ 12 mm 的铜、铝或钢管。

③ 测量液体流量时,应将差压计安装在低于节流装置处。如一定要装在上方时,应在连

图 4.2.9　膜片式差压计结构图

1—低压导管；2—高压导管；3—连接螺母；4—螺栓；5—高压容室；6—膜片；7—挡板；8、15—密封环；9—密封垫圈；
10、11、28—滚珠；12、27—螺钉；13—低压容室；14—挡板；16—连杆；17—差分变压器；18—铁心；19—套管；20—紧固螺母；
21—调整螺母；22—罩壳；23—弹簧；24—空心螺栓；25—密封垫圈；26—垫片；29—高压阀；30—平衡阀；31—低压阀

接管路的最高点处安装带阀门的集气器,在最低点处安装带阀门的沉降器,以便排出导压管内
的气体和沉积物,如图4.2.10所示。

图 4.2.10　测量液体时的差压计安装

1—节流装置;2—沉降器;3—集气器

④ 测量气体流量时,最好将差压计安装在高于节流装置处。如一定要安装在下面,在连
接导管的最低处安装沉降器,以便排出冷凝液和污物,如图4.2.11所示。

图 4.2.11　测量气体时的差压计安装

1—差压计;2—沉降器

⑤ 测量黏性的、腐蚀性的或易燃的流体流量时,应安装隔离器,如图4.2.12所示。

隔离器的用途是保护差压计不受被测流体的腐蚀和玷污。隔离器是两个相同的金属容
器,容器内部充灌化学性质稳定并与被测流体不互相作用和溶解的液体,差压计同时充灌隔
离液。

⑥ 测量蒸气流量时,差压计和节流装置之间的相对配置和测量液体流量相同。为保证两

导压管中的冷凝水处于同一水平面上,在靠近节流装置处安装冷凝器。冷凝器是为了使差压计不受70 ℃以上高温流体的影响,并能使蒸气的冷凝液处于同一水平面上,以保证测量精度,如图4.2.13所示。

图4.2.12　测量腐蚀性液体的仪表低于节流装置
1—差压计;2—节流装置;3—冲洗阀;4—导压管;
5—隔离器;6—沉降器;7—排水阀;8—平衡阀

图4.2.13　测量蒸气流量差压计安装布置图
1—冷凝器;2—沉降器;3—差压计

4.2.8　差压式流量计的使用

1. 测量液体流量

在连接差压计前,打开节流装置处的两个导压阀和导压管上的冲洗阀,用被测液体冲洗导压管,以免管锈和污物进入差压计,此时差压计上的两个导压阀处于关闭状态。待导压器充满液体后,先打开差压计上的平衡阀,然后微微打开差压计上的正压(p_1)导压阀,使液体慢慢进入差压计的测压室,同时将空气从差压计的排气针阀排尽,关闭排气针阀,接着关上平衡阀,并骤然打开负压(p_2)导压阀门,仪表投入正常测量。

在必须装配隔离器时,在运行前应充满隔离液体。步骤如下:首先关闭节流装置上的两个导压阀门,然后打开差压计的三个导压阀和上端的两个排气针阀,再打开两个隔离器的中间螺塞。从一个隔离器慢慢注入隔离液体,直到另一个隔离器溢流为止,旋紧中间螺塞,打开隔离器上端的平衡阀,关闭差压计上面的平衡阀,然后打开隔离器上端的正压(p_1)导压阀,待被测流体充满导压管和隔离器后,先关闭隔离器上端的平衡阀,并骤然打开负压导压阀,流量计投入正常工作。

测量具有腐蚀性的流体时,操作要特别小心,在未关闭差压计的两个导压阀前,不许先打开差压计上端的平衡阀门,也不准在平衡阀打开时,将两个导压阀打开。如果因某种原因发现腐蚀性流体进入测量室,则应停止工作,进行彻底清洗。

2. 测量气体流量

在将差压计与节流装置接通之前,先打开节流装置上的两个导压阀和导压管上的两个吹洗阀,用管道气体吹洗导压管,以免管道上的锈片和杂物进入差压计(此时差压计的两导压阀应关闭)。使用时,首先缓慢打开节流装置上的两个导压阀,使被测管道的气体流入导压管。然后打开平衡阀,并微微打开仪表上端的正压(p_1)导压阀,测量室逐渐充满测量气体,同时将差压计内的液体从排液针阀排掉。最后,关上差压计上的平衡阀,并骤然打开差压计上面的负压(p_2)导压阀,流量计投入正常工作。

3. 测量蒸气

冲洗导压管的过程同上。使用时,先关闭节流装置处的两个导压阀,将冷凝器和导压管内的冷凝水从冲洗阀放掉,然后打开差压计的排气针阀和三个导压阀。向一支冷凝器内注入冷凝液,直至另一支冷凝器上有凝液流出为止。当排气针阀不再有气泡后关上排气针阀。为避免仪表的零点变化,必须注意冷凝器与仪表之间的导压管以及表内的测量室都应充满冷却液,两冷凝器内的液面必须处于同一水平面。最后,同时骤然打开节流装置上的两个导压阀,关上差压计的平衡阀,仪表即投入正常的工作。

4.3 容积式流量计

容积式流量计是一种很早就使用的流量测量仪表,用来测量各种液体和气体的体积流量。由于它是使被测流体充满具有一定容积的空间,然后再把这部分流体从出口排出,所以称为容积式流量计。它的优点是测量精度高,被测流体的黏度影响小,不要求前后直管段等。但要求被测流体干净,不含有固体颗粒,否则应在流量计前加过滤器。

4.3.1 椭圆齿轮流量计

椭圆齿轮流量计的工作原理如图 4.3.1 所示。互相啮合的一对椭圆形齿轮在被测流体压力的推动下产生旋转运动。在图 4.3.1(a)中,椭圆齿轮 1 两端分别处于被测流体入口侧和出口侧。由于流体经过流量计有压力降,故入口侧和出口侧压力不等,所以椭圆齿轮 1 将产生旋转,而椭圆齿轮 2 已是从动轮,被齿轮 1 带着转动。当转至 4.3.1(b)状态时,齿轮 2 已是主动轮,齿轮 1 变成从动轮。由图可见,由于两齿轮的旋转,它们把齿轮与壳体之间所形成的新月形空腔中的流体从入口侧推至出口侧。每个齿轮旋转 1 周,就有 4 个这样容积的流体从入口推至出口。因此,只要计量齿轮的转数即可得知有多少体积的被测流体通过仪表。椭圆齿轮流量计就是将齿轮的转动通过一套减速齿轮传动,传递给仪表指针,指示被测流体的体积流量。

椭圆齿轮流量计适合于测量中小流量,其最大口径为 250 mm。除上述直接指示外,还有发电脉冲远传式。

图 4.3.1　椭圆齿轮流量计原理图

4.3.2　腰轮流量计

如图 4.3.2 所示,其工作原理与椭圆齿轮流量计相同,只是转子形状不同。腰轮流量计的两个轮子是两个摆线齿轮,故它们的传动比恒为常数。为减小两转子的磨损,在壳体外装有一对渐开线齿轮作为传递转动之用。每个渐开线齿轮与每个转子同轴。为了使大口径的腰轮流量计转动平稳,每个腰轮均作成上下两层,而且两层错开 45°角,称为组合式结构。

图 4.3.2　腰轮流量计原理图

腰轮流量计有测量液体的,也有测气体的,测液体的口径为 10 ~ 600 mm;测气体的口径为 15 ~ 250 mm,可见腰轮流量计即可测小流量也可测大流量。

4.3.3　旋转活塞式流量计

旋转活塞式流量计适合测量小流量液体的流量。它具有结构简单、工作可靠、精度高和受黏度影响小等优点。由于零部件不耐腐蚀,故只能测量无腐蚀性的液体,如重油或其他油类。现多用于小口径的管路上测量各种油类的流量。

流量计工作原理如图 4.3.3 所示,被测液体从进口处进入计量室,被测流体进、出口的压力差推动旋转活塞按图中箭头方向旋转。当转至图 4.3.3(b)所示位置时,活塞内腔新月形容积 V_1 中充满了被测液体。当转至图 4.3.3(c)所示位置时,这一容积中的液体已与出口相通,活塞继续转动便将这一容积的液体由出口排出。当转至图 4.3.3(d)所示位置时,在活塞外面与测量室内壁之间也形成了一个充满被测液体的容积 V_2。活塞继续旋转又转至图 4.3.3(a)所示位置,这时容积 V_2 中的液体又与出口相通,活塞继续旋转又将这一容积的液体由出口排出。如此周而复始,活塞每转一周,便有 V_1+V_2 容积的被测液体从流量计排出。活塞转数既可由机械计数系统计出,也可转换为电脉冲由电路计出。

4.3.4　刮板式流量计

刮板式流量计的工作原理如图 4.3.4 所示。图 4.3.4(a)为凸轮式刮板流量计,图 4.3.4(b)为凹线式刮板流量计。流量的转子中开有 4 个两两互相垂直的槽,槽中装有可以伸出缩进的刮板,伸出的刮板在被测流体的推动下带动转子旋转。伸出的两个刮板与壳体内腔之间形成计量容积,转子每旋转一周便有 4 个这样容积的被测流体通过流量计。因此计量转子的

图 4.3.3　旋转活塞式流量计原理图

图 4.3.4　刮板式流量计原理图

转数即可测得流过流体的体积。凸轮式刮板式流量计的转子是一个空心圆筒,中间固定一个不动的凸轮,刮板一端的转子压在凸轮上,刮板在与转子一起运动的过程中还要按凸轮外廓曲线形状从转子中伸出和缩进。凹线式刮板式流量计的转子是实心的,中间有槽,槽中安装刮板,刮板从转子中伸出和缩进是由壳体内腔的轮廓线决定的。

刮板式流量计具有测量精度高、量程比大、受流体黏度影响小等优点,而且运转平稳,振动和噪声均小,适合测量中等到较大的流量。

LC11系列椭圆齿轮流量计、LS系列旋转活塞式流量计如图4.3.5和图4.3.6所示。

图4.3.5 LC11系列椭圆齿轮流量计

图4.3.6 LS系列旋转活塞式流量计

4.4 速度式流量计

速度式流量计的原理和水轮机相似,流体冲击叶轮或涡轮旋转,瞬时流量与转速成正比,一段时间内的转数与该时间段的累积总流量成正比。由于靠流体的流速工作,故有速度式流量计之称。

4.4.1 叶轮式流量计

家用自来水表就是典型的叶轮式流量计,其用途只在于提供总用水量,以便按量收费,其结构如图4.4.1所示。自进水口1流入的水经筒状部件2周围的斜孔,沿切线方向冲击叶轮。叶轮轴经过齿轮逐级减速,带动各个十进位指针以指示累积总流量,齿轮装在图中4处。此后,水流再经筒状部件上排孔5,汇至总出水口6。

为了减少磨损和避免锈蚀,叶轮及各个齿轮都采用轻而耐磨的塑料制造。

叶轮式流量计也可以测量气体流量,国家QBJ-A型高压力燃气表就是叶轮式。

图4.4.1 叶轮式流量计

1—进水口;2—筒状部件;3—叶轮;
4—安装齿轮处;5—上排孔;6—出水口

127

4.4.2 涡轮式流量计

涡轮式流量计的结构如图4.4.2所示。在管形壳体1的内壁上装有导流器2,一方面促使流体沿轴线方向平行流动,另一方面支撑了涡轮的前后轴承3和6。涡轮4上装有螺旋桨形的叶片,在流体冲击下旋转。为了测出涡轮的转速,管壁外装有带线圈的永久磁铁5,并将线圈两端引出。由于涡轮具有一定的铁磁性,当叶片在永久磁铁前扫过时,会引起磁通的变化,因而在线圈两端产生感应电动势,此感应交流电信号的频率与被测流体的体积流量成正比。如将该频率信号送入脉冲计数器即可得到累积总流量。

图 4.4.2 涡轮式流量计

1—管形壳体;2—导流器;3—前轴承;4—涡轮;5—永久磁铁;6—后轴承

假设涡轮流量计的仪表常数为K(它完全取决于结构参数),则输出的体积流量q_v与信号频率f的关系为

$$q_v = f/K \qquad (4.4.1)$$

理想情况下,仪表结构常数K恒定不变,则q_v与f成线性关系。但实际情况是涡轮有轴承摩擦力矩、电磁阻力矩、流体对涡轮的黏性摩擦阻力等因素,所以K并不严格保持常数。特别是在流量很小的情况下,由于阻力矩的影响相对较大,K也不稳定。所以最好应用在量程上限为5%以上的情况,这时有比较好的线性关系。

涡轮流量计具有测量精度高,可以达到0.5级以上;反应迅速,可测脉动流量;耐高压等特点。适用于

图 4.4.3 LWGY 型涡轮式流量计

清洁液体、气体的测量。

上海安锐自动化仪表有限公司生产的 LWGY 型涡轮式流量计如图 4.4.3 所示。

4.5 振动式流量计

振动式流量计是一种新型的流量计。输出信号是与流量成正比的脉冲频率信号,可远距离传输,不受流体的温度、压力、黏度等因素的影响。它主要分为漩涡式和旋进式两种。

4.5.1 漩涡式流量计

1. 工作原理

漩涡式流量计是利用流体力学中卡门涡街的原理制作的一种仪表,它是把一个称为漩涡发生体的对称形状的物体(如圆柱体、三角柱体等)垂直插在管道中,流体绕过漩涡发生体时,出现附面层分离,在漩涡发生体的左右两侧后方会交替产生漩涡,如图 4.5.1 所示,左右两侧漩涡的旋转方向相反。这种漩涡列通常被称为卡门漩涡列,也称为卡门涡街。

由于漩涡之间的相互影响,漩涡列一般是不稳定的,但卡门从理论上证明了当两漩涡列之间的距离 h 和同列的两个漩涡之间的距离 L 满足公式 $h/L = 0.281$ 时,非对称的漩涡列就能保持稳定,此时漩涡的频率 f 与流体的流速 v 及漩涡发生体的宽度 d 有如下关系

$$f = S_t \frac{v}{d} \tag{4.5.1}$$

式中,S_t——斯特劳哈尔数。

实验证明,当载流的管道内径 D 和漩涡发生体的宽度 d 的值确定时,流量计仪表结构常数 K 值也随之确定。由 $q_v = f/K$ 的关系式可知:在一定雷诺数 Re 范围内,流量 q_v 与漩涡频率 f 成线性关系,如图 4.5.2 所示。因此,只要测出漩涡的频率 f 就能求得流过流量计管道的流体的体积流量 q_v。

图 4.5.1　漩涡发生原理

图 4.5.2　正常范围与雷诺数的关系

2. 漩涡频率的检测

漩涡频率的检测是通过漩涡检测器来实现的。漩涡检测器的任务是一方面使流体绕过检测器时,在其后能形成稳定的涡列,另一方面能准确地测出漩涡产生的频率。目前使用的漩涡检测器主要有两种形式:一种是圆柱形,另一种是三棱柱形。

圆柱形漩涡检测器如图 4.5.3 所示,它是一根中空的长管,管中空腔由隔板分成两部分。管的两侧开两排小孔,隔板中间开孔,孔上贴有铂电阻丝。铂丝通常被通电加热到高于流体温度 10 ℃ 左右。当流体绕过圆柱时,如在下侧产生漩涡,由于漩涡的作用使圆柱体的下部压力高于上部压力。部分流体从下孔被吸入,从上部小孔吹出。结果将使下部漩涡被吸在圆柱表面,越转越大,而没有漩涡的一侧由于流体的吹出作用,将使漩涡不易发生。下侧漩涡生成之后,它将离开圆柱表面向下运动,这时柱体的上侧将重复上述过程生成漩涡。如此,柱体的上、下两侧交替地生成并放出漩涡。与此同时,在柱体的内腔自下而上或自上而下产生的脉冲流通过被加热的电阻丝。空腔内流体的运动,交替对电阻丝产生冷却作用,电阻丝的阻值发生变化,从而产生和漩涡的生成频率一致的脉冲信号,通过频率检测器即可完成对流量的测量。

如图 4.5.4 所示的三棱柱形检测器可以得到更稳定、更强烈的漩涡。埋在三角柱体正面的两个热敏电阻组成电桥的两臂,并以恒流供以微弱的电流进行加热。在产生漩涡的一侧,因流速变低,使热敏电阻的温度升高,阻值减小,因此,电桥失去平衡,产生不平衡输出。随着漩涡的交替形成,电桥将输出一个与漩涡频率相等的交变电压信号,该信号送至累积器计算就可给出流体流过的流量。

图 4.5.3 圆柱形漩涡检测器

1—圆柱形漩涡检测器;2—铂电阻丝;

3—中间隔板;4—空腔;5—导压孔

图 4.5.4 三棱柱形检测器

1—热敏电阻;2—圆管道;3—三棱柱

使用时要求在漩涡检测器前有 $15D$、检测器后有 $5D$ 的直管段,并要求直管段内部光滑。此外,热敏元件表面应保持清洁无垢,所以需要经常清洗,以保证其特性稳定。

4.5.2 旋进式漩涡流量计

旋进式漩涡流量计如图 4.5.5 所示。流体从流量计入口进入,通过一组固定的螺旋叶片后被强制旋转,在中心的速度很高。流体进入先收后扩的管段,首先被加速,漩涡的中心和轴线一致。流体进入扩张段后,将围绕流量计的轴线作螺旋状进动,并且逐渐向管壁靠近。出口前装有导流叶片,叶片是直的,其平面与轴线平行,目的是使漩涡流整流成平直运动,以免下

图 4.5.5 旋进式漩涡流量计

1—漩涡发生器;2—频率检测器探头;

3—放大器;4—消除漩涡器;5—导流叶片

游管件对测量产生影响。

进动频率可采用热敏元件或压敏元件检测。为了使元件不被污染、腐蚀和振动,元件表面挂有薄玻璃层,一般多采用珠状热敏电阻,并用恒流源加热,通常其温度高于被测流体的温度。当进动涡流扫过时,将使热敏电阻冷却。这样,便将进动频率转变为热敏电阻阻值的交替变化,其变化频率和进动频率相等。

通常将热敏电阻作为电桥的一个臂使用,由恒流源加热。然后,当电阻的变化变成电桥的不平衡输出后,送至放大器放大,以后的处理与卡门涡街流量计相同。

4.6 电磁流量计

电磁流量计是基于电磁感应原理工作的流量测量仪表。它能测量具有一定电导率的液体的体积流量。由于它的测量精度不受被测液体的黏度、密度及温度等因素变化的影响,且测量管道中没有任何阻碍液体流体的部件,所以几乎没有压力损失。适当选用测量管中绝缘内衬和测量电极的材料,就可以测量各种腐蚀性(酸、碱、盐)溶液的流量,尤其在测量含有固体颗粒的液体,如泥浆、纸浆、矿浆等的流量时,更显示出其优越性。

4.6.1 电磁流量计的工作原理

图4.6.1为电磁流量计原理图。在磁铁 N-S 形成的均匀磁场中,垂直于磁场方向有一个直径为 D 的管道,管道由不导磁材料制成,管道内表面衬挂绝缘衬里。当导电的液体在导管中流动时,导电液体切割磁感应线,于是在和磁场及其流动方向垂直的方向上产生感应电动势,如安装一对电极,则电极间产生和流速成比例的电位差 U

图 4.6.1　电磁流量计原理图

$$U = BDv \qquad (4.6.1)$$

式中,D——管道内径;

B——磁场磁感应强度;

v——液体在管道中的平均速度。

由式(4.6.1)可得到 $v = U/BD$,则体积流量为

$$q_v = \frac{\pi D^2}{4} \cdot v = \frac{\pi D}{4B}U \qquad (4.6.2)$$

从式(4.6.2)可见,流体在管道中流过的体积流量和感应电动势成正比,欲求出 q_v 值,应进行除法运算 U/B。电磁流量计是运用霍尔元件实现这一运算的。

采用交变磁场以后,感应电动势也是交变的。这不但可以消除液体极化的影响,而且便于后面环节的信号放大,但增加了感应误差。

4.6.2　电磁流量计的结构

电磁流量计由外壳、励磁绕组及磁轭、电极和测量导管四部分组成,内部结构如图 4.6.2 所示。

磁场是用 50 Hz 电源励磁产生,励磁绕组有三种绕制方法:

① 变压器铁心型,适用于直径 25 mm 以下的小口径变送器。

② 集中绕组型,适用于中等口径,它有上下两个马鞍形线圈,为了保证磁场均匀,一般加极靴,在线圈的外面加一层磁轭。

③ 分段绕制型,适用于大于 100 mm 口径的变送器,分段绕制可减小体积,并使磁场均匀。

电极与被测液体接触,一般使用耐腐蚀的不锈钢和耐酸钢等非磁性材料制造,通常加工成矩形或圆形。

为了能让磁感应线穿过,使用非磁性材料

图 4.6.2　电磁流量计内部结构图

1—法兰盘;2—外壳;3—接线盒;4—密封橡皮;
5—导管;6—密封垫圈;7—励磁绕组;
8—铁心;9—调零电位器

制造测量导管,以免造成磁分流。中小口径电磁流量计的导管用不导磁的不锈钢或玻璃钢等制造;大口径的导管用离心浇铸的方法把橡胶和线圈、电极浇铸在一起,可减小因涡流引起的误差。金属管的内壁挂一层绝缘衬里,防止两个电极被金属导管短路,同时还可以防腐蚀,衬里一般使用天然橡胶(60 ℃),氯丁橡胶(70 ℃)、聚四氟乙烯(120 ℃)等。

4.7　质量流量的测量

前面介绍的流量计都是测量流体的体积流量的。然而,在实际生产过程参数的检测和控制中,常常需要直接测量质量流量值。目前质量流量计主要分为推导式、直接式和补偿式三大类。本节介绍推导式质量流量测量和直接式质量流量测量。

4.7.1　推导式质量流量测量

推导式质量流量计是采用测量体积的流量计与密度计的结合,并加以运算得出质量流量信号的测量仪表。体积流量计可以是差压式,也可以是速度式;密度计可以是核辐射式、超声波式,也可以是振动管式。

1. ρq_V^2 检测器与密度计组合的形式

利用节流流量计或差压流量计与连续测量密度的密度计组合测量质量流量的组成原理如图 4.7.1 所示。流量计检测出管道中流体的 ρq_V^2 成正比的 x 量,由密度计检测出与 ρ 成正比的

y 量。

　　由于差压式流量计测得的信号 x 正比于介质的差压 Δp，密度计测量的信号 y 正比于测量介质的密度。将 x、y 同时送到乘法器运算，可得到 $xy \propto \rho^2 q_V^2$，再将其送至开平方运算器后得质量流量。质量流量表达式为

$$q_m = \sqrt{xy} = K\sqrt{\rho^2 q_V^2} = K\rho q_V \tag{4.7.1}$$

将 q_m 信号送至积算器即可得到总质量流量。

图 4.7.1　ρq_V^2 检测器与密度计组合的质量流量计

2. 体积流量计与密度计的组合形式

　　容积、漩涡、电磁式等流量计，可测量管道中的体积流量 q_V，将它与密度计组合可构成质量流量计。目前，实际使用的种类很多，如由体积流量计和浮子式密度计组合、涡轮流量计和浮子式密度计组合、电磁流量计与核辐射密度计组合等。

　　现以涡轮流量计与密度计组合而成的质量流量计为例来说明此类流量计的工作原理，如图 4.7.2 所示。涡轮流量计检测出与管道内流体的体积流量 q_V 成正比的信号 x，由密度计检

涡轮流量计等的体积流量计

流向

密度计　　　　　　　　　　　　体积流量计

$y \propto \rho$　　　　　　　　　　$x \propto q_V$

xy

运算器

流量累积器　　←　　$xy \propto \rho q_{V1}$

质量流量指示记录

图 4.7.2　体积流量计和密度计组合的质量流量计

测出与流体的密度 ρ 成正比的信号 y，经乘法器后得质量流量 $q_m = xy = K\rho q_v$，若求 t 时间内流过的总质量流量，需将 q_m 信号送至积算器即得累积流量。

$$q_{m总} = \int_0^t q_v \mathrm{d}t \tag{4.7.2}$$

3. ρq_v^2 检测器与体积流量计组合的形式

将测量 ρq_v^2 的差压式流量计与测量体积流量 q_v 的涡轮、电磁、容积或漩涡式等流量计组合，通过乘除器进行 $\rho q_v^2 / q_v$ 运算而得出质量流量，现以涡轮流量计与差压式流量计组合为例来说明其工作原理。

ρq_v^2 检测器与体积流量计组合的质量流量计如图 4.7.3 所示，从差压式流量计检测到的量 x 与 ρq_v^2 成正比，从涡轮流量计检测到的量 y 与 q_v 成正比。两者之比为质量流量，即得

$$q_m = \frac{x}{y} = K\frac{\rho q_v^2}{q_v} = K\rho q_v \tag{4.7.3}$$

输出信号一路送指示器或记录器显示质量流量，一路送积算器得累积流量。

图 4.7.3 ρq_v^2 检测器与体积流量计组合的质量流量计

4.7.2 直接式质量流量测量

在质量流量测量中有时需直接测出质量流量，以提高测量精度和反应速度。科里奥利力（简称科氏）质量流量计就是一种直接式质量流量计。它是根据牛顿第二定律建立的力、加速度和质量三者的关系，来实现对质量流量的测量。

图 4.7.4 所示为 ZJL 系列质量流量计。它是依据科氏力原理开发的一种新型流量计，实现了对流体瞬时质量流量的直接测量。科氏质量流量计结构如图 4.7.5 所示。两根几何形状和尺寸完全相同的 U 形检测管 2，平行地、牢固地焊接在支承管 1 上，构成一个音叉，以消除

图 4.7.4 ZJL 质量流量传感器

外界振动的影响。两检测管在电磁励磁器4的激励下,以其固有的振动频率振动,两检测管的振动相位相反。由于检测管的振动,在管内流动的每一流体微团都得到一科氏加速度,U形管受到一个与此加速度相反的科氏力。由于U形管的进、出侧所受的科氏力方向相反,而使U形管发生扭转,其扭转程度与U形管框架的扭转刚性成反比,而与管内瞬时的质量流量成正比。在音叉每振动一周过程中,位于检测管的进流侧和出流侧的两个电磁检测器各检测流量一次,输出一个脉冲,其脉冲宽度与检测管的扭摆度,亦即瞬时质量流量成正比。利用一个振动计数器使脉冲宽度数字化,并将质量流量用数字显示出来,再用数字积分器累积脉冲的数量,即可获得一定时间内质量流量的总量。检测管受力及运动如图4.7.6所示。

图 4.7.5　Ú 形科氏质量流量计结构图
1—支承管;2—检测管;3—电磁检测器;4—电磁激励器;5—壳体

图 4.7.6　检测管受力及运动图

　　整个传感器置入不锈钢外壳之中,外壳焊接密封,其内充以氮气,以保护内部元器件,防止外部气体进入而在检测管外壁冷凝结霜,以提高测量精度。

　　适合科氏流量计的流体宜有较大密度,否则不够灵敏。因此,常用于测量液体流量。气体密度太小,可用其他质量流量计测量。

1. 简述差压式流量计的基本构成及使用特点。
2. 差压流量计有几种取压方式？各有何特点？
3. 简述容积式流量计的工作原理及椭圆齿轮流量计的基本结构。
4. 简述电磁流量计的工作原理及其特点。
5. 简述推导式质量流量计的基本组合形式及各自工作原理。

第5章

物位及厚度检测

物位是液位、料位和相界面的统称。用来对物位进行测量的传感器称为物位传感器,由此制成的仪表称为物位计。物位计是液位计、料位计、界面计的统称。液位是指开口容器或密封容器中液体介质液面的高低,用来测量液位的仪表称为液位计;料位是指固体粉状或颗粒物在容器中堆积的高度,用来测量料位的仪表称为料位计;相界面是指两种液体介质的分界面。用来测量分界面的仪表称为界面计。

物位检测在现代工业生产过程中具有重要地位。一方面通过物位检测可确定容器里的原料、半成品或成品的数量,以保证能连续供应生产中各个环节所需的物料或进行经济核算,另一方面是通过检测,连续监视或调节容器内流入和流出物料的平衡,使之保持在一定的高度,使生产正常进行,以保证产品的质量、产量和安全。一旦物位超出允许的上、下限则报警,以便采取应急措施。

为满足生产过程物位检测的要求,目前已建立起各种各样的物位检测方法,如直读法、浮力法、静压法、电容法、核辐射法、超声波法以及激光法、微波法等。本章只介绍应用较为广泛的浮力式、压力式、电容式、微波式、核辐射式、超声波式物位计的结构、原理及应用。

在机械、零件以及原材料的设计、加工制造过程中,经常遇到厚度的检测,并将其作为保证产品质量、提高生产效益的重要参数。由于被测对象的不同,厚度的检测方法很多,根据不同的转换原理,则有各种不同类型的测厚仪,如超声波测厚仪、核辐射式测厚仪、红外线测厚仪、激光测厚仪、微波测厚仪等。本章以电涡流式、超声波式、微波式、核辐射式测厚仪为例,介绍其结构、原理及应用。

5.1 浮力式物位检测

浮力式物位检测的基本原理是通过测量漂浮于被测液面上的浮子(也称浮标)随液面变化而产生的位移来检测液位;或利用沉浸在被测液体中的浮筒(也称沉筒)所受的浮力与液面位置的关系来检测液位。前者一般称为恒浮力式检测,后者一般称为变浮力式检测。

5.1.1 恒浮力式物位检测

恒浮力式物位检测原理如图 5.1.1 所示,将液面上的浮子用绳索连接并悬挂在滑轮上,绳

索的另一端挂有平衡重锤,利用浮子所受重力和浮力之差与平衡重锤的重力相平衡,使浮子漂浮在液面上。其平衡关系为

$$W - F = G \qquad (5.1.1)$$

式中,W——浮子的重力;

$\quad\quad F$——浮力;

$\quad\quad G$——重锤的重力。

当液位上升时,浮子所受浮力 F 增加,则 $W-F<G$,使原有平衡关系被破坏,浮子向上移动。但浮子向上移动的同时,浮力 F 下降,$W-F$ 增加,直到 $W-F$ 又重新等于 G 时,浮子将停留在新的液位上,反之亦然。因而实现了浮子对液位的跟踪。由于式(5.1.1)中 W 和 G 可认为是常数,因此浮子停留在任何高度的液面上时,F 值不变,故称此法为恒浮力法。该方法的实质是通过浮子把液位的变化转换成机械位移(线位移或角位移)的变化。上面所讲的只是一种转换方式,在实际应用中,还可采用各种各样的结构形式来实现液位-机械位移的转换,并可通过机械传动机构带动指针对液位进行指示,如果需要远传,还可通过电或气的转换器把机械位移转换为电信号或气信号。

图 5.1.1 恒浮力式物位测量原理图

图 5.1.1 所示的浮力液位计只能用于常压或敞口容器,通常只能就地指示,由于传动部分暴露在周围环境中,使用日久摩擦增大,液位计的误差就会相应增大,因此这种液位计只能用于不太重要的场合。

图 5.1.2(a)所示为在密闭容器中设置一个测量液位的通道。在通道的外侧装有浮标 1 和磁铁 2;通道内侧装有铁心 3。当浮子随液位上下移动时,铁心被磁铁吸引而同步移动,通过绳索带动指针指示液位的变化。

图 5.1.2(b)所示为适用于高温、黏度大的液体的液位计,浮球 6 是不锈钢的空心球,通过杠杆 7 和转动轴 8 连接,配合 9 用来调节液位计的灵敏度,使浮球刚好一半浸没在液体中。浮球随液位升降而带动转轴旋转,指针就在标尺上指示液位值。

(a)   (b)

图 5.1.2 浮子式液位计示意图

1—浮标;2—磁体;3—铁心;4—导轮;5—非导磁管;

6—浮球;7—连杆;8—转动轴;9—秤锤;10—杠杆

5.1.2 变浮力式物位检测

变浮力式物位检测原理如图5.1.3所示,它是利用浮筒实现物位检测的。由于被液体浸没高度不同以致所受的浮力不同来检测液位的变化。将一横截面积为 A、质量为 m 的圆筒形空心金属浮筒挂在弹簧上,由于弹簧的下端被固定,因此弹簧因浮筒的重力被压缩,当浮筒的重力与弹簧的弹力达到平衡时,浮筒才停止移动,平衡条件为

$$Cx_0 = G \qquad (5.1.2)$$

式中,G——浮筒的重力;

   C——弹簧的刚度;

   x_0——弹簧由于浮筒重力被压缩所产生的位移。

当浮筒的一部分被浸没时,浮筒受到液位对它的浮力作用而向上移动,当弹力和浮筒的重力平衡时,浮筒停止移动。设液位高度为 H,浮筒由于向上移动

图5.1.3 变浮力式液位计原理图

实际浸没在液体中的长度为 h,浮筒移动的距离即弹簧的位移改变量 Δx 为

$$\Delta x = H - h \qquad (5.1.3)$$

根据力平衡可知

$$G - Ah\rho = C(x_0 - \Delta x) \qquad (5.1.4)$$

式中,ρ——浸没浮筒的液体密度。

将式(5.1.2)代入上式,可得

$$Ah\rho = C\Delta x \qquad (5.1.5)$$

一般情况下,$h \gg \Delta x$,由式(5.1.3)可得,$H = h$,从而被测液位 H 可表示为

$$H = \frac{C\Delta x}{A\rho} \qquad (5.1.6)$$

由式(5.1.6)可知,当液位变化时,使浮筒产生位移,其位移量 Δx 与液位高度 H 成正比关系。因此变浮力式物位检测方法实质上就是将液位转换成敏感元件浮筒的位移变化。可应用信号变换技术,进一步将位移转换成电信号,配上显示仪表在现场或控制室进行液位指示和控制。

图5.1.3 是在浮筒的连杆上安装一铁心,可随浮筒一起上下移动,通过差分变压器使输出电压与位移成正比关系,从而检测液位。

除此之外,还可以将浮筒所受的浮力通过扭力管达到力矩平衡,把浮筒的位移变成扭力管的角位移,进一步用其他转换元件转换为电信号,构成一个完整的液位计。浮筒式液位计不仅能检测液位,而且还能检测界面。

5.2 静压式物位检测

5.2.1 静压式物位检测原理

静压式物位检测方法是根据液柱静压与液柱高度成正比的原理来实现的。其原理如图 5.2.1 所示,根据流体静力学原理可得 A、B 两点之间的压力差为

$$\Delta p = p_B - p_A = H\rho g \qquad (5.2.1)$$

式中,p_A——容器中 A 点的静压;

　p_B——容器中 B 点的静压;

　H——液柱的高度;

　ρ——液体的密度。

当被测对象为敞口容器,则 p_A 为大气压,上式变为

$$p = p_B - p_A = H\rho g \qquad (5.2.2)$$

式中,p——B 点的表压力。

由式(5.2.1)和式(5.2.2)可知,在测量过程中,如果液体密度 ρ 为常数,则在密闭容器中 A、B 两点的压差与液面高度 H 成正比;而在敞口容器中则 p 与 H 成正比,也就是说测出 p 和 Δp 就可以知道敞口容器或密闭容器中的液位高度。因此凡是能够测量压力或压差的仪表,只要量程合适,皆可测量液位。

5.2.2 压力式液位计

1. 压力计式液位计

压力计式液位计是根据测压仪表测量液位的原理制成的,用来测量敞口容器中的液位高度,其原理如图 5.2.2 所示,测压仪表通过取压导管与容器底部相连,由式(5.2.1)可知,当液体密度 ρ 为常数,由测压仪表的指示值便可知道液位的高度。因此,用此法进行测量时,要求液体密度 ρ 必须为常数,否则将引起误差,另外,压力仪表实际指示的压力是液面至压力仪表入口之间的静压力,当压力仪表与取压点(零液位)不在同一水平位置时,应对其位置高度差而引起的固定压力进行修正,不然仪表指示值不能直接用式(5.2.1)和式(5.2.2)进行计算,得到液位。

2. 法兰液位计

图 5.2.3 所示是用法兰式压力变送器测量物位的原理示意图,由于容器与压力表之间用法兰将管路连接,故称"法兰液位计"。对于黏稠液体或有凝结性的液体,应在导压管处加隔离膜片,导压管内充入硅油,借助硅油传递压力。

3. 吹气式液位计

吹气式液位计的原理如图 5.2.4 所示,在敞口容器中插入一根导管,压缩空气经过过滤器、减压阀、节流元件、转子流量计,最后从导管下端敞口处逸出,当导管下端有微量气泡逸出时,导管内的气压几乎与液位静压基本相等,因此由压力表指示的压力值即可反映出液位高度

H。当液位高度上升或下降时,液位静压也随之上升或下降,致使从导管逸出的气体量也随着减小或增加。由于节流元件的稳流作用,供气量是恒定不变的,则导管内的压力势必随液位静压的升降而升降,因此压力计 5 可以随时指示出液位的变化。

图 5.2.1　静压式物位检测原理图

图 5.2.2　压力计式液位计原理图

1—容器;2—压力表;3—液位零面;4—导压管

此法最适合于腐蚀性、高黏度、含有悬浮颗粒的液体,但是,对于闭口容器根本不能使用。另外,吹气流量不要过大,在液位最高时能有气泡升起即可,常用节流元件控制流量。

图 5.2.3　法兰式压力变送器测量物位的原理示意图

图 5.2.4　吹气式液位计的原理

1—过滤器;2—减压阀;3—节流元件;

4—转子流量计;5—压力计

5.2.3　差压式液位计

在对密闭容器液位进行测量时,容器下部的液体压力除与液位高度有关外,还与液面上部介质压力有关。根据式(5.2.1)可知,在这种情况下,可以用测量差压的方法来获得液位,如图 5.2.5 所示。和压力检测法一样,差压检测法的差压指示值除了与液位高度有关外,还与液体密度和差压仪表的安装位置有关。当这些因素影响较大时必须进行修正。

5.2.4　量程迁移

无论是压力检测法还是差压检测法都要求取压口(零

图 5.2.5　差压式液位计示意图

1—容器;2—差压计;3—液位零面

液位)与压力(差压)检测仪表的入口在同一水平高度,否则会产生附加静压误差。但是,在实际安装时不一定能满足这个要求。如地下储槽,为了读数和维护的方便,压力检测仪表不能安装在所谓零液位的地方;采用法兰式差压变送器时,由于从膜盒至变送器的毛细管充以硅油,无论差压变送器在什么高度,一般均会产生附加静压。在这种情况下,可通过计算进行校正,更多的是对压力(差压)变送器进行零点调整,使它在只受附加静压(静压差)时输出为"零",这种方法称为"量程迁移"。

1. 无迁移

差压变送器测量液位原理如图 5.2.6 所示,当将差压变送器的正、负压室分别与容器下部和上部的取压点相连通,如图 5.2.6(a)所示,如果被测液体的密度为 ρ_1,则作用于变送器正、负压室的差压为 $\Delta p = H\rho_1 g$。

| (a) 无迁移 | (b) 负迁移 | (c) 正迁移 |

图 5.2.6　差压变送器测量液位原理图

当液位 H 由零变化到最高液位 H_{max} 时,Δp 由零变化到最大差压 Δp_{max},变送器输出从 0.02 MPa 变化到 0.1 MPa。假如对应液位变化所要求的仪表量程 Δp 为 0 ~ 5 000 Pa,则变送器的特性曲线如图 5.2.7 中曲线(a)所示。

2. 负迁移

在实际应用中,为了防止容器内液体和气体进入变送器的取压室造成管线堵塞或腐蚀,以及保持负压室的液柱高度恒定,在变送器正、负压室与取压点之间分别装有隔离罐,如图 5.2.6(b)所示,并充以隔离液,密度为 ρ_2(通常 $\rho_2 \gg \rho_1$),这时正、负压室的压力分别为

图 5.2.7　差压变送器的正、负迁移示意图

$$p_1 = h_1\rho_2 g + H\rho_1 g + p_{\text{气}} \qquad (5.2.3)$$

$$p_2 = h_2\rho_2 g + p_{\text{气}} \qquad (5.2.4)$$

正、负压室的压差为

$$\Delta p = p_1 - p_2 = H\rho_1 g + h_1\rho_2 g - h_2\rho_2 g = H\rho_1 g - B \qquad (5.2.5)$$

式中,p_1,p_2——正压室及负压室的压力;

ρ_1,ρ_2——被测液体及隔离液的密度;

h_1,h_2——最低液位及最高液位至变送器的高度;

$p_{气}$——容器中气相压力;

B——固定压差;$B = (h_2-h_1)\rho_2 g$。

根据式(5.2.5)可知,当 $H=0$ 时,$\Delta p = -(h_2-h_1)\rho_2 g$,势必使变送器的挡板远离喷嘴,输出压力远小于 0.02 MPa,因此实际工作中,往往 $\rho_2 > \rho_1$,所以当最高液位时,负压室的压力也要大于正压室的压力,使变送器的输出仍小于 0.02 MPa。这样就破坏了变送器输出与液位之间的正常关系。调整变送器上的迁移弹簧,使变送器在 $H=0$,$\Delta p = -(h_2-h_1)\rho_2 g$ 时,输出气压为 0.02 MPa,在变送器量程符合要求的条件下,当 $H=H_{max}$(最高液位)时,最大差压 $\Delta p_{max} = H_{max}\rho_1 g-(h_2-h_1)\rho_2 g$ 时,变送器输出为 0.1 MPa,这样就实现了变送器输出与液位之间的正常关系。假如 $-B = -(h_2-h_1)\rho_2 g = -700$ Pa,对应液位变化范围所要求的仪表量程和无迁移时相同,为 5 000 Pa,则当 $H=0$ 时,$\Delta p = -7 000$ Pa,变送器输出为 0.02 MPa;当 $H=H_{max}$ 时,$\Delta p_{max} = (5 000-7 000)$ Pa $= -2 000$ Pa,变送器输出为 0.1 MPa,差压变送器的特性曲线如图 5.2.7 中的(b)所示。

3. 正迁移

在实际测量中,变送器的安装位置往往不和最低液位在同一水平面上,如图 5.2.6(c)所示,变送器的位置比最低液位 H_{min} 低 h 距离,这时液位高度 H 与压差之间的关系为

$$\Delta p = (H + h)\rho_1 g \tag{5.2.6}$$

由式(5.2.6)可知,当 $H=0$ 时,$\Delta p = h\rho_1 g$,变送器输出大于 0.02 MPa,当 $H=H_{max}$ 时,最大差压 $\Delta p_{max} = H_{max}\rho_1 g+h\rho_1 g$,变送器输出大于 0.1 MPa,调整变送器迁移弹簧,使变送器在 $H=0$,$\Delta p = h\rho_1 g$ 时,变送器输出为 0.02 MPa,在变送器量程符合要求的条件下,当 $H=H_{max}$,$\Delta p_{max} = H_{max}\rho_1 g+h\rho_1 g$ 时,变送器输出为 0.1 MPa,便实现了变送器输出与液位之间的正常关系。假如 $h\rho_1 g = 2 000$ Pa,仪表的量程仍为 5 000 Pa,则当 $H=0$ 时,$\Delta p = 2 000$ Pa,变送器输出为 0.02 MPa;当 $H=H_{max}$ 时,$\Delta p_{max} = (5 000+2 000)$ Pa $= 7 000$ Pa,变送器输出为 0.1 MPa,变送器的特性曲线如图 5.2.7 中的(c)所示。

由上述可知,正、负迁移的实质是通过迁移弹簧改变变送器的零点,即同时改变量程的上、下限,而量程的大小不变。

5.3 电容式物位计

电容式物位传感器是利用被测物的介电常数与空气(或真空)不同的特点进行检测的,电容式物位计由电容式物位传感器和检测电容的测量线路组成。它适用于各种导电、非导电液体的液位或粉状料位的远距离连续测量和指示,也可以和电动单元组合仪表配套使用,以实现液位或料位的自动记录、控制和调节。由于它的传感器结构简单,没有可动部分,因此应用范围较广。

5.3.1 电容式物位计原理

电容式物位计原理是通过电容传感器把物位转换成电容量的变化,然后再用测量电容量的方法求得物位的数值。关于电容式传感器的原理、结构及特性在第 3 章 3.5 节中已讲述,这里不再赘述。

电容式物位计是根据圆筒电容器原理进行工作的,其结构
形式如图 5.3.1 所示,由两个长度为 L,半径分别为 R 和 r 的圆
筒形金属导体,中间隔以绝缘物质便构成圆筒形电容器。当中
间所充介质是介电常数为 ε_1 的气体时,则两圆筒间的电容
量为

$$C_1 = \frac{2\pi\varepsilon_1 l}{\ln\dfrac{R}{r}} \qquad (5.3.1)$$

如果两圆筒形电极间的一部分被介电常数为 ε_2 的液体
(非导电性的)所浸没时,则必然会有电容量的增量 ΔC 产生
(因 $\varepsilon_2 > \varepsilon_1$),此时两极间的电容量为

$$C = C_1 + \Delta C \qquad (5.3.2)$$

图 5.3.1　电容式物位计原理图

假如电极被浸没的长度为 l,则电容量的数值为

$$\Delta C = \frac{2\pi(\varepsilon_2 - \varepsilon_1)l}{\ln\dfrac{R}{r}} \qquad (5.3.3)$$

从式(5.3.3)可知,当 ε_2、ε_1、R、r 不变时,电容量 ΔC 与电极浸没的长度 l 成正比关系,因
此测出电容增量的数值便可知道液位的高度。

如果被测介质为导电性液体时,电极要用绝缘物(如聚四氟乙烯)覆盖作为中间介质,而
液体和外圆筒一起作为外电极。假如中间介质的介电常数为 ε_3,电极被导电液体浸没的长度
为 l,则此时电容器具有的电容量可用下式表示

$$C = \frac{2\pi\varepsilon_3 l}{\ln\dfrac{R}{r}} \qquad (5.3.4)$$

式中,R——绝缘覆盖层外半径;

　　r——内电极的外半径。

由于上式中的 ε_3 为常数,所以 C 与 l 成正比。由 C 的大小便可知道 l 的数值。

5.3.2　电容式物位传感器

由于被测介质的不同,电容式物位传感器也有不同的形式,现以测量导电液体的电容式物
位传感器和测量非导电液体的电容式物位传感器为例对电容式物位传感器进行简介。

1. 测量导电液体的电容式物位传感器

该电容式物位传感器如图 5.3.2 所示,在液体中插入一根带绝缘套的电极。由于液体是
导电的,容器和液体可看作为电容器的一个电极,插入的金属电极作为另一电极,绝缘套管为
中间介质,三者组成圆筒电容器。

当液位变化时,就改变了电容器两极覆盖面积的大小,液位越高,覆盖面积就越大,由式
(5.3.4)可知,容器的电容量就越大。当容器为非导电体时,必须引入一辅助电极(金属棒),
其下端浸至被测容器底部,上端与电极的安装法兰有可靠的导电连接,以使二电极中有一个与

大地及仪表地线相连,保证仪表的正常测量。应注意,如液体是黏滞介质,当液体下降时,由于电极套管上仍黏附一层被测介质,会造成虚假的液位示值,使仪表所显示的液位比实际液位高。

2. 测量非导电液体的电容式物位传感器

当测量非导电液体,如轻油、某些有机液体以及液态气体的液位时,可采用一个内电极,外部套上一根金属管(如不锈钢),两者彼此绝缘,以被测介质为中间绝缘物质构成同轴套管筒形电容器,如图 5.3.3 所示,绝缘垫上有小孔,外套管上也有孔和槽,以便被测液体自由地流进或流出。由式(5.3.3)可知,电极浸没的长度 l 与电容量 ΔC 成正比关系,因此测出电容增量的数值便可知道液位的高度。

图 5.3.2 导电液体的电容式
物位传感器原理示意图

图 5.3.3 非导电液体的电容式
物位传感器原理示意图

当测量粉状导电固体料位和黏滞非导电液体液位时,可采用内电极直接插入圆筒形容器的中央,将仪表地线与容器相连,将容器作为外电极,物料或液体作为绝缘物质构成圆筒形电容器,其测量原理与上述相同。

电容式物位传感器主要由电极(敏感元件)和电容检测电路组成。可用于导电和非导电液体之间及二种介电常数不同的非导电液体之间的界面测量。因测量过程中电容的变化都很小,因此准确地检测电容量的大小是物位检测的关键。

5.3.3 电容式物位传感器应用举例

现以晶体管电容料位指示仪为例进行简述。

晶体管电容料位指示仪是用来监视密封料仓内导电性不良的松散物质的料位,并能对加料系统进行自动控制。在仪器的面板上装有指示灯:红灯指示"料位上限",绿灯指示"料位下限"。当红灯亮时表示料面已经达到上限,此时应停止加料;当红灯熄灭,绿灯仍然亮时,表示料面在上下限之间;当绿灯熄灭时,表示料面低于下限,这时应加料。

晶体管电容料位指示仪的原理图如图 5.3.4 所示,电容传感器是悬挂在料仓里的金属探头,利用它对大地的分布电容进行检测。在料仓中上限、下限各设有一个金属探头。整个电路由信号转换电路和控制电路两部分组成。

信号转换电路是通过阻抗平衡电桥来实现的,当 $C_2 C_4 = C_x C_3$ 时,电桥平衡。由于 $C_2 = C_3$,则调整 C_4,使 $C_4 = C_x$ 时电桥平衡,C_x 是探头对地的分布电容,它直接和料面有关,当料面增加时,C_x 值将随着增加,使电桥失去平衡,按其大小可判断料面情况。电桥电压由 VT_1 和 LC 回路组成的振荡器供电,其振荡频率约为 70 kHz,其幅值约为 250 mV。电桥平衡时,无输出信号;当料面变化引起 C_x 变化,使电桥失去平衡。电桥输出交流信号。此交流信号经 VT_2 放大后,由 VD 检波变成直流信号。

图 5.3.4　晶体管电容料位指示仪原理图

控制电路是由 VT_3 和 VT_4 组成的射极耦合触发器(史密特触发器)和它所带动的继电器 KA 组成,由信号转换电路送来的直流信号,当其幅值达到一定值后,使触发器翻转,此时,VT_4 由截止状态转换为饱和状态,使继电器 KA 吸合,其触点去控制相应的电路和指示灯,指示料面已达到某一定值。

5.4　超声波传感器及物位、厚度检测

超声波跟声音一样,是一种机械振动波,是机械振动在弹性介质中的传播过程。超声波检测是利用不同介质的不同声学特性对超声波传播的影响来探查物体和进行测量的一门技术。近三十年来超声波检测技术在工业领域中的应用,与其他无损检测的手段比较,无论从使用效果,经济价值,或适用范围来看,它都有着颇为广泛的发展前途。因此目前世界各国,尤其是在一些工业发达的国家,都对超声检测的研究和应用极为注意,它被广泛地应用在物位检测、厚度检测和金属探伤等方面。

5.4.1　超声波检测原理

1. 超声波及其波形

人耳所能听到的声波在 20 ~ 20 000 Hz 之间,频率超过 20 000 Hz,人耳不能听到的声波称

为超声波。声波的速度越高,越与光学的某些特性如反射定律、折射定律相似。

由于声源在介质中施力方向与波在介质中传播方向不同,声波的波形也不同。一般有以下几种。

（1）纵波

质点振动方向与传播方向一致的波,称为纵波。它能在固体、液体和气体中传播。

（2）横波

质点振动方向与传播方向相垂直的波,称为横波。它只能在固体中传播。

（3）表面波

质点的振动介于纵波和横波之间,沿着表面传播,振幅随着深度的增加而迅速地衰减,称为表面波。表面波只在固体的表面传播。

2. 超声波的传播速度

超声波可以在气体、液体及固体中传播,并有各自的传播速度,纵波、横波及表面波的传播速度,取决于介质的弹性常数及介质的密度。例如,在常温下空气中的声速约为 334 m/s。在水中的声速约为 1 440 m/s。而在钢铁中的声速约为 5 000 m/s。声速不仅与介质有关,而且还与介质所处的状态有关。例如理想气体的声速与热力学温度 T 的平方根成正比,对于空气来说,影响声速的主要原因是温度,与温度之间的近似关系为

$$v = 20.067 T^{\frac{1}{2}} \tag{5.4.1}$$

3. 扩散角

声波为一点源时,声波从声源向四面八方辐射,如果声源的尺寸比波长大时,则声源集中成一波束,以某一角度扩散出去,在声源的中心轴线上声压(或声强)最大,偏离中心轴线一角度时,声压减小,形成声波的主瓣(主波束),离声源近处声压交替出现最大与最小点,形成声波的副瓣。以极坐标表示角度(与传感器轴线的夹角)与声波能量的关系时,如图 5.4.1 所示。图中传感器附近的副瓣是由于声波的干涉现象形成的。θ 角称为半扩散角,如果声源为圆板形时,半扩散角的大小可用下式表示

$$\sin \theta = k \frac{\lambda}{D} \tag{5.4.2}$$

式中,λ——声波在介质中的波长;

$\quad D$——声源直径;

$\quad k$——常数,一般取 $k = 1.22$,即波束边缘声压为零时的 k 值。

4. 反射与折射

当声波从一种介质传播到另一种介质时,在两介质的分界面上,一部分能量反射回原介质的波称为反射波;另一部分则透过分界面,在另一介质内继续传播的波称为折射波,如图 5.4.2 所示。其反射与折射满足如下规律:

（1）反射定律

入射角 α 的正弦与反射角 α' 的正弦之比,等于波束之比。当入射波和反射波的波形一样时,波速一样,入射角 α 即等于反射角 α'。

（2）折射定律

入射角 α 的正弦与折射角 β 的正弦之比,等于入射波中介质的波速 v_1 与折射波中介质的

波速 v_2 之比,即

$$\frac{\sin \alpha}{\sin \beta} = \frac{v_1}{v_2} \qquad (5.4.3)$$

图 5.4.1　声波的扩散

图 5.4.2　波的反射与折射

（3）反射系数

当声波从一种介质向另一种介质传播时,因为两种介质的密度不同和声波在其中传播的速度不同,在分界面上声波会产生反射和折射,反射声强 I_R 与 入射声强 I_0 之比,称为反射系数,反射系数 R 的大小为

$$R = \frac{I_R}{I_0} = \left(\frac{Z_2 \cos \alpha - Z_1 \cos \beta}{Z_2 \cos \alpha + Z_1 \cos \beta} \right)^2 \qquad (5.4.4)$$

式中, I_R ——反射声强;

I_0 ——入射声强;

Z_1 ——第一介质的声阻抗;

Z_2 ——第二介质的声阻抗。

在声波垂直入射时, $\alpha = \beta = 0$,上式可化简为

$$R = \left(\frac{Z_2 - Z_1}{Z_2 + Z_1} \right)^2 \qquad (5.4.5)$$

若声波从水中传播到空气,在常温下它们的声阻抗约为 $Z_1 = 1.44 \times 10^6 \ \Omega$, $Z_2 = 4 \times 10^2 \ \Omega$,代入上式则得 $R = 0.999$ 。这说明当声波从液体或固体传播到气体,或相反的情况下,由于两种介质的声阻抗相差悬殊,声波几乎全部被反射。

5. 声波的衰减

声波在介质中传播时会被吸收而衰减,气体吸收最强而衰减最大,液体其次,固体吸收最小而衰减最小,因此对于一给定强度的声波,在气体中传播的距离会明显比在液体和固体中传播的距离短。另外声波在介质中传播时衰减的程度还与声波的频率有关,频率越高,声波的衰减也越大,因此超声波比其他声波在传播时的衰减更明显。

衰减的大小用衰减系数 α 表示,其单位为 dB/cm,通常用 10^{-3} dB/mm 表示。在一般探测频率上,材料的衰减系数在一到几百之间,如水及其他衰减材料的 α 为 $(1 \sim 4) \times 10^{-3}$ dB/mm。假如 α 为 1 dB/mm,则声波穿透 1 mm 距离时,衰减为 10%;穿透 20 mm 距离时,衰减为 90%。

5.4.2　超声波传感器

在超声波检测技术中主要是利用它的反射、折射、衰减等物理性质。不管哪一种超声波仪器，都必须把超声波发射出去，然后再把超声波接收回来，变换成电信号，完成这一部分工作的装置，就是超声传感器，但是在习惯上，把这个发射部分和接收部分均称为超声波换能器，有时也称为超声波探头。

超声波换能器根据其工作原理，有压电式、磁致伸缩式、电磁式等多种，在检测技术中主要是采用压电式。

压电式换能器的原理是以压电效应为基础的，关于压电效应已在第 3 章 3.3 节中讲过，这里不再赘述。作为发射超声波的换能器是利用压电材料的逆压电效应，而接收用的换能器则利用其压电效应。在实际使用中，由于压电效应的可逆性，有时将换能器作为"发射"与"接收"兼用，亦即将脉冲交流电压加到压电元件上，使其向介质发射超声波，同时又利用它作为接收元件，接收从介质中反射回来的超声波，并将反射波转换为电信号送到后面的放大器。因此压电式超声波换能器，实质上是压电式传感器。

在压电式超声换能器中，常用的压电材料有石英（SiO_2）、钛酸钡（$BaTiO_3$）、锆钛酸铅（PZT）、偏铌铅（$PbNb_2O_6$）等。

换能器由于其结构不同，可分为直探头式、斜探头式、双探头式等多种。下面以直探头式为例进行简要介绍。

直探头式换能器也称直探头或平探头，它可以发射和接收纵波。直探头主要由压电元件、阻尼块（吸收块）及保护膜组成，其基本结构原理图如图 5.4.3 所示。

压电片 1 是换能器中的主要元件，大多做成圆板形。压电片的厚度与超声波频率成反比。例如

图 5.4.3　直探头式换能器结构

1—压电片；2—保护膜；3—吸收块；4—盖；
5—绝缘柱；6—接能片；7—导线螺杆；
8—接线片；9—压电片座；10—外壳

锆钛酸的频率厚度常数为 1 890 kHz/mm，压电片的厚度为 1 mm 时，固有振动频率为 1.89 MHz。压电片的直径与扩散角成反比。压电片的两面敷有银层，作为导电的极板，压电片的底面接地线，上面接导线引至电路中。

为了避免压电片与被测体直接接触而磨损压电片，在压电片下黏合一层保护膜 2。保护膜有软性保护膜和硬性保护膜两种。软性的可用薄塑料（厚约 0.3 mm），它与表面粗糙的工件接触较好。硬性的可用不透钢或陶瓷片，保护膜的厚度为二分之一波长的整倍数时（在保护膜中波长），声波穿透率最大；厚度为四分之一波长的奇数倍时，穿透率最小。保护膜材料性质要注意声阻抗的匹配，设保护膜的声阻抗为 Z，晶体的声阻抗为 Z_1，被测工件的声阻抗为 Z_2，则最佳条件为 $Z=(Z_1Z_2)^{1/2}$。压电片与保护膜黏合后，谐振频率将降低。阻抗块又称吸收块（图 5.4.3 中的零件 3），它能够降低压电片的机械品质因数 Q，吸收声能量。如果没有阻尼块，电振荡脉冲停止时，压电片因惯性作用，仍继续振动，加长了超声波的脉冲宽度，使盲区

扩大,分辨力差。当吸收块的声阻抗等于晶体的声阻抗时,效果最佳。

5.4.3 超声波传感器测物位

超声物位传感器根据使用特点可分为定点式物位计和连续式物位计两大类。

定点式物位计用来测量被测物位是否达到预定高度(通常是安装测量探头的位置),并发出相应的开关信号。根据不同的工作原理及换能器结构,可以分别用来测量液位、固体料位、固-液分界面、液-液分界面以及检测液体的有无。其特点是简单可靠、使用方便、适用范围广,广泛应用于化工、石油、食品及医药等工业部门。

连续指示式物位计大都采用回波测距法(即声呐法)连续测量液位、固体料位或液-液分界面位置。根据不同应用场合所使用的传声介质不同,又可分为液体、气体和固体介质导波式三种。

1. 超声式物位传感器的特点

超声式物位传感器具有以下几个特点:

① 能定点及连续测量物位,并提供遥控信号。

② 无机械可动部分,安装维修方便,换能器压电体振动振幅很小,寿命长。

③ 能实现非接触测量,适用于有毒、高黏度及密封容器内的液位测量。

④ 能实现安全火花型防爆。

2. 定点式超声物位计

常用的有声阻式、液介穿透式和气介穿透式三种。

(1) 声阻式液位计

如图 5.4.4 所示,声阻式液位计利用气体和液体对超声振动的阻尼有显著差别这一特性来判断测量对象是液体还是气体,从而测定是否到达检测探头的安装高度。

图 5.4.4 声阻式液位计原理

由于气体对压电陶瓷前面的不锈钢辐射面振动的阻尼小,压电陶瓷振幅较大,足够大的正反馈使放大器处于振荡状态。当不锈钢辐射面和液体接触时,由于液体的阻尼较大,压电陶瓷 Q 值降低,反馈量减小,导致振荡停止,消耗电流增大。根据换能器消耗电流的大小判断被测液面是否上升到辐射面高度,使控制器内继电器动作,发出相应控制信号,工作频率约为 40 kHz。

声阻式液位计结构简单,使用方便。换能器上有螺纹,使用时可从容器顶部将换能器安装在预定高度即可。它适用于化工石油食品等工业中各种液面的测量,也用于检测管道中有无液体存在,重复性可达 1 mm。该传感器不适用于黏滞液体。因有部分液体黏附在换能器上,不随液面下降而消失,故而容易误动作。同时也不适用于溶有气体的液体。避免气泡附在换能器上而形成辐射面上的一层空气隙,减小了液体对换能器的阻尼,并导致误动作。

（2）液介穿透式超声液位计

液介穿透式超声液位计的工作原理是利用超声换能器在液体中和气体中发射系数的显著差别来判断被测液面是否到达换能器安装高度。其结构如图 5.4.5 所示。由相隔一定距离平行放置的发射压电陶瓷与接收压电陶瓷组成。它被封装在不锈钢外壳中或用环氧树脂铸成一体。在发射与接收陶瓷片之间留有一定间隙（12 mm）。控制器内有放大器及继电器驱动线路,发射压电体和接收压电体分别被接到放大器的输出端和输入端。当间隙内充满液体时,由于固体与液体的声阻抗率接近,超声波穿透时界面损耗较小,从发射到接收,使放大器由于声反馈而连续振荡。当间隙内是气体时,由于固体与气体声阻抗率差别极大,在固、气分界面上声波穿透时的衰减极大,所以声反馈中断,振荡停止。可根据放大器振荡与否来判断换能器间隙是空气还是液体,从而判断液面是否到达预定高度,继电器发出相应信号。该液位计结构简单,不受被测介质物理性质的影响,工作安全可靠。

图 5.4.5　液介穿透式超声液位计

（3）气介穿透式超声物位计

发射换能器中压电陶瓷和放大器接成正反馈振荡回路,振荡在发射换能器的谐振频率上。接收换能器同发射换能器采用相同的结构,使用时,将两换能器相对安装在预定高度的一直线上,使其声路保持畅通。当被测料位升高遮断声路时,接收换能器收不到超声波,控制器内继电器动作,发出相应的控制信号。

由于超声波在空气中传播,故频率选择得较低（20～40 kHz）。这种物位计适用于粉状、颗粒状、块状或其他固体料位的极限位置发出信号。结构简单,安全可靠,不受被测介质物理性质的影响,适用范围广。如可用于比重小、介电率小、电容式物位计难以测量的塑料粉末、羽兽毛等的物位测量。

3. 连续式超声物位计

（1）液介超声液位计

此液位计是以被测液体为导声介质，利用回波测距方法来测量液面高度。装置由超声换能器和电子装置组成，用高频电缆连接如图 5.4.6 所示。时钟定时触发发射电路发出电脉冲，激励换能器发射超声脉冲。脉冲穿过外壳和容器壁进入被测液体，在被测液体表面上反射回来，再由换能器转换成电信号送回电子装置。液面高度 H 与液体中声速 v 及被测液体中来回传播时间 Δt 成正比

$$H = \frac{1}{2}v\Delta t \qquad (5.4.6)$$

图 5.4.6　液介超声液位计

若计数振荡器的频率为 f_0，则上式可表示为

$$H = \frac{nv}{2f_0} \qquad (5.4.7)$$

式中，n——计数器的显示数，n 值与液面高度成比例。

这种液面计适用于测量如油罐，液化石油气罐之类容器的液位。具有安装使用方便、可多点检测、精确度高、直接用数字显示液面高度等优点。同时存在着当被测介质温度、成分经常变动时，由于声速随之变化，测量精度较低。

（2）气介超声物位计

它以被测介质上方的气体为导声介质，利用回波测距测量物位。原理与液介相似。

利用被测介质上方的气体导声，被测介质不受限制，可测量有悬浮物的液体、高黏度液体与粉体、块体等，使用维护方便。除了能测各种密封、敞开容器中的液位外，还以用于测塑料粉粒、沙子、煤、矿石、岩石等固体料位，以及测沥青、焦油等黏糊液体及纸浆等介质料位。

5.4.4　超声波传感器测厚度

用超声波测量金属零件、钢管等的厚度，具有测量精度高、测试仪器轻便、操作安全简单、易于读数或实现连续自动检测等一些优点。但是对于声衰减很大的材料，以及表面凹凸不平或形状很不规格的零件，超声波法测厚较困难。

超声波法测厚常用脉冲回波法。测厚的原理如图 5.4.7 所示，主控制器产生一定重复频率的脉冲信号，送往发射电路，经电流放大激励压电式探头，以产生重复的超声脉冲，并耦合到被测工件中，脉冲波传到工件另一面被反射回来，被同一探头接收，如果超声波在工件中的声速 v 是已知的，设工件厚度为 d，脉冲波从发射到接收的时间间隔 t 可以测量，因此可求出工件的厚度为

$$d = \frac{1}{2}vt \qquad (5.4.8)$$

图 5.4.7　脉冲回波法测厚方框图

为测量时间间隔 t,可用图 5.4.7 所示的方法,将发射和回波反射脉冲加至示波器垂直偏转板上,标记发生器输出已知时间间隔的脉冲,也加在示波器垂直偏转板上,线性扫描电压加在水平偏转板上。因此可以从显示器上直接观察发射和回波反射脉冲,并求出时间间隔 t。当然也可用稳频晶振产生的时间标准信号来测量时间间隔 t,从而做成厚度数字显示仪表。

图 5.4.8 所示为 TM250 超声波测厚仪,该仪器是根据超声波脉冲反射原理而研制的新型智能化测厚仪。该仪器采用单片微处理器来进行非线性校准和自动零位校准,在功能和技术性能方面比一般超声波测厚仪有较大突破,因而应用范围广泛,使用方便,测量更准确,专为厚度检验方面的应用而设计的上、下限报警功能将给使用者带来更大的便利。对于能传播超声波的材料均可以测

图 5.4.8　TM250 超声波测厚仪

厚,如金属、陶瓷、塑料、玻璃等。对于表面腐蚀粗糙的被测件,也有较强的探测能力。表 5.4.1 列出了几种超声波测厚仪的主要性能。

表 5.4.1　列出几种超声波测厚仪主要性能

性能 \ 型号	CCH-J-1	UTM₁₁₀(日本)	T₁(日本)
测量方法	脉冲回波法	脉冲回波法	脉冲回波法
测量范围/mm	4 ~ 40	1.2 ~ 200	1 ~ 100
测量精度/mm	± 0.25 mm	±(测量值×1% +0.1 mm)	±0.1 mm
声速设定范围/(m/s)	—	1 000 ~ 9 999 m/s	2 500 ~ 6 500 m/s
测量频率	重复频率(8 ± 1) kHz ≤0.4 μs	5 MHz	—

续表

性能 \ 型号	CCH-J-1	UTM₁₁₀（日本）	T₁（日本）
电源	12 V 电池组及 9 V 电池组	1.5 V 干碱电池单三型	可充电式 Ni-Cd 电池单三型 1.2 V/450 mA·h×4
外形尺寸	—	主体 26 mm×63 mm×110 mm	47 mm×80 mm×150 mm
重量	—	主体 250 g，探头 45 g	380 g（带电池）

5.5 核辐射物位与厚度检测

核辐射传感器是根据被测物质对射线的吸收、反散射或射线对被测物质的电离激发作用而进行工作的，核辐射传感器是核辐射式检测仪表的重要组成部分，它是利用放射性同位素来进行测量的。

核辐射一般由放射源、探测器以及电信号转换电路所组成。它可以检测厚度、液位、物位等参数。随着核辐射技术的发展，核辐射传感器的应用越来越广泛。

5.5.1 放射源和探测器

放射源和探测器是核辐射传感器的重要组成部分。放射源是由放射性同位素所组成。探测器即核辐射检测器，它可以探测出射线的强弱及变化。

1. 射线的种类及衰变规律

（1）放射性同位素

各种物质都是由一些最基本的物质所组成。人们把这些最基本的物质称为元素，如碳、氢、氧等。组成每种元素的最基本单元就是原子。凡原子序数相同而原子质量不同的元素，在元素周期表中占同一位置，这种元素称为同位素。同位素一般用式子 $_Z^A X$ 表示，其中 X 表示元素符号，Z 表示原子序数，A 为原子质量数，它等于原子和中子的总和。

原子如果不是由于外界的原因，而是自发的发生核结构的变化，则称为核衰变，具有这种核衰变性质的同位素称做放射性同位素。

放射性同位素的核衰变，是原子核的"本征"特性，根据实验可得放射性同位素的基本规律为

$$I = I_0 e^{-\lambda t} \tag{5.5.1}$$

式中，I_0——开始时（$t=0$）的放射源强度；

I——经过时间 t 秒后的放射源强度；

λ——放射性衰变常数。

式(5.5.1)表明,放射性元素的放射源强度,是按照指数规律随时间减少的,元素衰减的速度决定于 λ 的量值,λ 越大则衰变越快。

(2)核辐射的种类及性质

放射性同位素在衰变过程中放出一种特殊的、带有一定能量的粒子或射线,这种现象称为放射性或核辐射,根据其性质的不同,放出的粒子或射线有 α 粒子、β 粒子、γ 射线等。

① α 粒子

α 粒子一般具有 4 ~ 10 MeV 能量。用 α 粒子来使气体电离比用其他辐射强得多,因此在检测中,α 辐射主要用于气体分析,用来测量气体压力、流量等参数。

② β 粒子

β 粒子实际上是高速运动的电子,它在气体中的射程可达 20 m,在自动检测仪表中,主要是根据 β 辐射吸收来测量材料的厚度、密度或重量;根据辐射的反散射来测量覆盖层的厚度,利用 β 粒子很大的电离能力来测量气体流。

③ γ 射线

γ 射线是一种从原子核内发射出来的电磁辐射,它在物质中的穿透能力比较强,在气体中的射程为数百米,能穿过几十厘米厚的固体物质。它广泛应用在各种检测仪表中,特别是需要辐射、穿透力强的,如金属探伤、厚度检测以及物体密度检测等。

2. 射线与物质的相互作用

核辐射与物质的相互作用是探测带电粒子或射线存在与否及其强弱的基础,也是设计和研究放射性检测与防护的基础。

(1)带电粒子和物质的相互作用

具有一定能量的带电粒子如 α 粒子、β 粒子在它们穿过物质时,由于电离作用,在它们路径上生成许多离子对,所以常称 α 和 β 粒子为电离性辐射。电离作用是带电粒子与物质相互作用的主要形式,一个粒子在每厘米路径上生成离子对数目称为比电离,带电粒子在物质中穿行,其能量逐渐耗尽而停止,其穿行的一段直线距离称为粒子的射程。

α 粒子质量数较高,电荷量也较大,因而它在物质中引起很强的比电离,射程较短。

β 粒子的能量是连续的,质量很轻,运动速度比 α 粒子快得多,由于 β 粒子的质量小,其比电离远小于同样能量的 α 粒子的比电离,同时容易散射和改变运动方向。

β 和 γ 射线比 α 射线的穿透能力强,当它们穿过物质时,由于物质的吸收作用,而损失一部分能量,辐射在穿过物质层后,其通量强度按指数规律衰减,可表示为

$$I = I_0 e^{-\mu h} \tag{5.5.2}$$

式中,I_0——入射到吸收体的辐射通量的强度;

I——穿过厚度为 h(单位为 cm)吸收层后的辐射通量强度;

μ——线性吸收系数。

实验证明,比值 μ/ρ(ρ 是密度)几乎与吸收体的化学成分无关,这个比值称为质量吸收系数,常用 μ_p 表示,此时式(5.5.2)可改写成

$$I = I_0 e^{-\mu_p \rho h} \tag{5.5.3}$$

上式为核辐射检测的理论基础。

(2)γ 射线和物质的相互作用

γ 射线通过物质后的强度将逐渐减弱。γ 射线与物质作用主要是光电效应、康普顿效应和电子对效应三种。γ 射线在通过物质时,γ 光子不断被吸收,强度也是按指数下降,仍然服从式(5.5.3)。这里的吸收系数 μ 是上述三种效应的结果,故可用下式表示

$$\mu = \tau + \sigma + k \tag{5.5.4}$$

式中,τ——光电吸收系数;

σ——康普顿散射吸收系数;

k——电子对生成吸收系数。

设质量厚度 $\lambda = \rho h$,则式(5.5.3)可写成

$$I = I_0 e^{-\mu_\rho \lambda} \tag{5.5.5}$$

不同物质对同一能量光子的质量吸收系数 μ_ρ 可视为大致相同的,特别在较轻的元素和光子能量在 0.5 ~ 2 MeV 范围内更是这样。因为在这种情况下,起主要作用的是康普顿效应。其概率只与物质的电子数有关,而能量相同质量不同的物质,它们的电子数目大致是相同的,所以质量吸收系数 μ_ρ 也大致相同。

3. 常用探测器

探测器就是核辐射的接收器,它是核辐射传感器的重要组成部分。其用途就是将核辐射信号转换成电信号,从而探测出射线的强弱和变化,在现有的核辐射检测中,用于检测仪表上的主要有电离室、闪烁计数器和盖格计数等。下面以电离室、闪烁计数器为例加以介绍。

（1）电离室

电离室是一种基本上以气体为介质的射线探测器,它可以用来探测 α 粒子、β 粒子和 γ 射线,它能把这些带电粒子或射线的能量转化为电信号。电离室具有坚固、稳定、寿命长、成本低等特点,但输出电流小。

图 5.5.1 所示为电离室基本工作原理示意图,它是在空气中设置一个平行极板电容器,加上几百伏的极化电压,使在电容器的极板间产生电场,这时,如果有核辐射照射极板之间的空气,则核辐射将电离空气分子而使其产生正离子和电子,它在极化电压的作用下,正离子趋向负极,而电子趋向正极,于是便产生了电流,这种由于核辐射线引起的电流就是电离电流,电离电流在外电路的电阻 R 上形成电压降,这样利用核辐射的电离性质,就可以从外电路 R 上的电压降来衡量核辐射中的粒子数目和能量,辐射强度越大,产生正离子和电子越多,电离电流越大,R 上的压降也越大,通过一定的设计和对电离室配置以恰当的电压,就能使辐射强度与 R 上的电压降成正比。这就是电离室的基本工作原理。

电离室的结构有各种不同类型,现以圆筒形电离室为例来说明其结构,如图 5.5.2 所示。图中 1 和 2 分别为收集极和高压极,收集极必须良好地绝缘,如果绝缘不良,极微小的电离电流就要漏掉,就可能测不到信号,在收集极和高压极之间配有保护环,保护环与收集极和高压极之间是绝缘的,保护环要接地,这是为了使高压不致漏到收集极去干扰有用信号。

电离室除了空气式外,还有密封充气的,一般充 Ar 等惰性气体,气压可稍大于大气压,这有助于增大电离电流,同时密封可以维护内部气压的恒定,减少受外界气压波动而带来的影响,电离室的入射窗口通常用铝箔或其他塑料薄膜,它的密度要尽可能小,以减小射线入射时在上面造成的能量损失,同时又要有足够的强度,以承受内部的气压。

图 5.5.1　电离室基本工作原理示意图

图 5.5.2　圆筒形电离室结构示意图
1—收集极；2—高压极；3—保护环；
4—镀铝薄膜；5—绝缘物；6—外壳

电离室的结构必须非常牢固,尤其是电极结构更要牢固,否则会由于周围的振动引起信号的波动而无法测量。

由于 α 粒子、β 粒子、γ 射线性质各不相同,能量也不一样,所以用来探测的电离室也互不相同,不能互相通用。

（2）闪烁计数器

闪烁计数器先将辐射能变为光能,然后再将光能变为电能而进行探测,它不仅能探测 γ 射线,而且能探测各种带电和不带电的粒子,不仅能探测它们的存在,且能鉴别其能量的大小,闪烁计数器与电离室相比,具有效率高及分辨时间短等特点,广泛地应用于各种检测仪表中。

闪烁计数器由闪烁体、光电倍增管和输出电路所组成,如图 5.5.3 所示。

图 5.5.3　闪烁计数器示意图

闪烁体是一种受激发光物质,可分为无机和有机两大类,其形状有固态、液态、气态三种,无机闪烁体的特点是:对入射粒子的阻止本领大,发光效率也大,因此有很高的探测效率。例如,碘化钠（铊激活）用来探测 γ 射线的效率就很高,约 20% ~ 30%。有机闪烁体特点是:发光时间很短,只有用分辨性能高的光电倍增管相配合,才能获得 10^{-10} s 的分辨时间,而且容易制成比较大的体积,常用的有液体有机闪烁体,塑料闪烁体和气体闪烁体等。在探测 β 粒子时,常用这种有机闪烁体。

当核辐射进入闪烁体时,闪烁体的原子受激发光,光透过闪烁体射到光电倍增管的光阴极上打出光电子,经过倍增,在阳极上形成电流脉冲,最后可用电子仪器记录下来,这就是闪烁计数器记录粒子的基本过程。

由于发射电子通过闪烁体时,会有一部分被吸收和散射,因此,要求闪烁体的发射光谱和吸收光谱的重合部分尽量要小,装置也要有利于光子的吸收,光阴极上打出电子的效率与入射光子的波长有关,所以必须选择闪烁体发光的光谱范围,使其能够很好地配合光阴极的光谱响应。

要使闪烁体发出的荧光尽可能地收集到光阴极上去,除了对闪烁体本身的要求(如光学性质均匀等)外,还要求各方面的光子通过有效的漫反射,把光子集中到光阴极上,碘化钠晶体除一面与光阴极接触外,周围全部用氧化镁粉敷上一层,为减少晶体和光阴极之间产生全反射,常用折射率较大的透明媒质作为晶体与光电倍增管的接触媒质,为了更有效地将光导入光阴极,常在闪烁体和光阴极之间接入一定形状的光导,有机玻璃等为常用的光导材料。

5.5.2　测量电路

核辐射传感器测量电路的种类很多,并随着所用探测器的不同而不同,但不管对哪一种结构的探测器,前置放大电路都是必不可少的。其性能的好坏对仪表的影响很大。常用的测量电路有电离室前置放大电路和闪烁计数器的前置放大电路,现以电离室前置放大电路为例进行讲述。

一个电离粒子每损失 1 MeV 的能量,约产生 3 万个电子或 5×10^{-15} C 电荷。当电离室的积分电容取 20 pF 典型数值时,其脉冲幅度也只有 0.25 mV/MeV,因此所得脉冲必须放大,放大电路中系统的噪声,限制了仪表的分辨率及灵敏度。

一般情况下,放大过程由低噪声前置放大器和主放大器两部分承担。而低噪声前置放大器是基本输入电路。图 5.5.4 所示给出了两种典型前置放大电路,增益为 A 的差分放大器有一个倒相输入端(-)和一个不倒相输入端(+)。

图 5.5.4　前置放大器的电路图

从图 5.5.4(a)可以看出,电容 C 两端的电压脉冲被放大。C 代表电离室输出端的总电容,它等于电离室电容,即从电离室到前置放大器输入的电缆电容及前置放大器输入电容的总和。分压器 R_1 及 R_2 组成反馈回路,当 $R_2\ll R_1$ 和 $AR_2\gg R_1$ 时,使增益稳定在近似 R_1/R_2 值上。脉冲形状一方面由电离室几何形状决定,另一方面由输入网络的时间常数 RC 所决定。前置放大器的输入阻抗包括在 R 内。通常选择 $\tau_e\gg t_e$(电子收集时间),同时在主放大器的第一级进行微分,因为这样可以得到比较好的信号噪声比。

由于回路增益较高,这类前置放大器的电压增益能保持恒定,并与元件的寿命无关。但是由于最后还是要从总的脉冲电荷 Q 来得知能量信息,而电压脉冲幅度又由 Q/C 决定,所以系统增益的稳定性最终还要依赖于电容 C 的稳定性。在电离室中,从结构上讲电容是不变化的,除非发生撞击或是振动。如果采用图 5.5.4(b) 所示的电路,可以避免这种影响。电路中加一个反馈电容,这时前置放大器就变成电荷灵敏型前置放大器,具有反馈电容 C_f 的电荷灵敏放大器,其输出脉冲幅度为 Q/C_f。当回路增益很高即 $A \to \infty$ 时,系统增益的稳定性不依赖于 C。

5.5.3 核辐射厚度计

图 5.5.5 所示为核辐射厚度计方框图。辐射源在容器内以一定的立体角放出射线,其强度在设计时已选定,当射线穿过被测体后,辐射强度被探测器接收。在 β 辐射厚度计中,探测器常用电离室,根据电离室的工作原理,这时电离室就输出一电流,其大小与进入电离室的辐射强度成正比。前面已指出,核辐射的衰减规律为 $I = I_0 e^{-\mu x}$,从测得的 I 值可获得质量厚度 x,也就可得到厚度 h 的大小。在实际的 β 辐射厚度中,常用已知厚度 h 的标准片对仪器进行标定,在测量时,可根据校正曲线指示出被测体的厚度。

图 5.5.5　核辐射厚度计原理方框图

测量线路常用振动电容器调制的高输入阻抗静电放大器。用振动电容器是把直流调制成交流,并维护高输入阻抗,这样可以解决漂移问题。有的测量线路采用变容二极管调制器来代替静电放大器。

5.5.4 核辐射液位计

图 5.5.6 所示是核辐射液位计的原理图。它是一种基于物质对射线的吸收程度的变化而对液位进行测量的物位计。当液面变化时,液体对射线的吸收也改变,从而就可以用探测器的输出信号的大小来表示液位的高低。

图 5.5.6　核辐射液位计原理图

5.6　电涡流传感器及厚度检测

电涡流传感器是基于电涡流效应原理制成的传感器。涡流传感器不但具有测量范围大、灵敏度高、抗干扰能力强、不受油污等介质的影响、结构简单、安装方便等特点,而且还具有非接触测量的优点,因此可广泛应用于工业生产和科学研究的各个领域。近几年来,以测量位移、振幅、厚度等参数的电涡流传感器,在国内外各个生产和科研部门已广泛受到重视和应用,本节着重介绍电涡流传感器的工作原理及厚度检测方法。

5.6.1　涡流效应

金属导体置于变化着的磁场中,导体内就会产生感应电流,这种电流像水中漩涡那样在导体内转圈,所以称之为电涡流或涡流。这种现象就称为涡流效应。电涡流的产生必然要消耗一部分磁场能量,从而使产生磁场的线圈阻抗发生变化,要形成涡流必须具备下列两个条件:

① 存在交变磁场。

② 导电体处于交变磁场中。

因此,涡流式传感器主要由产生交变磁场的通电线圈和置于线圈附近处于交变磁场中的金属导体两部分组成。金属导体也可以是被测对象本身。

涡流的大小与金属导体的电阻率 ρ、磁导率 μ、厚度 h 以及线圈与金属体的距离 x、线圈的励磁电流角频率 ω 等参数有关。固定其中若干参数,就能按涡流大小测量出另外一些参数,从而做成位移、振幅、厚度等传感器。

涡流传感器在金属导体上产生的涡流,其渗透深度是与传感器线圈励磁电流的频率有关,所以涡流传感器主要可分为高频反射式和低频透射式两类。

5.6.2 高频反射式涡流传感器

1. 工作原理

高频反射式涡流传感器的工作原理如图 5.6.1 所示,如果把一个半径为 r 的线圈置于一块电阻率为 ρ、磁导率为 μ、厚度为 h、温度为 T 的金属板附近,当线圈中通以正弦交变电流时,线圈的周围空间就产生了正弦交变磁场 H_1,处于此交变磁场中的金属导体内就会产生涡流,此涡流也将产生交变磁场 H_2,H_2 的方向与 H_1 的方向相反。由于交变磁场 H_2 的作用,涡流要消耗一部分能量,从而使产生磁场的线圈阻抗发生变化。

由物理学原理可知,线圈阻抗发生的变化不仅与电涡流效应有关,而且与静磁学效应有关,即与金属导体的电阻率 ρ、磁导率 μ、励磁频率 f 以及传感器与被测导体间的距离 x 有关,可用如下函数表示

$$Z = F(\rho, \mu, x, f) \tag{5.6.1}$$

当金属导体的电阻率 ρ、磁导率 μ、励磁频率 f 保持不变时,上式可写成

$$Z = F(x) \tag{5.6.2}$$

由此可见,当传感器与被测导体间的距离 x 发生变化时,通过测量电路,可将 Z 的变化转换为电压 U 的变化,这样就达到了把位移(或振幅)转换为电量的目的。

输出电压 U 与位移 x 间的关系曲线如图 5.6.2 所示,在中间一般呈线性关系,其范围为平面线圈外径的 $1/5 \sim 1/3$(线性误差为 $3\% \sim 4\%$)。传感器的灵敏度与线圈的形状和大小有关。线圈的形式最好是尽可能窄而扁平,当线圈的直径增大时,线性范围也相应增大,但灵敏度相应降低。

图 5.6.1　高频反射式涡流传感器的关系曲线　　图 5.6.2　输出电压 U 与位移 x 间的工作原理

2. 结构形式

高频反射式涡流传感器的结构很简单,主要是一个安装在框架上的线圈,线圈可以绕成一个扁平圆形,粘贴在框架上,也可以在框架上开一个槽,导线绕制在槽内而形成一个线圈,线圈的导线一般采用高强度漆包铜线,如要求高一些,可用银或银合金线,在较高温度的条件下,需用高温漆包线。

图 5.6.3 所示为 CZF1 型涡流传感器的结构图,它是采用把导线绕制在框架上形成的,框架采用聚四氟乙烯,CZF1 型涡流传感器的性能如表 5.6.1 所示。

图 5.6.3 CZF1 型涡流传感器的结构图

1—线圈;2—框架;3—框架衬套;4—支架;5—电缆;6—插头

表 5.6.1 CZF1 型涡流传感器的性能

型号	线性范围/μm	线圈外径/mm	分辨率 /μm	线性误差	使用温度范围/℃
CZF1-1000	1 000	7	1	<3%	-15 ~ +80
CZF1-3000	3 000	15	3	<3%	-15 ~ +80
CZF1-5000	5 000	28	5	<3%	-15 ~ +80

应该指出,由于这种传感器的线圈与被测金属之间是磁性耦合的,并利用这种耦合程度的变化作为测试值,所以作为传感器的线圈装置仅为"实际传感器的一半",而另一半是被测体,无论是被测体的物理性质,还是它的尺寸和形状都与测量装置的特性有关。所以,在电涡流式传感器的设计和使用中,必须同时考虑被测物体的物理性质和几何形状及尺寸。

3. 测量电路

由工作原理可知,被测参数的变化可以转化为传感器线圈阻抗 Z 的变化。转换电路的作用是把线圈阻抗 Z 的变化转换为电压或电流的输出。

(1)电桥电路

电桥电路的原理如图 5.6.4 所示,图中 A、B 为传感器线圈,它们与 C_1、C_2,电阻 R_1、R_2 组成电桥的四个臂。电桥电路的电源由振荡器供给,振荡频率根据涡流式传感器的需要选择,当传感器线圈的阻抗变化时,电桥失去平衡。电桥的不平衡输出经线性放大和检波,就可以得到与被测量(距离)成比例的电压输出。这种方法电路简单,主要用在差分式电涡流传感器中。

图 5.6.4 电桥法原理图

(2)谐振幅值电路

谐振幅值电路是把传感器线圈与电容并联组成

LC 并联谐振回路。并联谐振回路的谐振频率为

$$f_0 = \frac{1}{2\pi\sqrt{LC}} \tag{5.6.3}$$

谐振时回路的等效阻抗最大,为

$$Z_0 = \frac{1}{R'C} \tag{5.6.4}$$

式中,R'——回路的等效损耗电阻。

当电感 L 发生变化时,回路的等效阻抗和谐振频率将随着 L 的变化而变化,由此可以利用测量回路阻抗的方法间接反映出传感器的被测值,即所谓的调幅法。图 5.6.5(a)所示是调幅法的原理图。传感器线圈与电容组成 LC 并联谐振回路。它由石英振荡器输出的高频信号激励,它的输出电压为

$$u = i_0 F(Z) \tag{5.6.5}$$

式中,i_0——高频激励电流;

　　Z——LC 回路的阻抗。

由图 5.6.5 和式(5.6.5)可知,Z 越大则输出电压 u 越大。

(a) 原理图 (b) 谐振曲线

(c) 特性曲线

图 5.6.5　调幅线路原理图和特性曲线

当传感器远离被测导体时,调整 LC 回路使其谐振频率等于激励振荡器的振荡频率。当传感器接近被测导体时,线圈的等效电感发生变化,致使回路失谐而偏离激励频率,回路的谐振峰将向左右移动,如图 5.6.5(b)所示。若被测导体为非磁性材料,传感器线圈的等效电感

减小,回路的谐振频率提高,谐振峰右移,回路所呈现的阻抗减小为 Z_1' 或 Z_2',输出电压就将由 u 降为 u_1' 或 u_2'。当被测导体为磁性材料时,由于磁路的等效磁导率增大使传感器线圈的等效电感增大,回路的谐振频率降低,谐振峰左移。阻抗和输出电压分别减小为 Z_1 或 Z_2 和 u_1 或 u_2。因此,可以由输出电压的变化来表示传感器与被测导体间距离的变化,如图 5.6.5(c) 所示。

图 5.6.5(a) 所示的电阻 R 是用来降低传感器对振荡器工作状态的影响,它的数值大小又与测量电路的灵敏度有关,阻值的选择应综合考虑。

4. 利用高频反射式涡流传感器测量厚度应用举例

涡流传感器可无接触地测量金属板厚度和非金属板的镀层厚度,如图 5.6.6(a) 所示,当金属板的厚度变化时,传感器与金属板间距离改变,从而引起输出电压的变化,由于在工作过程中金属板会上下波动,这将影响其测量精度,因此常用比较的方法测量,在板的上下各安装一涡流传感器如图 5.6.6(b) 所示,其距离为 D,而它们与板的上下表面分别相距为 d_1 和 d_2,这样板厚 h 为

$$h = D - (d_1 + d_2) \tag{5.6.6}$$

(a)　　　　　　　(b)

图 5.6.6　厚度检测

当两个传感器在工作时分别测得 d_1 和 d_2,转换成电压值后送加法器,相加后的电压值再与两传感器间距离 D 相应的设定电压相减,则就得到与板厚相对应的电压值。

5.6.3　低频透射式涡流传感器

1. 低频透射式涡流传感器测厚原理

低频透射式涡流传感器工作原理如图 5.6.7 所示,图中的发射线圈 L_1 和接收线圈 L_2 是两个绕于胶木棒上的线圈,分别位于被测材料 M 的上、下方。由振荡器产生的音频电压 u 加到 L_1 的两端后,线圈中即流过一个同频率的交流电流,并在其周围产生一交变磁场。下面分两种情况进行讨论。

(1) 两线圈之间不存在被测材料 M

如果两线圈之间不存在被测材料 M,L_1 的磁场就能直接贯穿 L_2,于是 L_2 的两端会感生出一交变电动势 E。E 的大小与 u 的幅值、频率以及 L_1 和 L_2 圈数、结构和两者间的相对位置有关。如果这些参数都确定不变,那么 E 就是一个恒定值。

(2) 两线圈之间存在被测材料 M

如果在 L_1 和 L_2 之间放置一金属板 M 后,情况就不同了,L_1 产生的磁感应线必然切割 M(M 可以看作一匝短路线圈),并在其中产生涡流 i。这个涡流损耗了部分磁场能量,使到达 L_2

的磁感线减少,从而引起 E 的下降。M 的厚度 h 越大,涡流损耗也越大,E 就越小。由此可知,E 的大小间接反映了 M 的厚度 h,这就是低频透射式涡流传感器测厚原理。

2. 低频透射式涡流传感器测厚应注意的问题

① 实际上,M 中的涡流 i 的大小不仅取决于 h,且与金属板 M 的电阻率 ρ 有关。而 ρ 又与金属材料的化学成分和物理状态(特别是与温度)有关,于是引起相应的测试误差,并限制了这种传感器的测厚范围。但是,可以取样对不同化学成分的材料分别进行校正,以及要求被测材料温度恒定等办法补救。

② 为了使交变电动势 E 与厚度 h 得到较好的线性关系,即使传感器具有较宽的测量范围,应选用较低的测试频率 f,通常选 1 kHz。但这时灵敏度较低。不同频率下对同一种材料的 $E=f(h)$ 的关系曲线如图 5.6.8 所示。

图 5.6.7　低频透射式涡流传感器原理图　　　图 5.6.8　线圈感应电动势与厚度关系曲线

③ 对于一定的测试频率 f,当被测材料的电阻率 ρ 不同时,引起了 $E=f(t)$ 曲线形状的变化。为使测量不同 ρ 的材料时所得曲线形状相近,就需在 ρ 变动时同时改变 f,即测 ρ 较小的材料(如紫铜)时,选用较低的 $f(500\ \text{Hz})$,而测 ρ 较大的材料(如黄铜、铝)时,则选用较高的 $f(2\ \text{kHz})$,从而保证传感器在测量不同材料时的线性度和灵敏度。

 思考题与习题

1. 什么是物位?为什么要进行物位测量?物位测量的特点是什么?

2. 浮力式液位传感器的工作原理是什么?有什么特点?影响其精度的主要原因是什么?

3. 超声波物位计和超声波厚度计各有什么特点?

4. 电涡流测厚度的原理是什么?具有哪些特点?

5. 习题图 5.1 是电容式液位计示意图。内圆管的外径为 10 mm,外圆管的内径为 20 mm,管的高度为 $h_1=3$ m,$h_0=0.5$ m,被测介质为油,它的 $\varepsilon_r=23$,电容器总电容量为 400 pF,求液位。若容器的直径为 3 m,油的密度为 0.8 t/m^3,求容器内油的重量。

习题图 5.1　电容式液位计示意图

6. 在下述检测液位的仪表中,受被测液位密度影响的有哪几种? 并说出原因:

(1) 玻璃液位计;

(2) 浮力式液位计;

(3) 差压式液位计;

(4) 电容式液位计;

(5) 超声波液位计;

(6) 射线式液位计。

第**6**章

位移检测

位移是机械量中最重要的参数,对该参数的检测不仅为机械加工、机械设计、安全生产以及提高产品质量提供了重要数据,同时也为其他参数检测,如转子测流量、浮子测液位等提供了基础。

位移可分为线位移和角位移。线位移是指物体沿某一直线移动的距离,一般称线位移的检测为长度检测。角位移是指物体绕着某一点转动的角度,一般称角位移的检测为角度检测。根据位移检测范围变化的大小,可分为:微小位移检测、小位移检测和大位移检测。根据传感器的转换结果,可分为两类:一类是将位移量转换为模拟量,如自感式位移传感器、差分变压器式位移传感器、电涡流传感器、电容传感器、霍尔传感器等;另一类是将位移量转换成数字量,如光栅式位移传感器、光电码盘、感应同步器、磁栅等。

本章仅对目前应用最广的自感式位移计、差分变压器式位移计、电位器式位移计、感应同步器、光栅、光电码盘、电涡流位移计、电容式位移计、激光干涉测长等的原理、结构、特性及应用作简要讲述。

6.1 电感式传感器与位移检测

将被测量转换成电感(或互感)变化的传感器,称为电感式传感器。电感式传感器是建立在电磁感应定律基础上的,它把被测位移转换为自感系数 L 的变化,然后将 L 接入一定的转换电路,位移变化便可变成电信号。

6.1.1 电感式传感器的工作原理及分类

电感式传感器亦称自感式传感器或称可变磁阻式传感器。图 6.1.1 是电感式传感器的原理图,它是由铁心 1、线圈 2 和衔铁 3 所组成。线圈是套在铁心上的。在铁心与衔铁之间有一个空气隙,空气隙长度为 δ。传感器的运动部分与衔铁相连,运动部分产生位移时,空气隙长度 δ 产生变化,从而使电感值发生变化。

由电工学可知,线圈的电感值可按下式计算

$$L = \frac{N^2}{R_m} \qquad (6.1.1)$$

式中,N——线圈的匝数;

R_m——磁路的总磁阻。

如不考虑铁损,且气隙 δ 较小时,其总磁阻由铁心与衔铁的磁阻 R_c 和空气隙的磁阻 R_δ 两部分组成,即

$$R_m = R_c + R_\delta = \frac{l}{\mu A} + \frac{2\delta}{\mu_0 A_0} \qquad (6.1.2)$$

图 6.1.1　铁心线圈

1—铁心;2—线圈;3—衔铁

式中,l——铁心和衔铁的磁路长度(m);

μ——铁心和衔铁的磁导率(H/m);

A——铁心和衔铁的横截面(m^2);

A_0——空气隙的导磁横截面积(m^2);

δ——气隙长度(m);

μ_0——空气隙的磁导率(H/m)。

由于铁心和衔铁通常是用高磁导率的材料,如电工纯铁、镍铁合金或硅铁合金等制成,而且工作在非饱和状态下,其磁导率远大于空气隙的磁导率,即 $\mu \gg \mu_0$,故 R_c 可以忽略,即

$$R_m \approx R_\delta = \frac{2\delta}{\mu_0 A_0} \qquad (6.1.3)$$

式(6.1.3)代入式(6.1.1),可得

$$L = \frac{N^2}{R_m} = \frac{N^2 \mu_0 A_0}{2\delta} \qquad (6.1.4)$$

由式(6.1.4)可知,当铁心材料和线圈匝数确定后,电感 L 与导磁横截面 A_0 成正比,与气隙长度 δ 成反比。如通过被测量改变 A_0 和 δ(即移动衔铁位置),则可实现位移与电感间的转换,这就是电感式传感器的工作原理。

根据式(6.1.4)可知,电感式传感器分为三种类型,如图 6.1.2 所示。改变气隙长度 δ 的

(a)　　　　　　　　(b)　　　　　　　　(c)

图 6.1.2　电感式传感器

1—铁心;2—线圈;3—衔铁;4—被测件

电感式传感器,称为变间隙式电感式传感器,如图 6.1.2(a)所示。改变气隙截面 A 的电感式传感器,称为变截面式电感式传感器,如图 6.1.2(b)所示。螺管式(同时改变 δ 和 A_0)的电感式传感器,称为螺管式电感式传感器,如图 6.1.2(c)所示。

6.1.2　电感式传感器输出特性

为了正确使用这类传感器,下面讨论电感式传感器的输出特性。由式(6.1.4)可知,改变气隙 δ 的电感式传感器的输出特性如图 6.1.3 所示,其 L 与 δ 呈双曲线关系,即输出特性为非线性。其灵敏度为

$$k = \frac{\mathrm{d}L}{\mathrm{d}\delta} = -\frac{N^2 \mu_0 A_0}{2\delta^2} = \frac{L}{\delta} \qquad (6.1.5)$$

由上式可知,在 δ 小的情况下,具有很高的灵敏度,故传感器的初始间隙 δ_0 之值不能过大,但太小装配又比较困难,通常 $\delta_0 = 0.1 \sim 0.5$ mm。为了使传感器有较好的线性输出特性,必须限制测量范围,衔铁的位移一般不能超过 $(0.1 \sim 0.2)\delta_0$,故这种传感器多用于微小位移测量。

由式(6.1.4)式可知,改变气隙截面积 A_0 的电感式传感器的输出特性如图 6.1.4 所示,其 L 与 A_0 呈线性关系,灵敏度为

$$k = \frac{\mathrm{d}L}{\mathrm{d}A_0} = -\frac{N^2 \mu_0}{2\delta} = 常数 \qquad (6.1.6)$$

图 6.1.3　变间隙式电感
传感器的输出特性

图 6.1.4　变截面式电感
传感器的输出特性

这种传感器在改变截面时,其衔铁行程受到的限制小,故测量范围较大。又因衔铁易做成转动式,故多用于角位移测量。

螺管式电感传感器,由于磁场分布不均匀,故从理论上来分析较困难。由实验可知,其输出特性为非线性关系,且灵敏度较前两种形式低,但测量范围广,结构简单,装配容易,又因螺管可以做得较长,故宜于测量较大的位移。

6.1.3　差分电感式传感器原理

上述三种类型的电感式传感器,虽然结构简单,运用方便,但存在着缺点,如自线圈流往负载的电流不可能等于 0;衔铁永远受到吸力;线圈电阻受温度影响,有温度误差,不能反映被测量的变化方向等。因此,在实际中应用较少,而常采用差分电感式传感器。

差分电感式传感器是将有公共衔铁的两个相同电感式传感器结合在一起的一种传感器，上述三种类型的电感式传感器都有相应的差分形式。图 6.1.5 所示为差分变间隙式电感传感器结构及特性。

图 6.1.5 差分变间隙式电感传感器

假设衔铁的初始位置在气隙的中央，即 $\delta_1 = \delta_2 = \delta_0$。这时，上下两个线圈的电感量相等，即 $L_1 = L_2 = L_0$。由式(6.1.4)，可得此时的电感 L_0

$$L_0 = \frac{N^2 \mu_0 A_0}{2\delta_0} \tag{6.1.7}$$

当衔铁有位移时，假设向上移动 $\Delta\delta$，则上气隙减小 $\Delta\delta$，下气隙 δ_0 增加 $\Delta\delta$，此时上线圈的电感 L_1 增加，下线圈的电感 L_2 减小，即

$$L_1 = \frac{N^2 \mu_0 A_0}{2(\delta_0 - \Delta\delta)}$$

$$L_2 = \frac{N^2 \mu_0 A_0}{2(\delta_0 + \Delta\delta)}$$

因 L_1、L_2 总是接成差分形式，故总的电感变化量为

$$\Delta L = L_1 - L_2 = \frac{N^2 \mu_0 A_0 \Delta\delta}{\delta_0^2 - \Delta\delta^2} \tag{6.1.8}$$

式(6.1.8)是差分变间隙式电感传感器输出特性的数学表达式，其特性如图 6.1.5(b)所示。当衔铁在中间位置，且 $\delta_0 \gg \Delta\delta$ 时，略去高阶小量 $\Delta\delta^2$，则

$$\Delta L = \frac{N^2 \mu_0 A_0 \Delta\delta}{\delta_0^2} = 2L \frac{\Delta\delta}{\delta_0} \tag{6.1.9}$$

由式(6.1.9)可知，当位移 $\Delta\delta$ 较小时，其输出特性呈线性关系，且灵敏度

$$k = \frac{\Delta L}{\Delta\delta} = \frac{2L_0}{\delta_0} \tag{6.1.10}$$

为便于比较，将图 6.1.5(a)中的下铁心和线圈去掉不用，使其单边工作，则在相同的初始气隙 δ_0 下，测杆移动相同的 $\Delta\delta$ 时，其电感变化量为

$$\Delta L = L_1 - L_2 = \frac{N^2\mu_0 A_0 \Delta\delta}{2\delta_0(\delta_0 - \Delta\delta)} \qquad (6.1.11)$$

当 $\delta_0 \gg \Delta\delta$ 时,则

$$\Delta L \approx \frac{N^2\mu_0 A_0 \Delta\delta}{2\delta_0^2} = L_0 \frac{\Delta\delta}{\delta_0} \qquad (6.1.12)$$

其灵敏度

$$k = \frac{\Delta L}{\Delta\delta} = \frac{L_0}{\delta_0} \qquad (6.1.13)$$

通过以上讨论可知,差分方式工作比相同情况下单边方式工作有如下优点:

① 由式(6.1.11)和式(6.1.13)可知,衔铁在中间位置附近,差分方式比单边方式的灵敏度高一倍。

② 差分方式工作实际上是将 L_1 和 L_2 接在电桥的相邻臂上,故有温度自补偿作用和抗外磁场干扰能力较强的优点。

③ 差分方式工作由于结构对称,故衔铁受到的电磁吸力为上下两部分电磁吸力之差,这在某种程度上可以得到补偿,且线性度高。

6.1.4 电感式位移计

电感传感器种类较多,应用较广。下面以轴向电感式位移计为例说明其结构及应用。

1. 轴向电感式位移计的结构

图 6.1.6 所示为轴向电感式位移计结构图。可换测头 10 连接测杆 8,测杆受力后钢球导轨 7 作轴向移动,带动上端的衔铁 3 在线圈 4 中移动。两个线圈接成差分形式,通过导线 1 接入测量电路。测杆的复位靠弹簧 5,端部装有密封套 9,以防止灰尘等脏物进入传感器。

这种电感式传感器的优点是自由行程较大,且结构简单,安装容易;缺点是灵敏度低,且不宜测量快速变化的位移。

2. 电感式位移计的测量电路

电感式位移计测量电路将电感量的变化转换成电压或电流变化,送入放大器,再由指示仪表或记录仪表指示或记录。测量电路的形式很多,通常都采用电桥

图 6.1.6 轴向电感式位移计的结构

1—引线;2—固定磁筒;3—衔铁;4—线圈;

5—弹簧;6—防转销;7—钢球导轨;

8—测杆;9—密封套;10—可换测头

电路,如图 6.1.7 所示。电桥的两臂 Z_1 和 Z_2 是位移计两个线圈的阻抗(因为线圈的导线具有

电阻 R，所以阻抗可看作电阻 R 和电感 L 的串联，即 $Z_1 = R_1 + \mathrm{j}\omega L_1$，$Z_2 = R_2 + \mathrm{j}\omega L_2$）。电桥的另外两个桥臂为电源变压器二次绕组的两个半绕组，半绕组的电压为 $u_0/2$。电桥对角 A、B 两点的电位差为电桥的输出电压。

假设阻抗 Z_1 上端点处的电位为 0，则 A 点的电位

$$u_\mathrm{A} = \frac{Z_1}{Z_1 + Z_2} u_0 \qquad (6.1.14)$$

图 6.1.7 电感式位移计测量电路

B 点的电位

$$u_\mathrm{B} = \frac{1}{2} u_0 \qquad\qquad (6.1.15)$$

A、B 两点的电位差即输出电压

$$u_0 = u_\mathrm{A} - u_\mathrm{B} = \left(\frac{Z_1}{Z_1 + Z_2} - \frac{1}{2} \right) u_0 \qquad (6.1.16)$$

由式(6.1.16)可知：

① 当测杆的铁心或衔铁处于中间位置时，两线圈的电感相等。如果两线圈绕制得对称，则阻抗也相等。因 $Z_1 = Z_2 = Z_0$，则输出电压

$$u_0 = \left(\frac{Z_0}{2Z_0} - \frac{1}{2} \right) u_0 = 0 \qquad (6.1.17)$$

② 当测杆的铁心向上移动时，上线圈的阻抗增加，下线圈的阻抗减小，即 $Z_1 = Z_0 + \Delta Z$，$Z_2 = Z_0 - \Delta Z$，则输出电压

$$u_0 = \left(\frac{Z_0 + \Delta Z}{2Z_0} - \frac{1}{2} \right) u_0 = \frac{\Delta Z}{Z_0} \frac{u_0}{2} \qquad (6.1.18)$$

③ 当测杆的铁心向下移动时，上线圈的阻抗减小，下线圈的阻抗增大，即 $Z_1 = Z_0 - \Delta Z$，$Z_2 = Z_0 - \Delta Z$，则输出电压

$$u_0 = \left(\frac{Z_0 - \Delta Z}{2Z_0} - \frac{1}{2} \right) u_0 = -\frac{\Delta Z}{Z_0} \frac{u_0}{2} \qquad (6.1.19)$$

由式(6.1.18)和式(6.1.19)可知，当测杆的铁心，由平衡位置上下移动相同的距离、产生相同电感增量时，电桥空载输出电压大小相等而符号相反，由此测得位移大小和方向。

6.2 差分变压器位移计

在第 3 章 3.8 节中已对差分变压器的原理及特性进行了较详细的阐述，这里不再重述，只是重点讲述差分变压器位移计的基本结构及测量电路。

6.2.1 差分变压器位移计的结构

图 6.2.1 为差分变压器位移计。测头 1 通过轴套 2 与测杆 3 连接，活动铁心 4 固定在测杆上。线圈架 5 上绕有三组绕组，中间是一次绕组，两端是二次绕组，它们都是通过导线 6 与

测量电路相接。绕组的外面有屏蔽筒 7,用以增加灵敏度和防止外磁场的干扰。测杆用圆片弹簧 8 作导轨,以弹簧 9 获得恢复力,为了防止灰尘侵入测杆,装有防尘罩 10。

图 6.2.1 差分变压器位移计的结构

1—测头;2—轴套;3—测杆;4—活动铁心;5—线圈架;6—导线;7—屏蔽筒;8—圆片弹簧;9—弹簧;10—防尘罩

此差分变压器位移计的测量范围为 $\pm 0.5 \sim \pm 75$ mm,分辨力可达 $0.1 \sim 0.5$ μm,差分变压器中间部分的线性比较好,非线性误差约为 0.5%,其灵敏度比差分电感式高,当测量电路输入阻抗高时,用电压灵敏度来表示,当测量电路输入阻抗低时,用电流灵敏度来表示。当用 400 Hz 以上高频励磁电源时,其电压灵敏度可达 $0.5 \sim 2$V/mm·V。电流灵敏度可达 0.1 mA/mm·V。由于其灵敏度较高,测量大位移时可不用放大器,因此,测量电路较为简单。

6.2.2 差分变压器位移计的测量电路

差分变压器位移计的测量电路按输出电压信号及被测值的大小可分为大位移测量电路和微小位移测量电路两种。

1. 大位移测量电路

大位移测量电路如图 6.2.2 所示。当只要求测量位移的大小,不要求分辨位移的方向,且测量精度要求不高的情况下,通常采用整流电路整流后送入直流电压表显示位移的大小。如图 6.2.2(a)、(b)所示。当既要求测量位移的大小,又要求分辨位移的方向,且希望消除零点电压的影响,测量精度较高时,通常采用相敏检波电路,如图 6.2.2(c)、(d)所示。通过其中的可调电位器,可在测量前将电路预调平衡,以消除零点电压。通过相敏检波电路可分辨位移信号方向,数值仍由电压表指示。

图 6.2.2　差分变压器位移计的测量电路

2. 微小位移测量电路

由于测量微小位移,所以输出电压很小,故应采用放大电路测微小位移。DGS-20C/A 型测微仪的框图如图 6.2.3 所示。该测微仪由稳压电源、振荡器和指示仪表组成。位移计和测量电桥将位移转换成电压信号,电压信号经调制后送放大器放大,然后送相敏检波器检波,获得原始位移信号,最后送指示表或记录器显示或记录。

图 6.2.3　DGS-20C/A 测微仪的方框图

此位移传感器的测量范围一般为几毫米,分辨率可达 $0.1 \sim 0.5\ \mu m$,工作可靠。缺点是动态性能差,只能用于静态测量。

6.3 电位器式传感器

被测量的变化导致电位器阻值变化的敏感元件称为电位器式传感器。

6.3.1 电位器式传感器的基本工作原理

电位器式电阻传感器的工作原理是基于均匀截面导体的电阻计算公式,即

$$R = \rho \frac{l}{A} \qquad (6.3.1)$$

式中,ρ——导体的电阻率($\Omega \cdot m$);

l——导体的长度(m);

A——导体的截面积(m^2)。

由式(6.3.1)可知,当 ρ 和 A 一定时,其电阻 R 与长度 l 成正比。如将上述电阻做成线性电位器,如图 6.3.1 所示,并通过被测量改变电阻丝的长度即移动电刷位置,则可实现位移与电阻间的线性转换,这就是电位器式电阻传感器的工作原理。

图 6.3.1 所示,图(a)为直线式电位器,可测线位移;图(b)为旋转式电位器,可测角位移。为了正确使用这种传感器,下面讨论负载对传感器特性的影响。

(a) 直线式电位器   (b) 旋转式电位器

图 6.3.1 电位器

6.3.2 电位器式传感器的输出特性

电位器式电阻传感器在实际使用时,其输出端是接负载的,如图 6.3.2 所示。图中,R_L 是负载电阻,可理解为测量仪表的内阻或放大器的输入电阻;l 为直线电位器的全长;R 为电位器的总电阻;x 为电刷的位移量;R_x 为随电刷位移 x 而变化的电阻,其值为

$$R_x = \frac{R}{l} x \qquad (6.3.2)$$

当电位器的工作电压为 U 时,其输出电压为

$$U_x = \frac{\dfrac{R_x \cdot R_L}{R_x + R_L}}{(R - R_x) + \dfrac{R_x \cdot R_L}{R_x + R_L}} \cdot U = \frac{1}{\dfrac{l}{x} + \dfrac{R}{R_L}\left(1 - \dfrac{x}{l}\right)} \cdot U \tag{6.3.3}$$

由式(6.3.3)可知,当传感器接上负载后,其输出电压 U_x 与位移 x 呈非线性关系;只有当 $R_L \to \infty$ 时,其输出电压才与位移成正比,即

$$U_x = \frac{R_x}{R}U = \frac{U}{l} \cdot x \tag{6.3.4}$$

由式(6.3.3)、式(6.3.4)可得电位器式传感器的输出特性,如图 6.3.3 所示。

为消除非线性误差的影响,在实际使用时,应使 $R_L > 20R$,这时可保证非线性误差小于 1.5%,上述条件在一般情况下均能满足,如不能满足这一条件,则必须采取特殊补偿措施。

图 6.3.2 接上负载的电位器式电阻传感器   图 6.3.3 电位器式传感器的输出特性

6.3.3 电位器式传感器结构

电位器式传感器由骨架、电阻丝和电刷(活动触点)等组成。电刷是由回转轴、滑动触点元件以及其与被测量相连接的机构所驱动。

1. 电阻丝

电位器式传感器对电阻丝的要求是:电阻系数大,温度系数小,对铜的热电动势应尽可能小,细丝的表面要有防腐蚀措施,柔软,强度高。此外,要求能方便地锡焊或点焊,在端部易镀铜、镀银,且熔点要高,以免在高温下发生蠕变。

常用的材料有:铜镍合金类、铜锰合金类、铂铱合金类、镍铬丝、卡玛丝(镍铬铁铝合金)及银钯丝等。

裸丝绕制时,线间必须存在间隔,而涂漆或经氧化处理的电阻丝可以接触绕制,但电刷的轨道上需清除漆皮或氧化层。

2. 骨架

对骨架材料要求形状稳定(其热膨胀系数和电阻丝的相近)、表面绝缘电阻高,并希望有较好的散热能力。常用的有陶瓷、酚醛树脂和工程塑料等,也可用经绝缘处理的金属材料,这种骨架因传热性能良好,适用于大功率电位器。

3. 电刷

电刷结构往往反映出电位器的噪声电平。只有当电刷与电阻丝材料配合恰当、触点有良好的抗氧化能力、接触电动势小,并有一定的接触压力时,才能使噪声降低。否则,电刷可能成

为引起振动噪声的源。采用高固有频率的电刷结构效果较好。常用电位器的接触能力在 0.005 ~ 0.05 μm 之间。

6.3.4　电位器式位移传感器

图 6.3.4 所示是 YHD 型电位器式位移传感器的结构。其测量轴 1 与内部被测物相接触,当有位移输入时,测量轴便沿导轨 5 移动,同时带动电刷 3 在滑线电阻上移动,因电刷的位置变化会有电压输出,据此可以判断位移的大小,如要求同时测出位移的大小和方向,可将图中的精密无感电阻 4 和滑线电阻 2 组成桥式测量电路。为便于测量,测量轴 1 可来回移动,在装置中加了一根拉紧弹簧 6。

图 6.3.4　YHD 型电位器式位移传感器
1—测量轴;2—滑线电阻;3—电刷;4—精密无感电阻;5—导轨;6—拉紧弹簧;7—壳体

电位器式传感器具有结构简单、成本低、输出信号大、精度高、性能稳定等优点,虽然存在着电噪声大,寿命短等缺点,但仍被广泛应用于线位移或角位移的测量之中。

6.4　感应同步器

感应同步器是利用两个平面形印制电路绕组的互感随其位置变化的原理组成的。按其用途可分为两大类,直线感应同步器和圆感应同步器,前者用于直线位移的测量,后者用于转角位移的测量。

感应同步器具有精度高、分辨力高、抗干扰能力强、使用寿命长、工作可靠等优点,被广泛应用于大位移静态与动态测量。

6.4.1　感应同步器的结构

1. 直线感应同步器

直线感应同步器由定尺和滑尺组成,如图 6.4.1 所示。定尺和滑尺上均做成印制电路绕组,定尺为一组长度为 250 mm 均匀分布的连续绕组。如图 6.4.2 所示,节距 $W_2 = 2(a_2 + b_2)$,其中 a_2 为导电片片宽,b_2 为片间间隔。滑尺包括两组节距相等,两组间相差 90°电角度交替排列的正弦绕组和余弦绕组。两相绕组中心线距应为 $l_1 = (n/2 + 1/4)W_2$,其中 n 为正整数。两相绕组节距相同,都为 $W_1 = 2(a_1 + b_1)$,其中 a_1 为片宽,b_1 为片间间隔。目前一般取 $W_2 = 2$ mm。滑尺有图 6.4.2(b) 所示的 W 形和图 6.4.2(c) 所示的 U 形。

图 6.4.1　直线感应同步器的外形

(a) 定尺绕组

(b) W形滑尺绕组　　　　　(c) U形滑尺绕组

图 6.4.2　绕组结构

　　定尺、滑尺的截面结构如图 6.4.3 所示。定尺绕组表面上涂一层耐切削液绝缘清漆涂层。滑尺绕组表面带绝缘层的铝箔起静电屏蔽作用,将滑尺用螺钉安装在机械设备上时,铝箔起着自然接地的作用。它应足够薄,以免产生较大涡流,不但损耗功率,而且影响电磁耦合和造成去磁现象。可选用带塑料的铝箔(铝金纸),总厚度约为 0.04 mm 左右。

(a) 滑尺　　　　　　　　　　　　(b) 定尺

图 6.4.3　定尺、滑尺的截面结构

　　常用电解铜箔构成平面绕组导片,要求厚薄均匀,无缺陷。一般厚度选用 0.1 mm 以下,容许通过的电流密度为 5 A/mm²。基板用磁导率高、矫顽磁力小的导磁材料制成,一般用优质碳素结构钢,其厚度为 10 mm 左右。

　　用酚醛玻璃环氧丝布和聚乙烯醇缩丁醛胶或采用聚酰胺做固化剂的环氧树脂为绝缘层的黏合材料,其黏着力强、绝缘性好。一般绝缘黏合薄膜厚度小于 0.1 mm。

　　滑尺的配置与接线如图 6.4.4 所示。它共有 48 个 U 形励磁绕组。为了减小由于定尺和滑尺工作面不平行或气隙不均匀带来的误差,正弦和余弦绕组交替排列。为了消除 U 形绕组各横向段导线部分产生的环流电动势,两同名(正弦或余弦)相邻绕组要反向串联,图 6.4.5 所示为前四组端部环流电动势局部抵消的情况。因为同名相邻绕组反向串联,其中心线距离在空间应相差 180°,为此取 $l_1' = (n+1/2)W_2$,n 为正整数,取 $n=1$,则 $l_1' = 3$ mm,相邻二相绕组的中心距离 l_1 要保证正弦、余弦绕组空间位置正交,即 $l_1 = (n/2+1/4)W_2$,取 $n=1$,则 $l_1 = 1.5$ mm。

图 6.4.4　滑尺的配置与接线

图 6.4.5　端部环流电动势抵消示意图

滑尺中心线左右各是一个余弦 U 形绕组,故这两个余弦绕组的中心距离为 nW_2。取 $n=1$,则距离为 2 mm。

2. 圆感应同步器

圆感应同步器的结构示意图如图 6.4.6 所示。圆感应同步器又称旋转式感应同步器。其转子相当于直线感应同步器的定尺,定子相当于滑尺。目前按圆感应同步器直径大致可分成 302 mm、178 mm、76 mm、50 mm 四种,其径向导体数,也称极数。有 360 极、720 极、1 080 极和 512 极。一般说来,在极数相同的情况下,圆感应同步器的直径做得越大,越容易做得准确,精度也就越高。

(a) 定子　　　　　　　　(b) 转子

图 6.4.6　圆感应同步器的结构示意图

6.4.2　感应同步器的工作原理

当励磁绕组用 10 kHz 的正弦电压励磁时,将产生同频率的交变磁通,如图 6.4.7 所示(这里只画了一相励磁绕组)。这个交变磁通与感应绕组耦合,在感应绕组中产生同频率的交变电动势。这个电动势的幅值,除了与励磁频率、感应绕组耦合的导体组、耦合长度、励磁电流、两绕组间隙有关外,还与两绕组的相对位置有关。为了说明感应电动势和位置的关系,由图 6.4.8 所示可知,当滑尺上的正弦绕组 S 和定尺上的绕组位置重合(A 点)时,耦合磁通最大,感应电动势最大;当继续平行移动滑尺时,感应电动势慢慢减小,当移动到 1/4 节距位置处(B 点),在感应绕组内的感应电动势相抵消,总电动势为 0;继续移动到半个节距时(C 点),可得到与初始位置极性相反的最大感应电动势;在 3/4 节距处(D 点)又变为 0,移动到下一个节距时(E 点),又回到与初始位置完全相同的耦合状态,感应电动势为最大;这样感应电动势随着滑尺相对定尺的移动而呈周期性变化。

同理可以得到定尺绕组与滑尺上余弦绕组 C 之间的感应电动势周期变化图像,如图 6.4.8 下部所示。

适当加大励磁电压将获得较大的感应电动势,但过大的励磁电压将引起过大的励磁电流,致使温升过高而不能正常工作,一般选用 1 ~ 2 V。当励磁频率 f 等一些参数选定之后,通过信号处理电路就能得到被测位移与感应电动势的对应关系,从而达到测量的目的。

图 6.4.7　感应同步器的工作原理示意图

图 6.4.8　感应电动势与两绕组相对位置的关系

6.4.3　感应同步器的电气参数

通过电气参数的分析,可进一步了解感应同步器的工作原理,感应同步器的电气原理与变压器相同,故可用一等效电路来表征,但由于感应同步器是弱磁场空气耦合器件。因而与一般的铁心电机有很大的差别。

（1）感抗远小于电阻

同步器绕组处在磁导率为 μ_0 的介质中（即使是铁基板，也还存在很大的气隙），因而在通常所采用的工作频率（$f=1\sim10$ kHz）下，绕组的感抗小于电阻，感抗值大约是后者的 2% 。

（2）输出电压远小于励磁电压

由于一次、二次侧之间存在很大的气隙，大致相当于极距的 25% ，一次、二次侧耦合很松，故励磁电压远比输出电压大。当一次、二次侧耦合的电压最大时，两者之比称为电压传递系数 k_u 。电压传递系数与感应同步器的尺寸、极数、工作频率及气隙大小有关，其变化很大，通常在几十到几百之间。

（3）输出电压失真系数大于励磁电压失真系数

由于励磁电压几乎全部变为电阻电压降，所以励磁电流的大小只决定于励磁电压和绕组电阻，而与频率无关。频率越高，k_u 越小，在相同的励磁电压下，输出电压越高。由此可知，在励磁电压存在失真的情况下，谐波电压成分对基波电压成分的比值，经过感应同步器，在其输出电压中将与谐波次数成正比地增大。故输出电压的失真系数要大于励磁电压的失真系数。

（4）有较强的抗干扰能力

输出阻抗的绝对值较小，约为几欧到几十欧，因而虽然输出信号较小，但构成的系统仍有较强的抗干扰能力。

6.4.4　数字位置测量系统

将感应同步器作为位置检测元件所构成的数字位置测量系统，是感应同步器应用最广泛的一个方面。对于数字位置测量系统，只要在结构上作某些变化，还可以构成精密定位、随动跟踪等自动控制系统。这里只介绍鉴幅型数字位移测量系统。

图 6.4.9 所示采用鉴幅型变换的增量型位置测量系统。位置变换器将位置输入 α_D、可知变量 ϕ_D 和变换误差信号 $\sin(\alpha_D-\phi_D)$，通过误差放大和增量控制电路，将输入的误差信号放大，并根据其大小和方向产生增量控制信号，去控制增量脉冲的形成和输出。增量脉冲经控制计数器变成变量 ϕ_0，驱使误差信号变小，直至为 0 或小于阈值，这时增量脉冲停止输出。因此，输入的机械位移增量体现为增量脉冲个数，显示计数器所计脉冲数和显示值、即为输入的位移增量，故这种系统称为增量型测量系统。

图 6.4.9　增量型测量系统

鉴幅型数字位移测量系统是图 6.4.9 所示的增量型测量系统的一个典型例子。直线式感应同步器由函数变压器供电，构成鉴幅型位模变换，再配以逻辑开关电路，构成测量位移的闭环系统。

鉴幅型数字位移测量系统粗略的原理框图如图 6.4.10 所示。闭环系统的功能部件有感应同步器、放大器、逻辑控制电路和函数电压发生器,此外还有显示计数器、电源以及振荡器等辅助部件。

当滑尺相对于定尺移动一个微小距离后,定尺产生一输出信号。该信号一般只有 10 μV,且含有干扰和谐波成分,通过放大滤波环节变为优特级的正弦波送入阈值电路。当位移小于 0.01 mm 时,经放大后的误差电压低于阈值电平,闸门被关闭,计数器没有脉冲输入。当位移大于 0.01 mm 时,经放大后的误差电压高于阈值电平,闸门被打开,脉冲形成电路输出的恒定频率脉冲可以通过逻辑控制电路变为跟踪速度信号,同时送入变换计数器和显示计数器。

图 6.4.10 鉴幅型数字位移测量系统粗略原理框图

6.5 光栅位移测试

很早以前,人们就将光栅的衍射现象应用于光谱分析、测量光波波长等方面。直到 20 世纪 50 年代,才开始利用光栅的莫尔条纹现象把光栅作为测量长度的计量元件,从而出现了光栅式位移传感器,现在人们把这种光栅称为计量光栅,由于它的原理简单、装置也不十分复杂、测量精度高、可实现动态测量、具有较强的抗干扰能力,被广泛应用于长度和角度的精密测量。

6.5.1 光栅的基本结构

1. 光栅

光栅是在透明的玻璃上刻有大量相互平行等宽而又等间距的刻线。这些刻线是透明的和不透明的,或是对光反射的和不反射的。图 6.5.1 所示的是一块黑白型长光栅,平行等距的刻线称为栅线。设其中透光的缝宽为 a,不透光的缝宽为 b,一般情况下,光栅的透光缝宽等于不透光的缝宽,即 $a=b$。图中 $d=a+b$ 称为光栅栅距(也称光栅节距或称光栅常数)。光栅栅距是光栅的一个重要参数。对于圆光栅来说,除了光栅栅距之外,还经常使用栅距角。栅距角是指圆光栅上相邻两刻线所夹的角。

2. 光栅的分类

在几何量精密测量领域内,光栅按其用途分长光栅和圆光栅两类。

刻画在玻璃尺上的光栅称为长光栅,也称光栅尺,如图 6.5.2 所示。用于测量长度或几何位移。根据栅线形式的不同,长光栅分为黑白光栅和闪烁光栅。黑白光栅是指只对入射光波的振幅或光强进行调制的光栅。闪烁光栅是指对入射光波的相位进行调制,也称相位光栅。根据光线的走向,长光栅还分为透射光栅和反射光栅。透射光栅是将栅线刻制在透明材料上,常用光学玻璃和制版玻璃。反射光栅的栅线刻制在具有强反射能力的金属,如不锈钢或玻璃镀金属膜(如铝膜)上,光栅也可刻制在钢带上再黏结在尺基上。

图 6.5.1　黑白型长光栅

图 6.5.2　光栅尺

刻画在玻璃盘上的光栅称为圆光栅,也称光栅盘,用来测量角度或角位移。根据栅线刻画的方向,圆光栅分两种:一种是径向光栅,其栅线的延长线全部通过光栅盘的圆心;另一种是切向光栅,其全部栅线与一个和光栅盘同心的小圆相切。按光线的走向,圆光栅只有透射光栅。计量光栅的分类可归纳为图 6.5.3 所示的方框图。

图 6.5.3　计量光栅的分类图

6.5.2　光栅传感器的工作原理

光栅传感器由光栅、光路、光电元件和转换电路等组成。下面以黑白透射光栅为例说明光栅传感器的工作原理。

1. 光栅传感器的组成

如图 6.5.4 所示,主光栅比指示光栅长得多,主光栅与指示光栅之间的距离为 d,d 可根据光栅的栅距来选择,对于每毫米 25~100 线的黑白光栅,指示光栅应置于主光栅的"费涅耳第一焦面上",即

$$d = \frac{w^2}{\lambda} \tag{6.5.1}$$

式中,w——光栅栅距;

λ——有效光的波长;

d——两光栅的距离。

图 6.5.4 黑白透射光栅光路

主光栅和指示光栅在平行光的照射下,形成莫尔条纹。主光栅是光栅测量装置中的主要部件,整个测量装置的精度主要由主光栅的精度来决定。光源和聚光镜组成照明系统,光源放在聚光镜的焦平面上,光线经聚光镜成平行光投向光栅。光源主要有白炽灯的普通光源和砷化镓(GaAs)为主的固态光源。白炽灯的普通光源有较大的输出功率,较高的工作范围,而且价格便宜。但存在着辐射热量大、体积大、不易小型化等弱点,故而应用越来越少。砷化镓发光二极管有很高的转换效率,而且功耗低、散热少、体积小,近年来应用较为普遍。光电元件主要有光电池和光电三极管。它把由光栅形成的莫尔条纹的明暗强弱变化转换为电量输出。光电元件最好选用敏感波长与光源相接近的,以获得较大的输出,一般情况,光敏元件的输出都不是很大,需要同放大器、整型器一起将信号变为要求的输出波形。

2. 莫尔条纹

(1) 莫尔条纹

光栅式传感器的基本工作原理是利用光栅的莫尔条纹现象来进行测量的。所谓莫尔条纹是指当指示光栅与主光栅的线纹相交一个微小的夹角,由于挡光效应或光的衍射,这时在与光栅线纹大致垂直的方向上,即两刻线交角的二等分线处,产生明暗相间的条纹,如图 6.5.5 所示。在刻线重合处,光从缝隙透过形成亮带,如图 6.5.5(a—a)所示,两块光栅的线纹彼此错开处,由于挡光作用而形成黑带,如图 6.5.5(b—b)所示。这时亮带、黑带之间就形成了明暗相间的条纹,即为莫尔条纹。莫尔条纹的方向与刻线的方向相垂直,故又称横向条纹。

图 6.5.5 光栅和横向莫尔条纹

（2）莫尔条纹的特征

① 运动对应关系

　　莫尔条纹的移动量和移动方向与主光栅相对于指示光栅的位移量和位移方向有着严格的对应关系。莫尔条纹通过光栅固定点（光电元件）的数量刚好与光栅所移动的刻线数量相等。光栅作反向移动时，莫尔条纹移动方向亦相反，从固定点观察到的莫尔条纹光强的变化近似于正弦波变化。光栅移动一个栅距，光强变化一个周期，如图 6.5.6 所示。

图 6.5.6 光栅输出原理图

② 减小误差

　　莫尔条纹是由光栅的大量栅线（常为数百条）共同形成的，对光栅的刻线误差有平均作用，从而能在很大程度上消除栅距的局部误差和短周期误差的影响。个别栅线的栅距或断线及疵病对莫尔条纹的影响很微小。若单根栅线位置的标准差为 σ，莫尔条纹由 n 条栅线形成，则条纹位置的标准差为 $\sigma_x = \sigma / n^{1/2}$。这说明莫尔条纹位置的可靠性大为提高,从而提高了光栅传感器的测量精度。

③ 位移放大

莫尔条纹的间距随着光栅线纹交角而改变,其关系如下:

$$B = \frac{w}{2 \sin \frac{\theta}{2}} \approx \frac{w}{\theta} \tag{6.5.2}$$

式中,B——相邻两根莫尔条纹之间的间距;

　w——光栅栅距;

　θ——两光栅线纹夹角。

从式(6.5.2)中可知,θ 越小,条纹间距 B 将变得越大,莫尔条纹有放大作用,其放大倍数为

$$k = \frac{B}{w} \approx \frac{1}{\theta} \tag{6.5.3}$$

例如,$w = 0.02$ mm,$\theta = 0.1°$,则 $B = 11.459\ 2$ mm,其 k 值约为573,用其他方法很难得到这样大的放大倍数。所以尽管栅距很小,难以观察到,但莫尔条纹却清晰可见。这非常有利于布置接收莫尔条纹信号的光电元件。从式(6.5.2)可以看出,调整夹角 θ,可以改变莫尔条纹的宽度,得到所需要的 B 值。

3. 光栅的信号输出

通过前面分析可知,主光栅移动一个栅距 w,莫尔条纹就变化一个周期 2π,通过光电转换元件,可将莫尔条纹的变化变成近似的正弦波形的电信号。电压小的相应于暗条纹,电压大的相应于明条纹,它的波形看成是一个直流分量上叠加一个交流分量。

$$U = U_0 + U_m \sin \left(\frac{x}{w} 2\pi \right) \tag{6.5.4}$$

式中,w——栅距;

　x——主光栅与指示光栅间瞬时位移;

　U_0——直流电压分量;

　U_m——交流电压分量幅值;

　U——输出电压。

由上式可见,输出电压反映了瞬时位移的大小,当 x 从 0 变化到 w 时,相当于电角度变化了 2π,如采用 50 线/mm 的光栅时,若主光栅移动了 x mm,即条数为 $50x$ 条。将此条数用计数器记录,就可知道移动的相对距离。

6.6 码盘式传感器

码盘又称角数字编码器,码盘式传感器是建立在编码器的基础上,它是测量轴角位置和位移的方法之一。只要编码器保证一定的制作精度,并配置合适的读出部件,这种传感器可以达到较高的精度。另外,它的结构简单,可靠性高。因此,在空间技术、数控机械系统等方面获得了广泛的应用。

编码器从原理上看,类型很多,如磁电式、电容式、光电式等,本节只讨论光电式,通常将光电式称之为光电编码器。

编码器包括盘码和码尺,码盘用于测量角度,码尺用于测量长度,由于测量长度的实际应用较少,测量角度应用较广,故这里只讨论光电码盘式传感器。

6.6.1 光电码盘式传感器的工作原理

光电码盘式传感器是用光电方法把被测角位移转换成以数字代码形式表示的电信号的转换部件。图 6.6.1 所示为其工作原理示意图。由光源 1 发出的光线,经柱面镜 2 变成一束平行光或会聚光,照射到码盘 3 上,码盘由光学玻璃制成,其上刻有许多同心码道,每位码道上都有按一定规律排列着的若干透光和不透光部分,即亮区和暗区。通过亮区的光线经狭缝 4 后,形成一束很窄的光束照射在光电元件 5 上,光电元件的排列与码道一一对应。当有光照射时,对应于亮区和暗区的光电元件输出的信号相反,例如前者为"1",后者为"0"。光电元件的各种信号组合,反映出按一定规律编码的数字量,代表了码盘轴的转角大小。由此可见,码盘在传感器中是将轴的转角转换成代码输出的主要元件。

图 6.6.1 光电码盘式传感器的工作原理示意图
1—光源;2—柱面镜;3—码盘;4—狭缝;5—光电元件

6.6.2 光电码盘

码盘按其所用码制可分为二进码、循环码、十进码、六十进码等。

1. 二进制码盘

图 6.6.2 所示是一个 4 位二进制码盘,涂黑部分为不透光部分即暗区,输出为 **0**,空白部分为透光部分,即亮区,输出为 **1**。共有 4 圈码道,最内圈称为 C_4 码道,一半透光,一半不透光,最外圈为 C_1 码道,一共分成 $2^4 = 16$ 个黑白间隔。每一个角度方位对应于不同的编码,

图 6.6.2 4 位二进制码盘

见表 6.6.1。例如 0 位对应于位置 a,编码为 **0000**(全黑),第 10 个方位对应于位置 k,编码为

1010(白黑白黑),测量时,当码盘处于不同角度时,光电转换器的输出就对应不同的数码,只要根据码盘的起始和终止位置就可以确定转角,与转动的中间过程无关。二进制码盘具有以上特点:

(1) n 位(n 个码道)的二进制码盘具有 2^n 种不同编码,称其容量为 2^n,则能分辨的角度为

$$\alpha = \frac{360°}{2^n} \tag{6.6.1}$$

位数 n 越大,能分辨的角度越小,测量精度越高。例如 $n=20$ 时,其分辨力可达 $1''$ 左右。

(2) 二进制码为有权码,编码 $C_n C_{n-1} \cdots C_1$ 对应于零位算起的转角为

$$\theta = \sum_{i=1}^{n} C_i 2^{i-1} \alpha \tag{6.6.2}$$

例如,编码 1010 对应于零位算起的转角为 $\theta = 2\alpha + 8\alpha = 10\alpha$,而 $\alpha = 360°/2^4 = 22.5°$,即 $\theta = 10 \times 22.5° = 225°$。

表 6.6.1 转角与编码对应表

角度	对应位置	输出数码	对应十进制
0	a	0000	0
α	b	0001	1
2α	c	0010	2
3α	d	0010	3
4α	e	0100	4
5α	f	0101	5
6α	g	0110	6
7α	h	0111	7
8α	i	1000	8
9α	j	1001	9
10α	k	1010	10
11α	l	1011	11
12α	m	1100	12
13α	n	1101	13
14α	o	1110	14
15α	p	1111	15

二进制码盘很简单,但在实际应用中有一个需要注意的问题是信号检测元件不同步或者码道制作中的不精确引起的错码。例如当读数狭缝处于 h 位置时,正确读数为 **0111**,为十进制数 7。若码道 C_4 黑区做得太短,就会误读为 **1111**,为十进制数 15。反之,若 C_4 的黑区太长,当狭缝处于 i 时,就会将 **1000** 读为 **0000**,即十进制的 0,在这两种情况下都将产生粗误差(非单值性误差)。

为了消除非单值性误差,可以采用两种方法。一种方法是采用双读数头法,由于此法的读数头的个数需增加一倍,码道很多时光电元件安放位置也有困难,故很少采用。另一种方法是用循环码代替二进制码。因为二进制码从一个码变为另一个码时存在着几位码需要同时改变状态,一旦这个同步要求不能得到满足,就会产生错误。循环码的特点是相邻的两个数码间只有一位是变化的。因此即使制作和安装不准,产生的误差最多也只是最低的一位数。

图 6.6.3 4 位循环码盘

2. 循环码码盘

图 6.6.3 所示是一个 4 位的循环码盘,表 6.6.2 是十进制数、二进制数及 4 位循环的对照表。

二进制码是有权代码,每一位码代表一固定的十进制数,而循环码是变权代码,每一位码不代表固定的十进制数,因此需要把它转换成二进制码。

用 R 表示循环码,用 C 表示二进制码,二进制码转换成循环码的法则是:将二进制码与其本身右移一位后并舍去末位的数码作不进位加法所得结果就是循环码。

例如,二进制码 **0111** 所对应的循环码为 **0100**,转换过程如下:

$$
\begin{array}{r}
\quad\; 0\; 1\; 1\; 1 \qquad\text{二进制码}\\
\oplus \quad\; 0\; 1\; 1 \qquad\text{右移一位并舍去末位数码}\\
\text{作不进位加法}\\
\hline
\quad\; 0\; 1\; 0\; 0 \qquad\text{循环码}
\end{array}
$$

其中,$\oplus$ 表示不进位相加,二进制码变循环码的一般形式为

$$
\begin{array}{r}
C_1\; C_2\; C_3 \cdots C_n \qquad\text{二进制码}\\
\oplus \quad C_1\; C_2 \cdots C_{n-1} \qquad\text{右移一位并舍去末位数码}\\
\text{作不进位加法}\\
\hline
R_1\; R_2\; R_3 \cdots R_n \qquad\text{循环码}
\end{array}
$$

由此得

$$
\begin{cases}
R_1 = C_1 \\
R_i = C_i \oplus C_{i-1}
\end{cases}
\tag{6.6.3}
$$

表 6.6.2　十进制数、直接二进制码和循环码对照表

十进制数	二进制数(C)	循环码(R)	十进制数	二进制数(C)	循环码(R)
0	0000	0000	8	1000	1100
1	0001	0001	9	1001	1101
2	0010	0011	10	1010	1111
3	0011	0010	11	1011	1110
4	0100	0110	12	1010	1010
5	0101	0111	13	1011	1011
6	0110	0101	14	1110	1001
7	0111	0100	15	1111	1000

图 6.6.4 所示的为二进制码转换为并行循环码的转换电路,图 6.6.5 所示为二进制码转换为串行循环码的转换电路。

采用串行电路时,工作之前先将 D 触发器 FF 置零,$Q = 0$。在 C_i 端送入 C_n,**异或**门 G 输出 $R_n = C_n \oplus \mathbf{0} = C_n$;随后加 CP 脉冲,使 $Q = C_n$;在 C_i 端加入 C_{n-1},D_2 输出 $R_{n-1} = C_{n-1} \oplus C_n$,以后重复上述过程,可依次获得 R_n、R_{n-1}、$\cdots R_2$、R_1。

图 6.6.4　二进制码转换为并行循环码　　图 6.6.5　二进制码转换为串行循环码

从式(6.6.3)可以导出循环码变成二进制码的关系式:

$$\begin{cases} C_1 = R_1 \\ C_i = R_i \oplus C_{i-1} \end{cases} \qquad (6.6.4)$$

上式表示,由循环码 R 变成二进制码 C 时,第一位(最高位)不变。以后从高位开始依次求出其余各位;即本位循环码 R_i 与已经求得的相邻高位二进制码 C_{i-1} 作不进位相加,结果就是本位二进制码。

因为两相同数码作不进位相加,其结果为 $\mathbf{0}$,故 C_i 式还可写成

$$\begin{cases} C_1 = R_1 \\ C_i = R_i \bar{C}_{i-1} + \bar{R}_i C_{i-1} \end{cases} \qquad (6.6.5)$$

循环码盘输出的循环码是通过电路转换为二进制码的,图 6.6.6 是用**与非**门构成的四位并行循环码-二进制码转换器。它的优点是转换速度快,缺点是所用元件较多。图 6.6.7 是串

行转换器,它是由 4 个与非门组成的不进位加法器和 1 个 *JK* 触发器组成,它的优点是结构简单,但转换速度较慢,只能用于速度要求不高的场合。

图 6.6.6 并行循环码–二进制码转换电路　　图 6.6.7 串行循环码–二进制码转换电路

6.6.3　光电码盘的应用

图 6.6.8 所示为 ZYF62/09 系列光电码盘,图 6.6.9 所示是一光电码盘测角装置,光源通过大孔径非球面聚光镜形成狭长的光束照射到码盘上。由码盘转角位置决定位于狭缝后面的光电器件与输出的信号。输出信号经放大、鉴幅(检测"0"或"1"电平)、整形,必要时加纠错和寄存电路,再经当量变换,最后译码显示。

光电码盘的优点是没有触点磨损,因而允许转速高、高频率响应、稳定可靠、坚固耐用、精度高。同时具有结构较复杂、价格较贵等弱点。目前已在数控机床、伺服电机、机器人、回转机械、传动机械、仪器仪表及办公设备、

图 6.6.8　ZYF62/09 系列光电码盘

自动控制技术和检测传感技术等领域得到广泛的应用,且应用领域不断扩大。

图 6.6.9　光电码盘测角仪示意图

6.7　电容式位移传感器

关于电容式传感器原理在第 3 章 3.5 中已进行了较详细的阐述,这里不再赘述,电容式传感器不仅应用于振动振幅、加速度、压力、液位、密度等量的测量,而且广泛地应用于直线位移、角位移的测量,图 6.7.1 所示为常用的电容式位移传感器。在这里简述电容式位移传感器及其应用。

图 6.7.1　常用的电容式位移传感器

6.7.1　单电极的电容式位移传感器及其应用

单电极的电容式位移传感器如图 6.7.2 所示,这种传感器在使用时常把被测对象作为一个电极使用,而将传感器本身的平面测端电极 1 作为电容器的另一极,通过电极座 5 由引线接入电路。金属壳体 3 与测端电极 1 间有绝缘衬套 2 使彼此绝缘。使用时壳体 3 为夹持部分,被夹持在标准台架或其他支承上,壳体 3 接大地可起屏蔽作用。图 6.7.3 所示是这种传感器的几种应用情况,图 6.7.3(a)所示是振动位移测量,可测 0.05 μm 的位移。图 6.7.3(b)所示是转轴回转精度的测量,利用正交安放的两个电容位移传感器,可测出转轴的轴心动态偏摆情况。

以上两种测量均为非接触测量,故传感器特别适合于测量高频振动的微小位移。由于电容传感器的电容量不易做得较大,一般仅为几皮法至几十皮法,这样小的电容量往往给测量带来许多困难,如易接受外界电气干扰,对电缆的长度和状态变化很敏

图 6.7.2　单电极的电容式位移传感器

1—平面测端(电极);2—绝缘衬套材料;

3—壳体;4—弹簧卡圈;5—电极座;

6—盘形电容;7—螺母

感,要求配套仪器的阻抗高等,故在一段相当长的时间内阻碍了电容传感器的应用。随着电子技术的发展这种缺点逐渐得到解决,并获得广泛的应用。

(a) 振动测量　　　　　　　(b) 轴的回转精度的测量

图 6.7.3　振荡位移和回转精度的测量

6.7.2　变面积差分式电容位移传感器及其应用

变极筒面积的差分式电容位移传感器结构如图 6.7.4 所示,它的固定极筒 10、11 与壳体绝缘,可动极筒 4 与测杆 1 固定在一起并彼此绝缘。当被测物移动,带动测杆 1 轴向移动时,

图 6.7.4　变极筒面积的差分式电容位移传感器结构图

1—测杆;2—膜片;3、5—开槽弹簧片;4—可动极筒;6—插座;

7—调力螺钉;8—测力弹簧;9—引线;10、11—固定极筒

可动极筒 4 与固定极筒 10、11 的覆盖面积随之改变,使电容量改变,一个变大,一个变小,它们的差值正比于位移。开槽弹簧片 3、5 为传感器的导向与支承,无机械摩擦,灵敏性好,但行程小,测力弹簧 8 保证动极筒 4 通过测杆 1 与被测物可靠接触,其测力可用调力螺钉 7 调节,电容极筒都由引线 9 接至插座 6,以供接入电路用,膜片 2 作密封用,防止尘土进入传感器内。

图 6.7.5 所示是精密大位移测量用的变面积电容式传感器的原理图,它由一块长栅状的具有等间距的栅状电极和一对相对交叉放置的梳状电极组成。在工作时,栅状电极与梳状电极的相对位置状态如图 6.7.5(b)所示。它组成了电容值随电极间的相对位置 x 而变化的电容器对 C_1 和 C_2。电极是采用分布、重复光刻方法制成,电极表面涂有一层薄薄的高绝缘的介电材料,以提高传感器的灵敏度。基底材料是玻璃。

(a)长栅状电极和梳状电极对的结构　　(b)位移为 x 时电极对之间的相对位置状态

图 6.7.5　电容式精密位移传感器原理图

电极间电容值可由电极对之间的电位差和电通量求得,它的最终表达式为

$$C_N = \frac{2\pi Nl\varepsilon}{\ln\left\{\left(\frac{2\omega}{\pi a}\right)^2\left[\cos\left(h^2\frac{\pi a}{2\omega}\right) - \cos^2\left(\frac{\pi x}{2\omega}\right)\right]\right\}} \tag{6.7.1}$$

式中,N——电极对(栅状电极与梳状电极对)的总数;

　　ω——电极的半栅距;

　　x——栅状电极与梳状电极间的相对位置状态;

　　a——电极的宽度;

　　h——电极对之间的距离;

　　l——电极对之间的叠合长度;

　　ε——电极对之间的介电常数。

当传感器接有图 6.7.6 所示的测量电路时,传感器的输出信号可以近似地写成

$$\frac{u_0}{u_1} = K_0\cos\left(\frac{\pi x}{\omega}\right) \tag{6.7.2}$$

式中,K_0——传感器的传递系数。

上式表明,输出信号是传感器位置状态 x 的函数。这种电容式位移传感器的灵敏度

为2.56 mV/μm。

图 6.7.6　电容式位移传感器同步检测电路原理图

6.8 电涡流位移计

关于电涡流传感器工作原理已在第 5 章 5.6 节中进行了较详细地阐述,这里不再赘述,电涡流位移计是根据高频反射式涡流传感器的基本原理研制生产的。

电涡流位移计可以用来测量各种形状试件的位移量。例如,

① 汽轮机主轴的轴向位移,如图 6.8.1(a)所示。

② 磨床换向阀、先导阀的位移,如图 6.8.1(b)所示。

③ 金属试件的热膨胀系数,如图 6.8.1(c)所示。

电涡流位移计测量位移的范围可以从 0 ~ 1 mm 至 0 ~ 30 mm,国外个别产品已达 80 mm。一般的分辨率为满量程的 0.1%。也有达到 0.5 μm 的(其全量程为 0 ~ 5 μm)。例如,CZF1-1000 型传感器与 BZF-1、ZZF-5310 型配套时,有 0 ~ 1 mm、0 ~ 3 mm、0 ~ 5 mm 等几种主要类型传感器,其分辨率为 0.1%。另外,凡是可变换成位移量的参数,都可用电涡流式传感器来测量,如钢水液位、纱线张力、流体压力等。

(a)　　　　　　　　　　(b)　　　　　　　　　　(c)

图 6.8.1　电涡流位移计

思考题与习题

1. 简述线位移、角位移的检测方法及测量原理。

2. 用电容式传感器能否检测线位移或角位移? 能否检测微米级或毫米级或更大范围的位移? 若能,需采用什么样的结构形式?

3. 检测几毫米至几十毫米的较大位移,可选用什么传感器? 简述其工作原理。

4. 为什么采用循环码码盘可以消除二进制码盘的粗误差？

5. 光栅传感器的基本原理是什么？莫尔条纹是如何形成的？有何特点？

6. 分析光栅传感器具有较高测量精度的原因。

第7章

速度、加速度、气体及湿度参数检测

速度、转速及加速度是物体机械运动的重要参数,也是工业、农业和国防等领域的经常性检测项目,相应的传感器和检测方法很多,物体运动的速度可分为线速度和角速度(转速)。随着生产过程自动化程度的提高,开发出了各种各样的检测线速度和角速度的方法,如磁电式速度计、光电转速计、电磁转速计、测速发电机、离心转速表、差分变压器测速仪等。加速度传感器主要有压电式、电阻应变片式、压阻式和力平衡式等多种加速度传感器。

混合气体或液体中每种物质的含量,即气体或液体中的各个组分被称为成分。成分检测的目的是要确定某一或全部组分在混合气体(液体)中所占的百分含量,在工业生产及科学实验中,需要检测的成分参数有很多。

本章仅对目前应用最广泛的光电式转速计、电磁式转速计、测速发电机、加速度传感器及工业上常用的气体成分、湿度等的检测原理及方法作简要讲述。

7.1 磁电感应式速度传感器

磁电感应式传感器也称为感应式传感器或电动式传感器。它是利用导体和磁场发生相对运动产生感应电动势的一种机-电能量变换型传感器。不需要供电电源,电路简单,性能稳定,输出阻抗小,频率响应范围广,适用于动态测量,通常用于振动、转速、扭矩等测量。

7.1.1 磁电感应式传感器的工作原理及测量电路

1. 磁电感应式传感器工作原理

根据电磁感应定律,N 匝线圈中的感应电动势 e 决定于穿过线圈的磁通 Φ 的变化率,亦即

$$e = N\frac{\mathrm{d}\Phi}{\mathrm{d}t} \tag{7.1.1}$$

磁电感应式传感器的结构原理如图 7.1.1 所示。图 7.1.1(a)为线圈在磁场中作直线运动时产生感应电动势的磁电传感器。当线圈在磁场中作直线运动时,它所产生感应电动势 e 为

$$e = NBl \sin\theta \frac{\mathrm{d}x}{\mathrm{d}t} = NBlv \sin\theta \qquad\qquad (7.1.2)$$

式中,B——磁场的磁感应强度;

$\quad l$——单匝线圈的有效长度;

$\quad N$——线圈的匝数;

$\quad v$——线圈与磁场的相对运动速度;

$\quad \theta$——线圈运动方向与磁场方向的夹角。

当 $\theta = 90°$ 时,式 (7.1.2) 可写成

$$e = NBlv \qquad\qquad (7.1.3)$$

　图 7.1.1(b)所示的结构是线圈作旋转运动的磁电式传感器。线圈在磁场中转动时产生的感应电动势 e

$$e = NBA \sin\theta \frac{\mathrm{d}\theta}{\mathrm{d}t} = NBA\omega \sin\theta \qquad\qquad (7.1.4)$$

式中,ω——角频率,$\omega = \mathrm{d}\theta/\mathrm{d}t$;

$\quad A$——单匝线圈的截面积;

$\quad N$——线圈的匝数;

$\quad \theta$——线圈法线方向与磁场之间的夹角。

当 $\theta = 90°$ 时,式 (7.1.4) 可写成

$$e = NBA\omega \qquad\qquad (7.1.5)$$

　由式 (7.1.3)和式 (7.1.5)可以看出,当传感器结构一定时,B、A、N、l 均为常数,因此,感应电动势 e 与线圈对磁场的相对运动速度 $\mathrm{d}x/\mathrm{d}t$(或 $\mathrm{d}\theta/\mathrm{d}t$)成正比。所以从磁电传感器的直接应用来说,它只是用来测定线速度和角速度。但是,由于速度与位移或加速度之间有内在联系,它们之间存在着积分或微分的关系。因此,如果在感应电动势测量电路中接一积分电路,那么输出电压就与运动的位移成正比;如果在测量电路中接一微分电路,那么输出电压就与运动的加速度成正比。这样,磁电传感器除可测量速度外,还可以用来测量位移和加速度。

(a) 直线运动　　　　　　　　(b) 旋转运动

图 7.1.1　磁电传感器结构原理图

1—线圈;2—运动部分;3—永久磁铁

2. 磁电感应式传感器测量电路

位移、速度和加速度测量电路如图 7.1.2 所示。该电路用开关 S 切换,当开关 S 放在"1"位置时,经过一个积分电路,可测量位移的大小;当开关 S 放在"2"位置时,不经过运算电路直接输出,可用来测量速度;当开关 S 放在"3"位置时,信号通过微分电路,可以测量加速度。

图 7.1.2　运算电路图

3. 磁电感应式传感器的灵敏度 K

对于直线运动的磁电感应式传感器,其灵敏度可由式(7.1.3)导出

$$K = \frac{e}{v} = NBl \tag{7.1.6}$$

对于旋转运动的磁电感应式传感器,其灵敏度可由式(7.1.5)导出

$$K = \frac{e}{\omega} = NBA \tag{7.1.7}$$

为了提高线圈的灵敏度 K,总是希望线圈的匝数 N 或导线长度 l 大一些,但是要增加线圈的匝数 N 或导线的长度 l,必须注意下面几个问题:线圈电阻与负载电阻的匹配问题、线圈的发热问题和温度影响问题。

(1) 线圈电阻与负载电阻匹配问题

因传感器能产生电动势,相当于一个电动势值为 e 的电源。内阻为线圈的直流电阻 R(忽略线圈电抗)。当用指示器指示,指示器电阻 R_d 即为传感器负载电阻,如图 7.1.3 所示。为使指示器从传感器获得最大功率,应使

$$R = R_d \tag{7.1.8}$$

$$R = \frac{\rho\pi D}{AK_g}N^2 = KN^2 \tag{7.1.9}$$

图 7.1.3　传感器与指示器匹配

式中,ρ——导线电阻率;

　　　D——线圈的平均直径;

　　　A——线圈窗口总面积;

　　　K_g——线圈的填充系数;

　　　K——常数,$K = \rho\pi D/AK_g$。

因为 $R = R_d$,所以 $R_d = KN^2$,则得

$$N = \sqrt{\frac{R_d}{K}} = \sqrt{\frac{R_d AK_g}{\pi\rho D}} \tag{7.1.10}$$

这样,如果传感器已经设计制造好了,则 N 为一固定值,可由此去选择指示器。如果指示器已经选定,R_d 一定,则由式(7.1.10)可以设计传感器线圈的匝数。

(2)线圈的发热

根据传感器的灵敏度及传感器线圈与指示器电阻匹配要求得线圈匝数 N 之后,还需根据散热条件对线圈加以验算,使线圈的温升在允许温升的范围内。验算公式如下

$$A_0 \geqslant I^2 R A_n \tag{7.1.11}$$

式中,A_0——设计的线圈表面积;

I——流过线圈的电流;

R——线圈电阻;

A_n——单位功率所需的散热表面积。

(3)温度影响

在磁电感应式传感器中,温度影响是一个重要问题,必须加以考虑。磁路中的磁感应强度是温度的函数,随温度的增加而减小。电路中线圈的电流也与温度有关,传感器的输出电流可以简单写成

$$I = \frac{e}{R + R_L} \tag{7.1.12}$$

式中,R——线圈的内阻;

R_L——负载电阻。

随着温度上升,e 因 B 的减小而减小;而 R 则随温度上升而增大,式(7.1.12)中分子分母均随温度而变,但变化方向相反,因而影响更严重。图 7.1.4 中给出了不同磁性材料的 $B = f(t)$ 曲线。

图 7.1.4 $B = f(t)$ 曲线

1—镍铝钴合金;2—钴钢;3—钨钢;4—热磁合金

温度误差的补偿方法可以在磁系统的两个极靴上用热磁合金加以磁分路(简称热磁分路)。当温度升高时,热磁合金分路的磁通急剧减少,使气隙中的磁通量相应的得到了补偿。

7.1.2 磁电式速度传感器

磁电式速度传感器分相对速度传感器和绝对速度传感器。

速度、加速度、气体及湿度参数检测

1. 相对速度传感器

图 7.1.5 所示为国产 CD-2 型磁电式相对速度传感器的结构示意图。磁钢 5 通过壳体 3 构成磁回路，线圈 4 置于磁回路的缝隙中，当被测物体的振动通过顶杆 1 使线圈运动时，因切割磁感应线，而在线圈的两端产生感应电动势，其值可由式(7.1.3)求得。可见，线圈的输出电压与被测物体之间的相对振动速度成正比。如将传感器的外壳固定在被测振动物体上，而将活动部分的顶杆压在被测物上，这时可测出两个构件之间的相对振动速度。

图 7.1.5　CD-2 型磁电式相对速度传感器
1—顶杆；2—弹簧；3—壳体；4—线圈；5—磁钢；6—限幅器

为了正确使用这类传感器，还应了解传感器机械系统特性。在讨论这一特性时，主要考虑传感器的顶杆在测量过程中是否能够跟随得上被测物体的运动。为此，设传感器活动部分的质量为 m，弹簧的刚度为 K。在安装传感器时，弹簧有一定的初始压缩量 Δx，则弹簧的恢复力为

$$F = K\Delta x \tag{7.1.13}$$

根据牛顿第二定律，恢复力所产生的最大加速度为

$$a'_{max} = \frac{F}{m} \tag{7.1.14}$$

在测试中，为了保证顶杆与被测物体之间有良好的接触，该加速度必须大于被测物体的最大加速度，即

$$a'_{max} > a_{max} \tag{7.1.15}$$

此条件称为跟随条件，如这一条件不能满足，在测试的过程中顶杆与被测物体将会发生撞击。如被测物振动是简谐振动，则

$$a_{max} = \omega^2 x_m \tag{7.1.16}$$

式中，ω——简谐振动的角频率；

x_m——简谐振动的振幅。

将式(7.1.13)、式(7.1.14)和式(7.1.16)代入式(7.1.15)，可得

$$\Delta x > \frac{m}{K}\omega^2 x_m = \frac{\omega^2}{\omega_n^2}x_m = \left(\frac{f}{f_n}\right)^2 x_m \tag{7.1.17}$$

式中，$\omega_n = (K/m)^{1/2}$ 为传感器活动部分的固有角频率。

由以上分析可知，只有满足式(7.1.17)时，传感器的顶杆才会良好地跟随被测物振动，而不会发生撞击。可见，当弹簧的初始压缩量 Δx 和被测振幅 x_m 限定后，被测振动的频率将受到

限制,这在动态测量时尤其应该注意这一点。

2. 绝对速度传感器

图 7.1.6 为国产 CD –1 型磁电式绝对速度传感器的结构图。图中磁钢 1 借铝架 2 固定在壳体 3 内,并通过壳体形成磁回路。线圈 5 和阻尼环 6 装在芯杆 4 上,芯杆用弹簧 7 和 8 支承在壳体内,构成传感器的活动部分。当传感器的壳体与振动物体一起振动时,如振动的频率较高,由于芯杆组件的质量很大,故产生的惯性力也大,可以阻止芯杆随壳体一起运动。当振动频率高到一定程度时,可认为芯杆组件基本不动,只是壳体随被测物体振动。这时,线圈以物体的振动速度切割磁感线而在线圈两端产生感应电动势。并且线圈的输出电压与线圈相对壳体的运动速度 v 成正比。当振动频率高到一定程度时,线圈与壳体的相对速度 v,就是被测振动物体的绝对速度。图 7.1.7 为 DM6200 系列速度振动传感器。

图 7.1.6　CD–1 型磁电式绝对速度传感器的结构图

1—磁钢;2—铝架;3—壳体;4—芯杆;5—线圈;6—阻尼环;7、8—弹簧;9—输出端

图 7.1.7　DM6200 系列速度振动传感器

7.2　光电式转速计

光电式转速计工作在脉冲状态下,是将转速的变化转换成光通量的变化,再通过光电转换元件将光通量的变化转换成电量的变化,然后依据电量与转速的函数关系或通过标定刻度实现转速测量。

7.2.1 工作原理

光电式转速计是利用光电效应原理制成的,即利用光电管或光电晶体管将光脉冲变成电脉冲。由光电管构成的转速计分反射型和直射型两种。

反射型光电式转速计的工作原理如图 7.2.1 所示。将被测轴 5 的圆周表面顺轴线方向按均匀间隔做成一段黑白相间的反射面和吸收面充当"光栅",传感器对准此反射面和吸收面。光源 1 发射的光线经过透镜 2 成为平行光,照射在半透明膜片 3 上。部分光线透过膜片,部分光线被反射,经聚焦镜 4 聚焦成一点,照射在被测轴黑白相间的"光栅"上。当轴转动时,白色反射面将光线反射,黑色吸收面不反射。反射光再经透镜照射在半透明膜片上,透过半透明膜片并经聚焦透镜 6 聚焦后,照射在光电管 7 的阴极上,使阳极产生光电流。由于"光栅"黑白相间,转动时将获得与转速及黑间隔数有关的光脉冲,使光电管产生相应的电脉冲。当间隔数一定时,该电脉冲与转速成正比。电脉冲送至数字测量电路,即可计数和显示转速。

直射型光电式转速计的工作原理如图 7.2.2 所示。被测轴 1 上装有带孔的圆盘 2,圆盘的一边设置光源 3,另一边设置光电管 4,圆盘随轴转动,当光线通过小孔时,光电管产生一电脉冲。转轴连续转动,光电管就输出一列与转速及圆盘上的孔数成正比的电脉冲数。在孔数一定时,该列电脉冲数就和转速成正比。电脉冲经测量电路放大和整形后再送入频率计计数和显示。经换算或标定后,可直接读出被测转轴的转速。

图 7.2.1 光电转速传感器原理
1—光源;2、4、6—透镜;3—半透明膜片;
5—被测轴;7—光电管

图 7.2.2 直射型光电式
转速计的工作原理
1—被测轴;2—圆盘;3—光源;4—光电管

7.2.2 基本测量电路

光电式转速计一般应用光敏电阻、光电池和光电三极管三类光电器件作传感元件,相应的基本测量电路如图 7.2.3 所示,其中晶体管都工作在开关状态。

光敏电阻可以通过较大电流,故在一般情况下,可直接把光敏电阻看成具有电阻突变特性的电位器,组成电位器式测量电路,而无需采用放大器。如图中 7.2.3(a)所示。在要求有较大功率输出时,则可采用图 7.2.3(b)所示电路。当无光照射,光敏电阻呈现极高的电阻,晶体管饱和导通,u_0 为低电平,反之,u_0 为高电平。

采用光电池作传感元件时,即使在强光照射下,光电池输出电压也仅有 0.6 V。不足以使晶体管饱和导通,故需对光电池两端施加正向偏压,如图7.2.3(c)所示。当无光照射时,光电池无电压输出,电压 U 经电阻分压调整到使三极管成截止状态,u_0 输出高电平。当有光照射时,光电池输出电压加上由电压 U 获得的分压能足以使晶体管饱和导通,此时 u_0 输出为低电平。

采用光电三极管作传感元件时,电路如图7.2.3(d)所示,当无光照射时,光电三极管截止,晶体管基极处于正向偏置而饱和导通,u_0 输出低电平,当有光照射时,光电三极管导通,晶体管基极处于较低电位,由原来的导通状态变为截止状态,u_0 输出高电平。

由上述分析可知,u_0 电位的高低与光照的有无成对应关系,测量电路可以把光脉冲变为电脉冲,当光束(光脉冲)来自被测转轴时,便可根据电脉冲的多少计算出被测转轴的转速。

图7.2.3　光电器件基本测量电路

7.3　测速发电机及电磁脉冲式转速计

7.3.1　测速发电机

测速发电机是一种专门测速的微型电机,发电机的输出电动势在励磁一定的条件下,其值与转速成正比。若将被测旋转体的转轴与发电机转轴相连接,即可测得转速。测速发电机分为直流型和交流型两种。

1. 直流测速发电机

直流测速发电机是利用在恒定磁场中,转动的电枢绕组切割磁通,而产生感应电动势,经电刷引出感应电动势,FTS永磁测速发电机如图7.3.1所示,其原理如图7.3.2所示。输出电动势的极性反应旋转方向,输出电压大小 U 为

$$U = \frac{nC_e\Phi}{1 + \dfrac{r_0}{R_L}} \tag{7.3.1}$$

式中,C_e——电动势常数,由电机结构决定;

Φ——恒定励磁电压 U_1 产生的磁通;

r_0——电枢回路的总电阻;

R_L——负载电阻;

n——被测转速。

图 7.3.1　FTS 永磁测速发电机

图 7.3.2　直流测速发电机原理图

2. 交流测速发电机

交流测速发电机是由交流电压 U_1 励磁的,绕组 W_1 加励磁电压,绕组 W_2 为测量绕组、输出感应电动势。交流测速发电机有同步式和异步式两类,如图 7.3.3 所示为空心杯转子异步测速发电机,它的转子是一个薄壁非磁性杯,杯的内外由内定子和外定子构成磁路。内外定子上嵌有在空间相差 90° 的两个绕组,即励磁绕组 W_1 和测量绕组 W_2。

图 7.3.3　空心杯转子异步
测速发电机原理

当转子随被测旋转体以转速 n 转动时,转子切割由 U_1 产生交变直轴磁通 $\varPhi_1$,因此在空心杯中产生切割电动势 E_1,它的大小与转速 n 成正比,其值为

$$E_1 = C_1 n \varPhi_1 \qquad (7.3.2)$$

式中,C_1——常数;

$\varPhi_1$——交变直轴磁通。

电动势 E_1 在转子杯中产生与之成正比的短路交流电流 I_1 并建立交轴磁通 $\varPhi_2$,$\varPhi_2$ 的方向与 W_2 轴线一致,在 W_2 上产生感应电动势 E_2,其大小与 I_1 成正比。当励磁电压 U_1 的幅值、频率一定时,W_2 上的输出电压 U_2 就正比于转速 n,测得 U_2 就可得知转速 n。

7.3.2　电磁脉冲式转速计

电磁脉冲式转速计是一种数字式仪表。由被测旋转体带动磁性体产生计数电脉冲,根据计数脉冲的个数得知被测转速。

电磁脉冲式转速计的结构形式如图 7.3.4 所示,图 7.3.4(a)为旋转磁铁型,它是将 N 条磁铁均匀分布在转轴上,在测量时,将传感器的转轴与被测物转轴相连,因而被测物就带动传感器转子转动,当转轴旋转时,每转一圈将在线圈输出端产生 N 个脉冲,用计数器测出规定时间内的脉冲数便可求得转速值。若该转速传感器的输出量是以感应电动势的频率来表示的,则其频率 f 与转速 n 间的关系式为

$$f = \frac{1}{60} N n \qquad (7.3.3)$$

式中，n——被测物转速($r/\min$)；

N——定子或转子端面的齿数。

图7.3.4(b)所示为磁阻变化型，它是在旋转测量轴上配置 N 个凸型磁导体；图7.3.4(c)为磁性齿轮型，它是在旋转测量轴上安装一个磁性齿轮。两种结构均配置由铁心和检测线圈构成的测量头。当旋转轴转动时，对于图7.3.4(b)是由于磁路磁阻的变化，使测量线圈上就有相应的脉冲输出，对于图7.3.4(c)是由于磁路磁势的变化，使测量线圈上有相应的脉冲输出，最后经信号处理电路便可测得转速值。计算公式同式(7.3.3)。

(a) 旋转磁铁型　　　　(b) 磁组变化型　　　　(c) 磁性齿轮型

图7.3.4　电磁脉冲式转速计

7.4 加速度传感器

7.4.1 压电式加速度传感器

压电式加速度传感器是利用晶体的压电效应工作的，其原理与压电式压力及力传感器相似，关于压电效应及压电式压力及力传感器已在第3章3.3中讲述过，这里不再赘述。目前压电式加速度传感器主要有压缩式、剪切式和复合式三种。

1. 压缩式压电加速度传感器

压缩式压电加速度传感器的工作原理比较简单，它通过一个质量块将加速度产生的惯性力作用在压电元件上，使压电元件产生压缩变形，从而输出电信号。压缩式压电加速度传感器的结构如图7.4.1所示，图7.4.1(a)为正装中心压缩式结构，质量块3和压电元件4通过预紧螺母2固定在基座上，并与外壳1分开，从而不受外界振动的影响。这种传感器具有灵敏度高、性能稳定、频率范围宽、工作可靠等优点，但基座的机械应变和热应变仍然有影响。为此，设计出隔离基座结构[图7.4.1(b)]和倒装中心结构[图7.4.1(c)]。图7.4.1(d)是一种双筒双屏蔽结构，外壳和预紧筒同时起到屏蔽作用。由于预紧筒横向刚度较大，从而大大提高传感器的综合刚度和横向抗干扰能力，改善传感器特性。

2. 剪切式压电加速度传感器

剪切式压电加速度传感器的结构如图7.4.2所示，主要有中空圆柱形结构[图7.4.2(a)]、扁形结构[图7.4.2(c)]、三角形结构[图7.4.2(d)]、H形结构[图7.4.2(e)]等类型。剪切型压电式加速度传感器的压电元件以采用压电陶瓷为佳，极化方式如图7.4.2(b)所示。剪切型压电式加速度传感器结构简单、轻巧，灵敏度高，且理论上不受横向应变等干扰和无热

图 7.4.1 压缩式压电加速度传感器

1—外壳;2—预紧螺母;3—质量块;4—压电元件;5—基座;6—引线接头;7—预紧筒

释电效应。缺点是压电元件的作用面需通过导电胶黏结而成,装配困难,且不耐高温和高荷载。

图 7.4.2 剪切式压电加速度传感器

1—壳体;2—质量块;3—压电元件;4—基座;5—引线接头;6—预紧件

图 7.4.3 所示为多晶片三向压电加速度传感器的结构,压电元件由三组具有 xyz 三项相互正交压电效应的压电双晶片构成,三向加速度通过质量块转换成为 xyz 三向力作用在三组压电元件上,分别产生三个正比于三向加速度的电量输出。

图7.4.3　三向压电加速度传感器　　　图7.4.4　压电薄膜加速度传感器

3. 复合式压电加速度传感器

　　复合式压电加速度传感器是泛指那些具有组合结构、差分原理、组合一体化或复合材料的压电传感器。

　　图7.4.4所示为由PVF2高分子压电薄膜制成的压电加速度传感器,不仅价廉、简单,而且可以制成任意形状,并可以实现软接触测量,可以用于滚筒洗衣机的不平衡检测、汽车车门关门时的冲击检测及车辆撞击的加速度检测等。

　　这种压电薄膜加速度传感器由一个支架1夹持一片PVF2压电薄膜2构成,薄膜中央有一个质量块3,对上下方向的加速度敏感,并转换成相应的惯性力作用于薄膜上,由此产生电荷,由电极4输出。

7.4.2　电阻应变式加速度传感器

　　电阻应变式加速度传感器与电阻应变式测力传感器、电阻应变式压力传感器的原理相似,是利用各种导电材料的电阻应变效应来工作的。主要由惯性质量块、弹性元件和电阻应变片等组成。

　　图7.4.5所示为粘贴应变片式加速度传感器的结构,采用悬臂等刚度梁作为弹性元件,在梁的悬臂端固定一个质量块,在梁的上下面粘贴工作应变片和补偿片,接成全桥电路用以提高测量灵敏度和温度特性。在壳体中充满阻尼油,使阻尼比达到$0.6 \sim 0.7$的最佳阻尼比。在垂直与测量轴方向粘贴应变片,不仅可以补偿温度误差,而且可以利用泊松比效应提高测量灵敏度。这种传感器的固有频率可达数千赫。

图7.4.5　应变式加速度传感器结构
1—阻尼油;2—悬臂梁;3—惯性质量块;
4—应变片;5—壳体

7.4.3　力平衡式加速度传感器

　　力平衡式传感器属于闭环传感器,它具有精度高、稳定性好、灵敏度高、线性好和动态特性优良等特点。

209

力平衡式加速度传感器主要由惯性敏感系统、位移传感器、伺服放大器和磁电式力发生器组成,如图 7.4.6 所示。工作时,将传感器固定在被测体上,磁电式力发生器(力矩器)的永磁系统和壳体固连,而动圈与惯性质量块 m 相连。当传感器随被测体感受到加速度 a 时,惯性质量块 m 因惯性力而产生相对于壳体的位移,高灵敏度的位移传感器将此位移转换成电信号,并经过伺服放大器放大后输出电流至磁电式力发生器的动圈。当动圈中通有电流时,将产生电磁力作用在力矩器的移动部件上,并与被测加速度作用于惯性质量上的惯性力相平衡,使惯性质量回到零位。此时动圈的电流为

$$I_0 = \frac{ma}{Bl}$$

(7.4.1)

式中,B——磁感应强度;

l——动圈绕组导线长度;

m——惯性质量;

a——被测加速度。

由此可见,动圈的电流与被测加速度成正比。

图 7.4.6 力平衡式加速度传感器结构原理

1—外壳;2—惯性质量块;3—弹性支承;4—阻尼器;5—位移传感器;6—伺服电路;7—力矩器;8—惯性基准

7.5 气体成分检测

混合气体中某一组分的检测与分析,是应用气体混合物中待测组分含量变化,引起混合气体中物理特性变化而进行检测分析的。成分检测的方法主要有化学式、物理式和物理化学式等。其中化学式和物理式检测方法是利用被测样品中待测组分的某一化学或物理性质比其他组分有较大差别这一事实工作的。例如,氢气的导热系数比其他气体大得多,由此构成的热导式检测方法可检测混合气体中氢的含量;氧气的磁化率是一般氢气的几十倍以上,利用这一性质构成的热磁式检测方法可检测氧气的含量,物理化学式检测方法主要是根据待测组分在特定介质中表现出来的物理化学性质的不同来分析待测组分的含量。例如,利用氧化锆电解质构成浓差电池用来测量氧含量;利用色谱柱可将样品中各组分进行分离等。

7.5.1 热导式气体分析仪

热导式气体分析仪是通过检测混合气体导热系数变化得知待测组分含量的,被测气体组分含量变化时,将引起导热系数的变化,从而间接得知待测组分的含量,表征物质导热能力大小的物理量是导热系数 λ,λ 越大说明该物质导热系数越大,更容易导热,不同的物质,其导热系数是不一样的,常用气体导热系数 λ 见表 7.5.1。

表 7.5.1 常见气体的导热系数 λ(0 ℃时)

气体名称	空气	N_2	O_2	CO	CO_2	H_2	SO_2	NH_3	CH_4	Cl_2
$\lambda \times 10^{-2}$ W/m·K	2.440	2.432	2.466	2.357	1.465	17.417	1.004	2.177	3.019	0.788
相对导热系数	1.00	0.996	1.013	0.96	0.605	7.15	0.35	0.89	1.25	0.323

设待测组分的浓度为 C_1,相应的导热系数为 λ_1;混合气体中其他组分的导热系数近似相等,即 $\lambda_2 = \lambda_3 = \cdots = \lambda_n$,则可得待测组分浓度 C_1 与混合气体的导热系数之间的关系

$$C_1 = \frac{\lambda - \lambda_2}{\lambda_1 - \lambda_2} \tag{7.5.1}$$

上式表明,当待测组分浓度 C_1 变化时,将引起导热系数 λ 的变化。如果测得 λ,即可求得待测组分的浓度。

为了确定多组分某一气体组分的含量,必须满足以下两个条件:

① 混合气体中除待测组分外,其余各组分的导热系数应相同或十分接近。

② 待测组分的导热系数与其余组分的导热系数要有显著的差别,差别越大,灵敏度越高,即由于待测组分浓度变化引起混合气体的 λ 的变化就越大。

以检测分析烟气中 CO_2 含量为例。设烟气中含有 N_2、CO、CO_2、O_2、SO_2 和 H_2 等,在检测分析之前先对烟气进行预处理,除去 SO_2 和 H_2。余下成分中 N_2、CO、O_2 的导热系数很接近,这样就满足了 CO_2 的检测分析条件。混合气体的成分检测与分析,常用热导式气体分析仪。

热导式气体分析仪由热导室、测量电桥和显示仪组成。热导室又称发送器或传感器,它是利用大电阻大电流工作方式,如图 7.5.1 所示,室内悬挂一根电阻丝(长度为 l)作为热敏元件。当通过恒定电流 I 时,电阻丝发热并向四周散热,热量主要通过室内混合气体传向室壁。室壁温度 t_0 基本稳定,电阻丝达到热平衡状态时的温度为 t_n,对应电阻丝阻值为 R_n。混合气体的导热系数 λ 越大,说明散热条件越好,t_n 也越低,导致电阻值 R_n 越小。通过电阻值的变化来实现对导热系数变化(即气体组分变化)的检测与分析。

热导式气体分析仪的测量电桥如图 7.5.2 所示,铂丝电阻 $R_1 \sim R_4$ 组成不平衡电桥,R_1、R_3 为工作臂,置于待测气体流过的热导室内,R_2、R_4 为参比臂,置于流过参比气体的参比室内,整个电桥置于保持温度基本稳定的环境中,当待测气体以一定速度通过测量室时,通过电桥和显示仪指示或记录待测组分的百分含量。

图 7.5.1　热导室原理　　　　图 7.5.2　热导式气体分析仪的测量电桥

7.5.2　热磁式气体分析仪

热磁式气体分析仪是利用被测气体混合物待测组分比其他气体有高得多的磁化率,以及磁化率随温度的升高而降低等热磁效应来检测待测气体组分含量的原理制成的仪表。它主要用来检测混合气体的氧含量,测量范围为百分之百,具有反应快、稳定性好等特点。对于气体中氧含量的检测与分析,工业上常用的方法有:热磁式氧气分析仪和氧化锆式氧量分析仪。

1. 热磁式氧气分析仪

热磁式氧气分析仪主要是利用氧的磁特性工作的,如氧气比其他组分的磁化率大得多,并且其他组分的磁化率近似相等,随着温度的升高,气体的磁化率将迅速下降。

热磁式氧气分析仪的原理如图 7.5.3 所示,变送器是该仪器的检测部件,也是关键部件,它是将混合气体中氧含量的变化转换成热磁对流的变化,从而转换成电阻的变化。变送器的结构是一个中间有通道的环形内室。被测气体从下部进入,到环形气室后沿两侧往前走,最后由上部出口排除。当中间通道不加磁场时,两侧的电流是对称的,中间通道无气体流动。在中间通道外面,均匀地绕以铂丝,它既是加热元件,又是检测温度变化的温度敏感元件,电阻丝的中间有一个抽头,把电阻丝分成两个阻值相等的电阻 R_1、R_2,R_1、R_2与另两个固定电阻 R_3、R_4 一起构成测量电桥。

图 7.5.3　热磁式氧气分析仪

1—环形管;2—中间通道;3—显示仪表;
4—被测气体入口;5—被测气体出口

当测量电桥接上稳压电源时,R_1、R_2 因发热使中间温度升高,若此时中间通道无气流通过,则中间通道上各处温度相等,$R_1 = R_2$,测量电桥输出为 0。在中间通道的左端装有一对磁极,当温度为 T_0 在环形气室中流动的气体流经该强磁场时,若气体中含有氧气等顺磁性介质,则这些气体受磁场吸引而进入中间通道,同时被加热到温度 T,被加热的气体由于磁化率的减少受磁场的吸引力变弱,而在磁场左边尚未加热的气体继续受较强的磁场吸引力而进入通道,结果将原来已经进入通道受磁场引力变弱的气体推出,如此不断进行,在中间通道中自左向右形成一连续的气流,这种现象称为热磁对流现象,该气流称作磁风。若控制气样的流量、温度、压力和磁场强度等不变,则磁风的大小仅随气样中氧含量的变化而变化。热磁对流的结果,将带走电阻丝 R_1 和 R_2 上的部分热量,但由于冷气体先经 R_1 处,故 R_1 上被气体带走的热量要比 R_2 上带走的热量要多。于是 R_1 处的温度低于 R_2 处的温度。电桥输出不平衡电压,输出电压的大小取决于 R_1 和 R_2 之间的差值,即磁风的大小,从而反映了被测气体中氧含量的大小。

2. 氧化锆式氧量分析仪

氧化锆式氧量分析仪是由氧化锆固体电解质管、铂电极和引线构成。如图 7.5.4 所示,氧化锆管制成一头封闭的圆管,管径一般为 10 mm 左右,壁厚 1 mm 左右,长度 150 mm 左右。内外电极一般都用多孔铂,它是用涂敷和烧结的方法制成,厚度几微米到几十微米。电极引线采用零点几毫米的铂丝。圆管内部一般通入参比气体,管的外侧通入被测气体。氧化锆传感器的空心管是由 ZrO_2 和 CaO 按一定比例混合、在高温下烧结的陶瓷,在 600 ~ 800 ℃ 时它成为氧离子的良好导体。当氧化锆管内侧流过待测气体时,在铂电极间产生的电动势 E 为

图 7.5.4　氧化锆式氧量分析仪的结构图

$$E = \frac{RT}{nF} \ln \frac{P_2}{P_1} \qquad (7.5.2)$$

式中,R——氧的气体常数,为 8.314 J/(mol·K);

　　　F——法拉第常数,为 96.487×10³ C/mol;

　　　T——被测气体的热力学温度,单位 K;

　　　n——参加反应的电子数,$n = 4$;

　　　P_1——被测气体的氧分压,即氧含量的百分数;

　　　P_2——参比气体(空气)的氧分压,20.6%。

被测气体的温度由温度控制器控制为一定值时,由测得的电动势 E 可确定 P_1,从而测定出氧的含量。

7.5.3　红外线气体分析仪

红外线气体分析仪,是应用气体对红外线的吸收原理而制成的,具有灵敏度高、分析范围广、选择性好等特点,因此在工业生产中得到广泛的应用。可用于测量炉气或烟气中 SO_2、CO_2、CO 等大气的含量。

1. 红外线及其特征

红外线是一种电磁波,它的波长介于可见光和无线电波之间、红外线在可见光红光的外面

而得名。分为近红外、中红外、远红外和极远红外,红外气体分析仪主要是利用 $1 \sim 25 \ \mu m$ 之间的一段光波。

红外线具有以下两个特征:

① 由于各种物质的分子本身都固有一个特定的振动频率,只有在红外光谱的频率与分子本身的频率相一致时,这种分子才能吸收红外光谱辐射能。所以各种气体或液体并不是对红外光谱范围内所有波长的辐射能都具有吸收能力,而是有选择性的,即不同的分子混合物只能吸收某一波长范围或几个波长范围内的红外辐射能。图 7.5.5 所示给出了几种气体在不同波长时对红外线的吸收情况。

图 7.5.5　几种气体在不同波长时对红外线的吸收情况

② 当红外线作用于物质时,红外线的辐射能被物质所吸收,并转换成其他形式的能量,气体在吸收红外辐射能后,使气体的温度升高,利用这种转换关系,就可以确定物质吸收红外线辐射能的多少,从而确定物质的含量。

2. 光的吸收定律

光的吸收定律又称作朗伯—贝尔定律,即红外线通过物质前后的能量变化随着待测组分浓度的增加而以指数下降,其表达式为

$$I = I_0 e^{-KCl} \qquad\qquad (7.5.3)$$

式中,I_0——红外线通过待测组分前的光强度;

　　I——红外线通过待测组分后的光强度;

　　K——待测组分的吸收系数;

　　C——待测组分的浓度;

　　l——红外线通过待测组分的长度。

总之,气体对不同波长的红外线具有选择吸收的能力,其吸收的强度取决于待测气体的浓度。

3. 红外线气体分析仪的检测原理及结构

红外线气体分析仪的结构原理图如图7.5.6所示,它主要由红外线辐射光源、气室、红外探测器以及电器电路等部分组成。两个几何形状和物理参数都相同的灯丝1串联构成了红外线辐射光源,发射出具有一定波长的红外线,两部分红外辐射线分别由两个抛物体反射镜聚成两束平行光,在同步电机的切光片3的周期性切割作用下(即断续遮断光源),就变成了两束脉冲式红外线。这两束红外线中的一路通过测量室4进入检测室6,另一路通过参比室5进入检测室6,参比室中密封的是不吸收红外线的气体如N_2,它的作用是保证两束红外线的光学长度相等,即几何长度加上通过的窗口数要相等,因此通过参比室的红外线,光强和波长范围基本上不变,而另一束红外线通过测量室时,因测量室中的待测气体按照其特征吸收波长吸收相应的红外线,其光强减弱,所以进入检测室红外线就被选择性地吸收,待测组分气体吸收红外线能量后,气体分子的热运动加强,产生热膨胀形成压力的变化,由于进入检测室两侧红外线能量不同,两侧气室中的待测组分吸收红外线能量亦不同,因此左右两侧气室内气体的温度变化也不同,压力变化也就不同,必然是左侧小室内的气体的压力大于右侧小室内气体的压力,此压力差推动薄膜7产生位移(图7.5.6中薄膜是鼓向右侧),从而改变了薄膜7与另一定片8之间的距离,因薄膜与定片

图7.5.6　红外线气体分析仪
的结构原理图

1—灯丝;2—同步电机;3—同步电机切光片;
4—测量室;5—参比室;6—检测室;
7—薄膜;8—定片;9—测量放大器;
10—指示记录仪

是组成一电容器,它们之间距离的变化改变了电容器的电容量(红外线分析器中一般称为薄膜电容器)。因此电容的大小与样品中待测组分的含量有关。通过测量电容的变化,就可以间接地确定待测组分的浓度,并在指示记录仪10上把它显示出来。显然,待测组分含量愈大,到检测室的两束红外线的能量差值也愈大,因此薄膜电容器的电容量的变化愈大,输出信号也愈大。

7.6　气敏传感器

为了工业生产顺利进行,人身安全得到保证,就必须对危害健康,引起窒息、中毒或引起爆炸的气体进行检测,对这类气体的检测应主要检测其是否有害,是否达到了危害程度,并不一定要求精确测量其成分,只要能够及时报警,以便防范即可。为此,20世纪60年代初就研制成功了简单、廉价的半导体气敏元件。这类元件在环境保护和安全监督等方面都起到了重要作用。下面仅对半导体气敏传感器的结构、原理及应用做简要介绍。

7.6.1 半导体气敏传感器

半导体气敏传感器,是利用半导体气敏元件同气体接触,造成半导体性质发生变化,借此检测特定气体的成分及其浓度。半导体气敏传感器的分类见表7.6.1,大体上分为电阻式和非电阻式两种。电阻式半导体气体传感器是用氧化锌、氧化锡等金属氧化物材料制作的敏感元件,利用其阻值的变化来检测气体的浓度。现以最常用的烧结型氧化锡(SnO_2)为例加以介绍。

表 7.6.1 半导体气体传感器的分类

	主要的物理特性	传感器举例	工作温度	代表性被测气体
电阻式	表面控制型	氧化锡、氧化锌	室温 ~450 ℃	可燃性气体
	体控制型	氧化钴、氧化镁	700 ℃ 以上	酒精、可燃性气体、氧气
非电阻式	表面电位	氧化银	室温	乙醇
	二极管整流特性	铂/硫化镉	室温 ~200 ℃	氢气、一氧化碳、酒精
	晶体管特性	铂栅 MOS 场效应管	150 ℃	氢气、硫化氢

1. 基本结构

烧结型 SnO_2 气敏元件是以多孔质陶瓷 SnO_2 为基材(粒度在 1 μm 以下),添加不同物质,采用传统的制陶方法,进行烧结。烧结时埋入测量电极和加热丝,制成管芯,最后将电极和加热丝焊在管座上,并罩覆于二层不锈钢网中而制成元件。这种元件主要用于检测还原性气体、可燃性气体等。在元件工作时需加热到 300 ℃ 左右,按其加热方式可分为直热式和旁热式。下面仅介绍直热式。直热式元件又称内热式,其结构如图 7.6.1 所示,元件管芯由三部分组成:SnO_2 基体材料、加热丝、测量丝,它们都埋在 SnO_2 基材内。工作时加热丝通电加热,测量丝用于测量元件的阻值。

(a) 结构示意图   (b) 图形符号

图 7.6.1 直热式气敏元件结构示意图及图形符号

该元件具有制作工艺简单、成本低、功耗小等优点,可在高回路电压下使用,可制成价格低廉的可燃气体泄漏报警器,但是存在着热容量小、易受环境气流影响等弱点。

2. 工作原理

烧结型 SnO_2 气敏元件是表面电阻控制型气敏元件。制作元件的气敏材料是多孔质 SnO_2 烧结体。在晶体组成上,锡往往偏离化学计量比。在晶体中如果氧不足,将出现两种情况:一是产生氧空位;另一种是产生锡间隙原子。但无论哪种情况,在禁带靠近导带的地方形成施主能级,这些施主能级上的电子很容易激发到导带而参与导电。

烧结型 SnO_2 气敏元件的气敏组成部分,就是这种 N 型 SnO_2 材料晶粒形成的多孔质烧结体,其结构模型如图 7.6.2 所示,这种结构的半导体,其晶粒接触面存在电子势垒,其接触部电阻对原件电阻起支配作用。显然,这一电阻主要取决于势垒高度和接触部形状,亦即主要受表面状态和晶粒直径大小等的影响,氧吸附半导体表面时,吸附的氧分子从半导体表面获得电子,形成受主型表面能级,从而使表面带负电,由于氧吸附力很强,因此,SnO_2 气敏元件在空气中放置时,其表面上总是会有吸附氧的,其吸附状态均是负电荷吸附状态。这对 N 型半导体来说,形成电子势垒,使气敏元件阻值升高。

(a) 烧结构模型   (b) 粒子结合形式   (c) 可燃气体吸附   (d) 增感剂作用

图 7.6.2　SnO_2 烧结体对气体的敏感机理

7.6.2　红外吸收式气敏传感器

红外线吸收式气敏传感器具有精度高、选择性好、气敏浓度范围宽等特点。但加上防护罩的传感器往往体积变大,构造复杂,价格高而且使用和保养难度一般较大。

红外线吸收式气敏传感器的典型构造形式如图 7.6.3 所示。近年来,由于红外光敏元件和红外光干涉滤光片性能有极大提高,价格也日趋便宜,因此图 7.6.4 的形式逐渐取代了图 7.6.3 的形式。

图 7.6.3 的形式是电容麦克型。它包括两个构造形式完全相同的光学系统:其中一个红外光入射到比较槽,槽内密封着某种气体;另一个红外光入射到测量槽,槽内通入被测气体。两个光学系统的光源同时(或交替地)以固定周期开闭。当测量槽的红外光照射到某种被测气体时,不同种类的气体将对不同波长的红外光具有不同的吸收特性。同时,同种气体而不同浓度时,对红外光的吸收量也彼此相异。因此,通过测量槽红外光光强变化就可知道被测气体的种类和浓度。由于采用两个光学系统,所以检出槽内的光量差值将随着被测气体种类不同而不同。同时,这个差值对于同种被测气体而言,也会随气体的浓度增高而增加。由于两个光学系统以一定周期开闭,因此光量差值以振幅形式输入检测器。

图 7.6.3 电容麦克型红外吸收式气敏传感器结构

图 7.6.4 量子型红外光敏元件气敏传感器的构成

检测器也是密封存有一定气体的容器。两种光量振幅的周期性变化,被检测器内气体吸收后,可以变为温度的周期性变化,而温度的周期性变化最终体现为竖隔薄膜两侧的压力变化而以电容量的改变量输出至放大器。

将图 7.6.3 和图 7.6.4 所示的两种形式进行比较,可以发现:图 7.6.4 所示的量子型红外光敏元件取代了图 7.6.3 所示的检测器,因此可直接把光量变为电信号;同时,光学系统与气体槽也都因合二为一,大大简化了传感器构造。

为增加量子型红外光敏元件灵敏度和适合其红外光谱响应特性,采用图 7.6.4 所示更换干涉型红外滤波片的方法,比较简单易行,而且也可以通过改换滤光片来增加被测气体种类和扩大测量气体的浓度范围。

7.6.3 气敏传感器应用举例

半导体气敏元件,由于具有灵敏度高、响应时间长、恢复时间短、使用寿命长、成本低等特点,所以半导体气敏传感器在实际中应用很广,下面简单地介绍两个应用实例。

1. 可燃气体报警器

该类仪器是对泄露气体达到危险限值时自动进行报警的仪器。图 7.6.5 所示为一种简单的家用报警器电路,气敏元件采用测试回路高电压的直热式气敏元件 TGS109。当室内气体增加时,由于气敏元件接触到可燃性气体而其阻值降低,这样流回回路的电流就增加,便直接驱动蜂鸣器进行报警。

图 7.6.5 家用气体报警器电路图

设计报警器时应十分注意选择开始报警浓度,既不要选得过高也不要选得过低,选高了,灵敏度低,容易造成漏报,起不到报警的目的;选低了,灵敏度过高,容易造成误报。一般情况下,对于甲烷、丙烷、丁烷等气体,都选择在爆炸下限的十分之一,家庭用报警器,考虑到温度、湿度和电源电压的影响,开始报警浓度应有一定的范围,出厂前按标准条件调整好,以确保环境条件变化时,不至于发生误报或漏报。

使用气体报警器可根据使用气体的种类不同,分别安放在易检测气体泄露的地方,如丙烷、丁烷气体报警器,安放于气体源附近地板上方 20 cm 以内;甲烷和一氧化碳报警器,安放于气体源上方靠近天棚处。这样就可以随时检测气体是否漏气,一旦泄露的气体达到一定危险程度,便自动产生报警信号,进行报警。

2. 气体检漏仪

它是利用气敏元件的气敏特性,将其作为电路中的气-电转换元件配以相应的电路、指示仪表或声光显示部分而组成的气体检测仪器。该类仪器具有灵敏度高、体积小、使用方便等特点。图 7.6.6 是采用 QM-N5 型气敏元件组成的简易袖珍式气体检漏仪原理图,其电路简单,集成化,仅用了一块四与非门集成电路,可用镉镍电池供电,用压电蜂鸣器和发光二极管进行声光报警。气敏元件安装在探测杆端部进行探测时,它可从机内拉出。

对检漏现场有防爆要求时,必须用防爆气体检漏仪进行检漏,与普通检漏仪相比,这种检漏仪仪器壳体结构及有关部件要根据探测气体和防爆等级要求进行设计,采用 QM-N5 型气敏元件作气-电转换元件,用电子吸气泵进行气体取样,用指针式仪表指示气体浓度,由蜂鸣器进行报警。

图 7.6.6　采用 QM-N5 型气敏元件组成的简易袖珍式气体检漏仪原理图

3. 火灾烟雾报警器

火灾烟雾报警器适用于对煤气、液化气、汽油、一氧化碳、烷类等挥发性气体及纸张、木材、橡胶、塑料制品等燃烧生成的烟雾进行检测。

（1）工作原理

电路如图 7.6.7 所示。采用 QM-N5 气敏传感器,实现气电转换,555 时基集成电路及其周围元器件组成触发电路和报警电路。由于气敏元件工作时,要求其加热电压相当稳定,所以利用 12 V 电源对气敏元件的加热丝进行稳压,报警器就能稳定地工作在 180～260 V 范围内。电路工作时,由 555 时基电路组成自激多谐振荡器,利用它的复位端进行触发。当气敏元件接触到可燃性气体和烟雾时,其阻值降低,使 555 时基电路复位端即 4 脚电压上升,当电压达到 555 时基电路电源电压 U_∞ 的 $\frac{1}{3}$ 时,其输出端即 3 脚输出高电平,驱动扬声器发出报警声。

图 7.6.7　火灾烟雾报警器电路

（2）元器件选择

电源采用蓄电池 12 V 供电。如采用交流电供电,可选输出功率大于 5 W,二次电压为 9 V（应经浸漆烘干处理）的电源变压器。气敏元件可采用 QM-N5 气敏传感器或 PS810 型光电式感烟器等通用性较强的气敏元件,适用于天然气、液化气、一氧化碳及醚类、苯类等挥发性气体及木材、纸张、棉布、塑料制品的燃烧烟雾进行报警。其他元器件规格可按图 7.6.7 中的标注进行选择,无特殊要求。

（3）安装调试

把全部元器件插入图 7.6.8 所示的印制电路板,根据原理图检查确认无误后,在焊接面上进行焊接。调试时,报警器通电预热 10 余分钟,调节电位器 R_P(选用小型实心微调电位器),使报警器进入报警器状态,把上述气体接近气敏元件,报警器应发出报警声。调试报警灵敏度时,把报警器通电 10 余分钟后,置于密封透明袋中,然后向袋中注入浓度为 0.08% 的一氧化碳标准气体,观察报警器是否报警。若数分钟后不报警,表明报警器的灵敏度太低,应把电位器 R_P 中心抽头向下微调一些。重复上述操作,直到报警器报警为止。最后,把一氧化碳标准气体的浓度降到 0.06%,重复上述操作,报警器应当不报警。

图 7.6.8　火灾烟雾报警器印制电路板图

7.7　湿度的检测

7.7.1　湿敏传感器

1. 湿度的定义

一般将空气或其他气体中的水分含量称为"湿度",湿度可分为绝对湿度和相对湿度。目前应用最多的是相对湿度。

绝对湿度(AH)是指在一定温度及压力条件下单位体积(即 1 m^3)的空气中所含水蒸气的质量,其定义式为

$$绝对湿度 = \frac{m_\mathrm{v}}{V} \qquad (7.7.1)$$

式中,m_v——待测空气中的水蒸气质量;

V——待测空气的总体积。绝对湿度的单位为 $\mathrm{g/m}^3$。

相对湿度(RH)为待测空气的水蒸气分压与相同温度下水的饱和水蒸气压的比值之百分数,其定义式为

$$相对湿度 = \left(\frac{P_\mathrm{v}}{P_\mathrm{w}}\right)_T \times 100\% \qquad (7.7.2)$$

式中，P_v——待测空气的水蒸气分压；

P_w——与待测空气同温度时水的饱和水蒸气压。

相对湿度也可定义为气体的绝对湿度 P_a 与同一温度下达到饱和状态的绝对湿度 P_s 的百分比，其定义式为

$$相对湿度 = \left(\frac{P_a}{P_s}\right)_T \times 100\% \tag{7.7.3}$$

2. 湿度传感器的特性参数

（1）湿度量程

能保证一个湿敏器件正常工作的环境湿度的最大变化范围称为湿度量程。湿度范围用相对湿度（0～100）%RH 表示，量程是湿度传感器工作性能的一项重要指标。

（2）感湿特征量-相对湿度特性曲线

每种湿度传感器都有其感湿特征量，如电阻、电容、电压、频率等，在规定的工作温度范围内，湿度传感器的感湿特征量随环境相对湿度变化的关系曲线，称为相对湿度特性曲线，简称感湿特性曲线。通常希望特性曲线应当在全量程上是连续的且呈线性关系。有的湿度传感器的感湿特征量随湿度的增加而增大，这称为正特性湿敏传感器；有的感湿特征量随湿度的增加而减小，这称为负特性湿敏传感器。

（3）灵敏度

在某一相对湿度范围内，相对湿度改变 1%RH 时，湿度传感器感湿特征量的变化值或百分率称为感湿灵敏度，简称灵敏度，又称湿度系数。感湿灵敏度表征湿度传感器对湿度变化的敏感程度。如果湿度传感器的特性曲线是线性的，则在整个使用范围内，灵敏度就是相同的；如果湿度传感器的特性曲线是非线性的，则灵敏度的大小就与其工作的相对湿度范围有关。

（4）温度系数

湿敏元件的温度系数是反映湿度传感器的感湿特征量-相对湿度特性曲线随环境温度而变化的特征。感湿特征量随环境温度的变化越小，环境温度变化所引起的相对湿度的误差就越小。在环境湿度保持恒定的情况下，湿度传感器特征量的相对变化量与对应的温度变化量之比，称为特征量温度系数。温度系数定义为：在环境湿度保持恒定的条件下，环境温度每变化 1 ℃所引起的湿度误差

$$\alpha = \frac{H_2 - H_1}{\Delta T} \tag{7.7.4}$$

式中，ΔT——环境温度与室温之差；

H_1——某一温度下和规定温度下，湿度传感器的感湿特征量对应的相对湿度值；

H_2——另一温度下和规定温度下，湿度传感器的感湿特征量对应的相对湿度值；

α——元件的感湿温度系数，单位为%RH/℃。由湿度传感器的感湿温度系数 α 值可知湿度传感器由于环境温度的变化所引起的测湿误差。例如，某一湿度传感器的 $\alpha = 0.3\%$ RH/℃，如果环境的温度变化了 20 ℃，那么就引起了 6%RH 的测量误差。

（5）响应时间

在一定的温度下，当相对湿度发生跃变时，湿度传感器的感湿特征量之值达到稳态变化量的规定比例所需的时间称为响应时间，也称为时间常数。它反映了湿度传感器对于相对湿

度发生变化时,其反应速度的快慢。一般是以相应于起始和终止这一相对湿度变化区间63%的相对湿度变化所需要的时间,称为响应时间,单位是 s,也有规定从始到终90%的相对湿度变化作为响应时间的。响应时间又分为吸湿响应时间和脱湿响应时间。大多数湿度传感器都是脱湿响应时间大于吸湿响应时间,一般以脱湿响应时间作为湿度传感器的响应时间。

3. 干湿球湿度计

干湿球湿度计是目前常用的一种机械式湿度传感器,它由两支完全相同的玻璃温度计构成,其中一个感温包直接与空气接触,指示干球温度 T_d;另一个感温包外有纱布,且纱布下端浸在水中经常保持湿润,所指示的是湿球温度 T_m。一般情况下空气中的水蒸气不饱和,湿球上的纱布由于水分蒸发吸收热量,所以 $T_m < T_d$。空气中水蒸气的分压为

$$P_v = P_{mw} - AP(T_d - T_m) \tag{7.7.5}$$

式中,P_v——空气中水蒸气的分压;

P_{mw}——湿球温度 T_m 下的饱和水蒸气压;

A——湿度计常数;

P——湿空气的总压。

相对湿度为

$$\psi = \frac{P_v}{P_{dw}} = \frac{P_{mw} - AP(T_d - T_m)}{P_{dw}} \tag{7.7.6}$$

式中,ψ——相对湿度;

P_{dw}——干球温度 T_d 下的水蒸气压。

根据上述原理,可用热电阻或热电偶代替玻璃温度计,用放大器和可逆电机构成自动平衡系统,只要读出 T_d 和 $T_d - T_m$ 之差,便可记录、显示相对湿度,还兼有标准电流信号输出,成为相对湿度变送器。如图 7.7.1 所示,将热电阻 R_d 和 R_m 分别接在两个电桥电路中,并将其输出对角线反向串联得差值 ΔU,用放大器 A 根据 ΔU 的极性控制可逆电动机 M 的正转和反转。电动机 M 除带动指针和记录笔之外,还带动滑线电阻的滑点,使 ΔU 减小直至完全平衡为止。干湿球湿度计的主要缺点是灵敏度和分辨率等都不够高,而且是非电信号的湿度测量,难以同电子电路和自动控制系统及仪器相连接。

图 7.7.1　自动平衡干湿球湿度计原理

4. 氯化锂湿敏电阻传感器

氯化锂是一种电解质,由于极性水分子的作用,氯化锂可离解出能自由移动的 Li^+、Cl^- 离子。离子的体积浓度决定了电解质溶液的电导率。而溶液中的离子体积浓度又取决于给定温度下环境的相对湿度。因此,通过测量氯化锂的电阻即可确定环境的相对湿度。氯化锂湿敏电阻是利用吸湿性盐类潮解,离子电导率发生变化而制成的测湿元件。

图 7.7.2 所示为在玻璃带上浸有氯化锂溶液的浸渍式湿敏元件。湿敏元件的基片材料为无碱玻璃带。将该玻璃带浸在乙醇中,除去纤维表面上附着的收集剂,将两片变成弓字形的铂箔片夹在基片材料的两侧作为电极。图 7.7.2 中右面所示为湿敏元件外形图。元件的电阻值随湿气的吸附与脱附过程而变化。

氯化锂通常与聚乙烯醇酐组成混合体,在氯化锂($LiCl$)溶液中,Li^+ 和 Cl^- 均以正负离子的形式存在,而 Li^+ 对水分子的吸引力强,离子水合程度高,其溶液中的离子导电能力与体积浓度成正比。当溶液置于一定温湿场中,若环境相对湿度高,溶液将吸收水分,使离子体积浓度降低,因此,其溶液电阻率增高。反之,环境相对湿度变低时,溶液离子体积浓度升高,其电阻率下降,从而实现对湿度的测量。氯化锂湿敏电阻具有负感湿特性,其湿度-电阻特性曲线如图 7.7.3 所示。由图 7.7.3 可知,在 50% ~80% 的相对湿度范围内,电阻与湿度的变化成线性关系。为了扩大湿度测量范围,可以将几支浸渍不同浓度氯化锂的湿敏元件组合使用。如用浸渍 1% ~1.5%(重量)浓度氯化锂湿敏元件,可检测相对湿度 20% ~50% 范围内的湿度,而用 0.5%(重量)浓度氯化锂的湿敏元件,可检测相对湿度 40% ~80% 范围内的湿度。这样,将这两支湿敏元件配合使用,就可以检测相对湿度 20% ~80% 范围内的湿度。

图 7.7.2　玻璃带上浸 LiCl 的
湿敏元件的结构

图 7.7.3　玻璃带上浸渍 LiCl 的湿敏
元件的电阻-相对湿度特性

由图 7.7.3 可以看出,在湿气的吸附和脱附过程中,元件的电阻值变化呈现出较小的滞后现象。因此,如果湿度的测量精度要求不太高(如 $\pm 2\% RH$),在常温附近使用时,可不必进行温度补偿。

7.7.2 湿度传感器应用实例

1. 粮食湿度检测器

粮管部门对粮食的湿度有一定的要求。目前很多地方采用手摸牙咬的方法来判断粮食的湿度,其准确性较差。采用图 7.7.4 所示的粮食湿度检测器就可以快速、准确、直观地测出粮食的湿度。它的工作原理如下:两块面积相同、距离固定不变的铜板构成一个平板电容器,当粒状的粮食放在平板电容器的两夹板之间时,介质由原来的空气变成了粒状物体,引起介质损耗的变化,平板电容器的电容量增加。由 555 定时器构成的多谐振荡器的振荡频率也随之变化。粮食湿度的不同,会引起振荡频率的改变,整流后的直流电压也随之改变。这样,就把粮食的湿度变成直流电压而由直流电压表指示出来。平板电容器的电容量只要有 10 μF 的变化,直流电压表的指示值就在 2 V 变化。只要在直流电压表上刻上湿度指示或表示合格的红带,就能很方便地测出粮食的湿度是否合格。图中的 R_P 是调零电位器。

图 7.7.4 粮食湿度检测器电路

2. 湿度测量报警器

本例介绍的湿度测量报警器适用于有湿度限制的场合。当湿度超过规定值时,湿度测量报警器发光报警。

（1）工作原理

湿度测量报警器电路由湿敏电阻器 R 和 555 时基集成电路等组成,如图 7.7.5 所示。当湿度上升时,湿敏电阻器 R 的阻值下降,电阻 R_1 上的交流电压增大,经 VD2 整流后在电位器 R_P 上产生的直流电压就升高。当湿度升高到限定值以上时,555 时基电路的触发端即 2 脚和阈值端即 6 脚电压升高到电源电压的 $1/3$（即 $U_\infty/3$）,其输出端即 3 脚的输出变为低电平,发光二极管 VL 发光报警。这表明应当进行除湿。当湿度低于一定值时,R 的阻值升高,R_1 上的电压降低,555 时基电路的 2、6 脚电压低于电源电压的 $1/6$（即 $U_\infty/6$）时,输出端即 3 脚的输出变成高电平,VL 熄灭。555 时基电路控制端即 5 脚的外接电阻 R_3 可改变 555 的输入电平阈值,且使 5 脚电压降为其电源电压的 $1/3$ 左右（即

$U_\alpha/3$）。555 时基电路的直流电源电压是由市电经变压器变压、VD1 半波整流、电容 C_1 滤波、稳压二极管 VZ 稳压提供的,大约为 7 V。

图 7.7.5　湿度测量报警器电路

（2）元器件选择

555 时基电路选用 5G555、NE555、LM555 等均可;湿敏电阻器选用塑料封袋的 MS01-A 或 MS01-B(片状);稳压二极管选用 2CW11 或 2CW12,要求稳压值为 7 V;VL 选用 BT401 等型号;变压器 T 选用电铃变压器,要求二次侧输出为 6~10 V,电流在 50 mA 以上。若自制变压器,则可选用厚 15 mm 的 GE1-12 硅钢的铁心,一次侧用 ϕ0.08 mm 的高强度漆包线绕 5 500 匝,二次侧用 ϕ0.20 mm 的高强度漆包线绕 240~250 匝,浸漆后烘干。

（3）安装调试

将元器件插入印制电路板,结合电路原理图检查确认无误后,在焊接面焊好。调试时,湿敏电阻器 R 周围的相对湿度在 30%~90% RH 变化时,其阻值会在数千~数百欧之间变化。在湿度处于上限值时,开机 10 min 后,调节电位器 R_p,把其移动点调至与地电阻最大处,这时,发光二极管 VL 应发光提示。然后再把电位器的中心点、慢慢下调,直至发光二极管 VL 刚好熄灭,这样报警湿度上限值就设定好了。

为了测试方便,可把 R 制成探头形式,然后用导线连接到报警电路中。

思考题与习题

1. 磁电感应式速度传感器测速度的方法及工作原理。

2. 用测速发电机测量转速的原理是什么？应用上有什么特点？

3. 用磁电脉冲转换原理进行转速检测,试画出其原理结构简图,并说明其工作原理？

4. 压电式加速度传感器有哪几种主要形式,简述其主要特点。

5. 试用光电传感器,利用光线的反射速度,设计一个转速测量传感器,并画出测量原理框图。

6. 试设计一个光电传感器,测量直线运动物体的速度,画出结构原理图,并说明工作原理。

7. 一氧化碳在空气中允许浓度一般不超过 50 ppm,否则将致人死亡,又一氧化碳在空气中浓度达到 12.5% 时,将引起爆炸火灾。试拟出一个一氧化碳浓度报警电路,并简述其工作原理？

8. 对混合气体进行组分分析检测时,常采用哪些方法? 简述其原理?
9. 什么是绝对湿度? 什么是相对湿度?
10. 湿度传感器主要分为哪几类? 主要参数有哪些?

第8章

无损检测

无损检测是在不损伤被测材料的情况下,检查材料的内在或表面缺陷,或测定材料的某些物理量、性能、组织状态等的检测技术。广泛用于金属材料、非金属材料、复合材料及其制品以及一些电子元器件的检测。常用的无损检测技术有超声检测、射线探伤、声发射检测、渗透探伤、磁粉探伤等。此外,中子射线照相法、激光全息照相法、超声全息照相法、红外检测、微波检测等无损检测新技术也得到了发展和应用。

本章主要讲述超声波探伤、γ射线探伤、电涡流探伤、工业 CT 及微波探伤等工作原理及主要应用。

8.1 超声波探伤

超声波探伤是目前应用最广泛的无损探伤方法之一。利用物体自身或缺陷的声学特性对超声波传播的影响,来检测物体的缺陷或某些物理特性。在超声检测中常用的超声频率为0.5~10 MHz。

8.1.1 超声波探伤仪

超声波探伤仪、探头和试块是超声波探伤的重要设备,了解这些设备的原理、构造及其主要性能是正确选用探伤设备进行有效探伤的保证。超声波的发射和接收是通过探头来实现的。超声波探头在工作时实现了电能和声能的相互转换,因此常把探头称做换能器。关于超声波换能器的原理在第 5 章 5.4 节中已进行了较详细的阐述,这里不再赘述,这里只介绍探伤仪和试块。

1. 超声波探伤仪

超声波探伤仪的作用是产生电振荡并加于换能器(探头)上,激励探头发射超声波,同时将探头送回的电信号进行放大,通过一定方式显示出来,从而得到被探工件内部有无缺陷及缺陷位置

图 8.1.1 欧能达 5100 数字式超声波探伤仪

和大小等信息。图 8.1.1 为欧能达 5100 数字式超声波探伤仪。按缺陷显示方式分类,超声波探伤仪分为三种,下面重点介绍前两种。

(1) A 型显示仪

A 型显示脉冲反射式超声波检测仪的基本电路如图 8.1.2 所示。同步电路以给定的频率产生周期性的同步脉冲信号,该信号一方面触发发射电路产生激励电脉冲加到探头上产生脉冲超声波,另一方面控制时基电路产生锯齿波加到示波器的 X 轴偏转板上使光点从左到右随时间移动。超声波通过耦合剂射入工件,遇到界面产生反射,回波由已停止激振的原探头(单探头工作方式)或者是由另一探头(双探头工作方式)进行接收并转换成相应的电脉冲,然后经放大电路放大加到示波管的 Y 轴偏转板上,此时,光点不仅在 X 轴上按时间作线性移动,而且受 Y 轴偏转电压的影响作垂直运动,从而在时间基线上出现波形。根据反射波在时间基线上的位置可确定反射面与超声入射面的距离,根据回波幅度可确定回波声压的大小。

(2) B 型显示仪

图 8.1.3 为 B 型显示脉冲反射式超声波检测仪系统的示意图。同步信号触发发射电路使探头发射超声波,同时也触发 Y 轴扫描电路,将锯齿波电压加到示波管的 Y 轴偏转板上。随探头位置变化而变化的直流电则加到 X 轴偏转板上。探头接收回波信号,再经放大电路放大加到示波管的栅极进行扫描亮度调制。当探头在试件上沿直线移动时,在屏上可显示出沿探头扫描线所取得截面上的前表面、后表面及内部反射界面的位置、取向和深度。

图 8.1.2　A 型显示脉冲反射式超声波检测仪的基本电路框图

1—同步电路;2—发射电路;3—探头;4—工件;5—缺陷;6—荧光屏显示;7—示波器;8—时基电路;9—接收放大电路

图 8.1.3　B 型显示脉冲反射式超声波检测仪系统的示意图

1—Y 轴扫描电路;2—同步电路;3—发射电路;4—放大电路;5—电子束;强度调制;

6—机械连接;7—探头;8—工件;9—缺陷;10—X 轴位置

（3）C 型显示仪

C 型显示也是一种图像显示，屏幕的横坐标和纵坐标都代表探头在工件表面的位置，探头接收信号幅度以光点辉度表示，因而当探头在工件表面移动时，屏上显示出被探工件内部缺陷的平面图像，但不能显示缺陷的深度。

2. 试块

按一定用途设计制作的具有简单几何形状人工反射体的试样，通常称为试块。试块和仪器、探头一样，是超声波探伤中的重要工具。其主要作用如下：

（1）确定探伤灵敏度

超声波探伤灵敏度太高或太低都不好，太高杂波多，判伤困难，太低会引起漏检。因此在超声波探伤前，常用试块上某一特定的人工反射体来调整探伤灵敏度。

（2）测试探头的性能

超声波探伤仪和探头的一些重要性能，如放大线性、水平线性、动态范围、灵敏度余量、分辨力、盲区、探头的入射点、K 值等都是利用试块来测试的。

（3）调整扫描速度

利用试块可以调整仪器屏幕上水平刻度值与实际声程之间的比例关系，即扫描速度，以便对缺陷进行定位。

8.1.2 常用探伤方法

1. 按原理分类

可分为脉冲反射法、穿透法和共振法。脉冲反射法是超声波探头发射脉冲波到被检试件内，根据反射波的情况来检测试件缺陷的方法。脉冲反射法包括缺陷回波法、底波高度法和多次底波法；穿透法是依据脉冲波或连续波穿透试件之后的能量变化来判断缺陷情况的一种方法。穿透法常采用两个探头，一收一发，分别放置在试件的两侧进行探测。共振法是若声波（频率可调的连续波）在被检工件内传播，当试件的厚度为超声波的半波长的整数倍时，将引起共振，仪器显示出共振频率。当试件内存在缺陷或工件厚度发生变化时，将改变试件的共振频率，依据试件的共振频率特性，来判断缺陷情况和工件厚度变化情况的方法称为共振法。共振法常用于试件测厚。

2. 按波形分类

根据探伤采用的波形，常用的有纵波法、横波法、表面波法等。纵波法是使用直探头发射纵波进行探伤的方法，此时波束垂直入射至试件探测面，以不变的波型和方向透入试件，所以又称垂直入射法，简称垂直法。垂直法分为单晶探头反射法、双晶探头反射法和穿透法。最常用的是单晶探头反射法。垂直法主要用于铸造、锻压、轧材及其制品的探伤，该法对与探测面平行的缺陷检出效果最佳。横波法是将纵波通过楔块、水等介质倾斜入射至试件探测面，利用波型转换得到横波进行探伤的方法，称为横波法。由于透入试件的横波束与探测面成锐角，所以又称斜射法。此方法主要用于管材、焊缝的探伤。表面波法是使用表面波进行探伤的方法。这种方法主要用于表面光滑的试件。表面波波长很短，衰减很大。同时，它仅沿表面传播，对于表面上的复层、油污、不光洁等，反应敏感，并被大量地衰减。利用此特点可通过手沾油在声束传播方向上进行触摸并观察缺陷回波高度的变化,对缺陷定位。

3. 按探头数目分类

可分为单探头法、双探头法和多探头法。单探头法是使用一个探头兼作发射和接收超声波的探伤方法,单探头法最常用;双探头法是使用两个探头(一个发射,一个接收)进行探伤的方法,主要用于发现单探头难以检出的缺陷;多探头法是使用两个以上的探头成对地组合在一起进行探伤的方法。

4. 按探头接触方式分类

可分为直接接触法和液浸法。直接接触法是探头与试件探测面之间,涂有很薄的耦合剂层,因此可以看作为两者直接接触,此法操作方便,探伤图形较简单,判断容易,检出缺陷灵敏度高,是实际探伤中用得最多的方法。但对被测试件探测面的粗糙度要求较高。液浸法是将探头和工件浸于液体中以液体作耦合剂进行探伤的方法。耦合剂可以是油,也可以是水。液浸法适用于表面粗糙的试件,探头也不易磨损,耦合稳定,探测结果重复性好,便于实现自动化探伤。液浸法分为全浸没式和局部浸没式。

8.1.3 仪器、探头的选择

正确选择仪器和探头对于有效发现缺陷并对缺陷定位、定量和定性至关重要。实际检测中要根据工件结构形状、加工工艺和技术要求来选择仪器与探头。

1. 探伤仪的选择

探伤仪种类繁多,性能各异,检测时应优先选用性能稳定、重复性好和可靠性好的仪器。此外,也应根据探测要求及现场条件来选择仪器,一般根据以下情况来选择:

① 对于定位要求高的情况,应选择水平线性误差小的仪器。

② 对于定量要求高的情况,应选择垂直线性好、衰减器精度高的仪器。

③ 对于大型零件的检测,应选择灵敏度余量高、信噪比高、功率大的仪器。

④ 为了有效地发现近表面缺陷和区分相邻缺陷,应选择盲区小、分辨力高的仪器。

2. 探头的选择

超声波探伤中,超声波的发射和接收都是通过探头来实现的。探头的种类很多,结构形式也不一样。探伤前应根据被检对象的形状、衰减和技术要求来选择探头,探头的选择包括探头形式、频率、晶片尺寸的选择等。

(1)探头形式的选择

常用的探头形式有纵波直探头、横波斜探头、表面波探头、双晶探头、聚焦探头等。一般根据工件的形状和可能出现缺陷的部位、方向等条件来选择探头的形式,使声束轴线尽量与缺陷垂直。

纵波直探头波束轴线垂直于探测面,主要用于探测与探测面平行的缺陷,如锻件、钢板中的夹层、折叠等缺陷。横波斜探头主要用于探测与探测面垂直可成一定角度的缺陷,如焊缝中未焊透、夹渣、未融合等缺陷。表面波探头用于探测工件表面缺陷,双晶探头用于探测工件近表面缺陷,聚焦探头用于水浸探测管材或板材。

(2)探头频率的选择

超声波探伤频率范围大。频率的高低对探伤有较大的影响,频率高,灵敏度和分辨力高,指向性好,对探伤有利;但近场区长度大,衰减大,又对探伤不利。实际探伤中要全面分析考虑各方面的因素,合理选择频率。一般在保证探伤灵敏度的前提下尽可能选用较低的频率。

(3) 探头晶片尺寸的选择

晶片尺寸对探伤也有一定的影响,晶片大小对声束指向性、近场区长度、近距离扫查范围和远距离缺陷检出能力有较大的影响。实际探伤中,探伤面积范围大的工件时,为了提高探伤效率宜选用大晶片探头;探伤厚度大的工件时,为了有效地发现远距离的缺陷宜选用大晶片探头;探伤小型工件时,为了提高缺陷定位定量精度宜选用小晶片探头;探伤表面不太平整,曲率较低较大的工件时,为了减少耦合损失宜选用小晶片探头。

8.1.4   缺陷大小的测定

缺陷定量包括确定缺陷的大小和数量,而缺陷的大小指缺陷的面积和长度。常用的定量方法有当量法、底波高度法和测长法三种。当量法和底波高度法用于缺陷尺寸小于声束截面的情况,测长法用于缺陷尺寸大于声束截面的情况。

1. 当量法测缺陷大小

采用当量法确定的缺陷尺寸是缺陷的当量尺寸,常用的当量法有当量试块比较法、当量计算法和当量 AVG 曲线法。

2. 测长法测缺陷大小

当工件中缺陷尺寸大于声束截面时,一般采用测长法来确定缺陷的长度。

测长法是根据缺陷波高与探头移动距离来确定缺陷的尺寸,按规定的方法测定的缺陷长度称为缺陷的指示长度。由于实际工件中缺陷的取向、性质、表面状态等都会影响缺陷回波高度,因此缺陷的指示长度总是小于或等于缺陷的实际长度。根据测定缺陷长度时的基准不同将测长法分为相对灵敏度法、绝对灵敏度法和端点峰值法。

3. 底波高度法测缺陷大小

底波高度法是利用缺陷波与底波的相对波高来衡量缺陷的相对大小。当工件中存在缺陷时,由于缺陷的反射,使工件底波下降。缺陷愈大,缺陷波愈高,底波就愈低,缺陷波高与底波高之比就愈大。

8.1.5   板材和管材超声波探伤

1. 板材超声波探伤

根据板材的材质不同,板材分为钢板、铝板、铜板等,实际生产中钢板应用最广,这里以钢板为例来说明板材的超声波探伤工艺方法。钢板是由板坯轧制而成,而板坯又是由钢锭轧制或连续浇铸而成的,钢板中常见缺陷有分层、折叠、白点等,裂纹少见。

钢板中分层、折叠等缺陷是在轧制过程中形成的,因此它们大都平行于板面。根据板厚的不同,将钢板分为薄板(小于 6 mm)与中厚板(中板在 6~40mm 之间,厚板大于 40 mm)。中厚板常用垂直板面入射的纵波探伤法;薄板常用横波探伤法。

中厚板垂直探伤法的耦合方式有直接接触法和充水耦合法。采用的探头有单晶直探头、双晶直探头或聚焦探头。探伤钢板时,一般采用多次底波反射法,只有当板厚很大时才采用一次底波或二次底法。

2. 管材超声波探伤

管材中常见缺陷与加工方法有关。无缝钢管中常见缺陷有裂纹、折叠、夹层等;焊接管中常见缺陷与焊缝类似,一般为裂纹、气孔、夹渣、未焊透等。锻轧管常见缺陷与锻件类似,一般为裂纹、白点、重皮等。

小口径管是指外径小于 100 mm 的管材。这种管材一般为无缝管,采用穿孔法或挤压法得到,其中主要缺陷平行于管轴的径向缺陷(称纵向缺陷),有时也有垂直于管轴线的径向缺陷(称横向缺陷)。对于管内纵向缺陷,一般利用横波进行周向扫查探测;对于管内横向缺陷,一般利用横波进行轴向扫查探测。

超声波探伤中,大口径管一般是指外径大于 100 mm 的管材。大口径管曲率半径较大,探头与管壁耦合较好,通常采用接触法探伤,批量较大时也可采用水浸探伤。

8.2 γ射线探伤

γ 射线是 1900 年由法国物理学家维拉德(Paul Villard,1860—1934)发现的。维拉德把镭源放在铅管中,铅管一侧开了一个 6 mm 宽的长方口,让一束辐射射出,经过磁场后用照片记录其轨迹。照片包在几层黑纸里,前面还有一张铝箔挡着,在镭发出的不受偏折的辐射成分中,含有贯穿力非常强的辐射,它可以穿过金属箔片,后来,卢瑟福称这一贯穿力非常强的辐射为 γ 射线。

8.2.1 γ射线

1. γ射线的产生

γ 射线是原子核衰变和核反应产生的。在原子核反应中,当原子核发生 α、β 衰变后,处于激发态的原子核仍是不稳定的,就会由高激发态向低激发态或基态跃迁发射光子,由于核能级间隔比原子极间隔大得多,所以发出的光子能量很高,称它们为 γ 光子或 γ 射线。

核 $^{60}_{27}$Co 是典型的 γ 放射源。$^{60}_{27}$Co 经 β$^-$ 衰变到 $^{60}_{28}$Ni 的激发态,处于激发态的 Ni 跃迁到低能态时,就会放出 γ 光子,放出的 γ 光子的能量等于两能级的能量差,对 $^{60}_{27}$Co 的衰变,两光子的能量分别为 1.17 MeV 和 1.33 MeV,图 8.2.1 为能级跃迁图。

图 8.2.1　能级跃迁图

2. γ射线的性质

γ 射线,英文名称是 gamma-ray,中文翻译为伽马射线,是继 α、β 射线后发现的第三种原子核射线,它又称为 γ 光子流,是原子核能级跃迁衰变过程中发射的一种电磁波,它具有光波的一切特性,如反射、折射、干涉、衍射、散射和偏振等现象。其波长小于 $0.02\ nm(10^{-11}\ m)$,频率在 $10^{19}\ Hz$ 以上,能量高于 $10^{4}\ eV(10^{-15}\ J)$,γ 射线还具有很强的穿透能力和对细胞有很大杀伤力,是目前能够检测到的波长最短、频率最高、能量最大的电磁波。

8.2.2　γ 射线机

1. γ 射线机的类型

γ 射线机用放射性同位素作为射线源辐射 γ 射线,国际(GB/T14058—1993 等)将 γ 射线探伤机分为三种类型:手提式、移动式和固定式。手提式 γ 射线机的体积小、重量轻、便于携带、使用方便,但从辐射防护的角度看,它的缺点是不能装备能量高的 γ 射线源。移动式和固定式 γ 射线机的体积较大,重量也较大,需借助适当的装置才能移动,但由于容许采用更多材料进行辐射防护设计,因此可以装备能量高和活度较大的 γ 射线源。

2. γ 射线机的基本构成

γ 射线机主要由五部分构成:源容器(主机体)、源组件(密封 γ 射线源)、输源管、驱动机构和附件。图 8.2.2 是 S 通道 γ 射线机源容器的结构示意图。

图 8.2.2　S 通道 γ 射线机源容器的基本结构

1—外壳;2—贫化铀屏蔽区;3—γ 源组件;4—源托;5—安全接插器;6—密封盒;7—聚氨酯填料;8—快速连接器

源容器是 γ 射线机的主机,是 γ 射线源的存储装置。不曝光时 γ 射线被收回置于源容器中,为了减少 γ 射线辐射的外泄,源容器内部装备了屏蔽材料,近年来主要采用贫化铀代替铅作为屏蔽材料。屏蔽体内的设计主要是两种形式:"S 通道"和"直通道"。S 道屏蔽体的结构比较简单,在各个方向的屏蔽厚度几乎是相等的。直通道屏蔽体的结构比较复杂。

源组件有 γ 射线源、外壳、源辫子、屏蔽杆构成。通过等离子焊将一定形状和尺寸的放射性同位素密封在外壳之中,防止放射性同位素散失。外壳由内外两层构成,内层是铝壳,外层一般由不锈钢制成。外壳的结构和强度有严格要求,它必须在一定的温度、压力、振动、冲击等的作用下不发生损坏,不会导致放射性同位素外泄。

驱动机构由控制部件、控制导管以及驱动部件构成,工作时它与源容器连接,用来送出和收回 γ 射线源,其行程记录装置可以指示 γ 射线源所处的位置。驱动方式可分为自动(电动)和手动方式两种。手动方式是通过摇动驱动手柄使 γ 射线源在输源管中移动,实现 γ 射线源的送出和收回。电动驱动方式可设置一定的 γ 射线源移动速度、预置适当的送源延时时间和一定的曝光时间等,可以在一定的距离外进行遥控操作,因此可以减少现场操作人员的辐射。

输源管是一种软管,由包塑的不锈钢管制成,一端开口,另一端封闭,开口一端与源容器连接,封闭一端与照射头连接,照射头固定在曝光位置,γ射线源沿输源管送到预定的曝光位置。

附件主要包括照射头、定向架等,利用照射头限定γ射线源的照射场,利用定向架固定照射头,保证照相过程按设定的方式进行。

3. γ射线源材料

工业射线探伤中使用的γ射线源主要是人工放射性同位素:^{192}Ir、^{60}Co、^{75}Se、^{170}Tm 等。对于工业射线探伤,在选择γ射线源材料时重点应该考虑的是其能量、放射性活度、半衰期和源尺寸等。由于各种γ射线源的能量是固定的,所以应按照被检工件的材料和厚度,选择适当的γ射线源。γ射线源的能量是否适当直接影响检验的灵敏度。

8.2.3 γ射线探伤

γ射线有很强的穿透性,γ射线探伤就是利用γ射线的穿透性和直线性来探伤的方法。γ射线虽然不会像可见光那样凭肉眼就能直接察知,但它可使照相底片感光,也可用特殊的接收器来接收。当γ射线穿过(照射)物质时,该物质的密度越大,射线强度减弱得越多,即射线能穿透过该物质的强度就越小。此时,若用照相底片接收,则底片的感光量就小;若用仪器来接收,获得的信号就弱。因此,用γ射线来照射待探伤的零部件时,若其内部有气孔、夹渣等缺陷,射线穿过有缺陷的路径比没有缺陷的路径所透过的物质密度要小得多,其强度就减弱得少些,即透过的强度就大些,若用底片接收,则感光量就大些,就可以从底片上反映出缺陷垂直于射线方向的平面投影;若用其他接收器也同样可以用仪表来反映缺陷垂直于射线方向的平面投影和射线的透过量。一般情况下,γ射线探伤是不易发现裂纹的,或者说,γ射线探伤对裂纹是不敏感的。因此,γ射线探伤对气孔、夹渣、未焊透等体积型缺陷最敏感。即γ射线探伤适宜用于体积型缺陷探伤,而不适宜面积型缺陷探伤。

8.3 电涡流探伤

关于电涡流传感器的原理在第5章5.6节中已进行了较详细的阐述,这里不再赘述,涡流探伤技术是常规无损探伤技术之一,现多频涡流、脉冲涡流及低频涡流等探伤方法已得到成功应用。我国涡流探伤技术已应用于冶金、机械、航空、航天、电力、化工、军用及民用各个部门,其作用与应用范围日趋扩大。

8.3.1 涡流探伤原理

根据不同的检测目的和应用对象而采取不同的检测方法,研制各种类型的涡流探伤系统设备。现以欧能达 OND-17 型电脑检测仪为例,该仪器以某一频率的交流电流通过检测线圈,当被检试件接近线圈时,试件的几何尺寸、电导率和磁导率以及试件的冶金与机械缺陷将引起检测线圈的阻抗变化。检测仪器将检测线圈阻抗的变化产生的电信号经过放大和转换后驱动报警或显示装置,最终检测出有缺陷的试样。其工作原理框图如图 8.3.1 所示。振荡器产生频率为 100 Hz ~ 1 MHz 可调双路正弦波。一路送给宽频率功率放大器,作为驱动探头的激励源,探头构成测量交流电桥的桥臂。当探头检测试样时,试样物理性质变化使激励源感应在试样上的涡流场随之改变,结果使探头原有阻抗(实分量 R 和虚分量 X)变化,从而破坏了原交流电桥的平衡,得到包含检测信号的复电压 U,该信号经宽频前置放大器后,送入 X、Y 分解器分解。电桥平衡电路是用来抵消交流电桥不平衡初始复电压 U,振荡器输出二路正交正弦波送到采样脉冲发生器,产生相互正交的采样脉冲供 X、Y 分解器使用。从前置放大器手动信号经采样分解后,探头的 X、Y 分量经滤波放大器放大后,送 A/D 转换接口电路,由微机系统对测量信号进行处理,直接显示测量结果,输出控制信号实现声光报警、打印、自动分选等。仪器面板图如图 8.3.2 所示。影响涡流探伤的要素有:① 试件的性质如导电性等。② 检测线圈及涡流探伤仪器的结构和性能。③ 检测线圈和被检测试件的配合,包括间距、相对运动等。④ 传动机架性能的好坏,如同心度、直度、振动、速度稳定性等。⑤ 作为相对检测比较基准的校准块的质量、形状、尺寸、精度等的影响。

图 8.3.1　涡流探伤系统原理框图

图 8.3.2　OND-17 型电脑检测仪面板图

8.3.2 涡流探伤的范围和技术特点

1. 涡流探伤范围

涡流探伤技术在产品的"在线"检测、"离线"检测和许多设备的维修检测中得到广泛应用。其主要应用范围如表 8.3.1 所示。

表 8.3.1 涡流探伤主要应用范围

项 目	目 的	对 象	用途
自动探伤 高速探伤 高温探伤 手动探伤	检出缺陷	有色金属、钢铁材料、管、棒、线、球、板材、坯料、焊缝、内孔及各种异型件表面、亚表面和内部	产品检查 在线检查 设备检查 飞机维修
材质检验 分选鉴别	混料及材料的自动分材鉴别、电导率测量	不同金属的钢材、管、棒、丝、零件、铸锻件及各种原材料,铜、铝等	质量管理
厚度及尺寸测量	管壁、薄板、涂层、膜层、镀层、涂炭层及厚度测定尺寸、形状及间隙测定	管、板及零件厚度或表面层、棒、管材的直径、椭圆的测量、套管间距测量	产品检查 在线检查 质量管理
物理性能测量及其他测量	测量电导率、磁导率、电磁特性、硬度、强度、应力、热处理状态、测量位移、振动、探找金属、测量磁场强度等	各种磁性和非磁性金属材料、合金、导电材料、热态金属、坯料及半成品等	在线检查 状态检测 其他用途

2. 涡流探伤技术特点

① 涡流探伤特别适用于导电试件的表面和亚表面的检测及薄的、细的导电试件的检测。提高对试件深部伤检测灵敏度及对不同伤形区分的检测能力已是涡流探伤应用中的一项重要课题。

② 为了区分各种因素对涡流探伤的影响,消除干扰、提高信噪比、分离提取有用信号,必须特别注意信号处理。如采用多频、多参数信号处理技术,增加数据存储容量和数据结果自动处理的功能,采用综合的、新的检测方法等。

③ 涡流探伤不需耦合剂即可实现非接触检测,特别适用于高速状态下及高温金属的自动检测、高温高压状态下的检测。

④ 涡流探伤特别适用于异形材料及小零件的检测。涡流探伤线圈可绕制成各种形状,可做得非常小($0.5~\text{mm}^2$),能检测其他方法中大尺寸探头难以检测到的金属材料及小零件。

⑤ 涡流探伤新技术与新方法不断发展应用。用涡流探伤技术与超声及其他无损探伤技术相结合,进行综合或复合检测,相互取长补短提高无损探伤技术的可靠性、安全性和经济性;用涡流探伤方法部分代替射线检测,如检验复合元件,找夹层管接头位置及尺寸等;不断探索

提高涡流探伤技术自动化程度的途径,使涡流探伤工作将在非常简单或完全自动化的操作中实现对冶金和机械缺陷、物理性能及尺寸进行多参数的同时测量。

8.3.3 涡流探伤应用举例

1. 金属管材探伤

用高速、自动化的涡流探伤装置可以对成批生产的金属管材进行无损检测。检测时管材从自动上料装置等速、同心地进入并通过涡流检测线圈,之后分选下料机构根据涡流检测结果,按质量标准的规定将经过探伤的管材分别送入合格品、次品和废品料槽。用于管材探伤的检测线圈有许多种。小直径管材(小于等于 75 mm)的探伤通常采用激励线圈与测量线圈分开的感应型穿过式线圈。当管材为非铁磁性材料时,外层还要加上磁饱和线圈用直流电对管材进行磁化,如图 8.3.3 所示。这种线圈最适宜检测凹坑、锻屑、发裂、折叠和裂纹等缺陷,检测速度一般为 0.5 m/s。

穿过式线圈对管材表面和近表面的纵向裂纹有良好的检出灵敏度,但由于其感生出的涡流沿管材周向流动,故而不易检测出周向裂纹。另外,如果管材直径过大,使缺陷面积在整个被捡面积中占的比率很小时,检测的灵敏度也会大大降低。为此,当检测管材的周向裂纹或管材的直径超过 75 mm 时,宜采用多个小尺寸的探头式线圈进行探伤,如图 8.3.4 所示。以检测出管材上的短小缺陷,探头数量的多少取决于管径的大小。探头式线圈的优点是提高了检测灵敏度,但其探伤的效率要比穿过式线圈低。

管材涡流探伤仪的另一个用途是对在役管道进行维修检查。例如检查管式换热器中管子的腐蚀开裂或腐蚀减薄情况,检测时将外径略小于被监管件内经的内通式检测线圈放进一根与被检管件性质相同的校准管中,并记录下该管件上每个人工缺陷显示信号波幅的不同高度,然后将该检测线圈送进待检管内直达其底部,再将其匀速拉出。一旦发现缺陷信号,即与校准管的人工缺陷信号比较以确定该缺陷的当量。

图 8.3.3 检测管材的穿过式线圈
1—激励线圈;2—测量线圈;3—V 形滚轮;
4—磁饱和线圈;5—管材

图 8.3.4 用于管材检测的探头式线圈

2. 金属棒材、线材和丝材的探伤

可采用类似于管材自动探伤的装置对大批量生产的棒材、线材和丝材进行涡流探伤。但为了检出棒材表面以下较深的缺陷,应选用比同直径的管材探伤低一些的工作频率,进行金属丝探伤所选用的频率则要较高,以获得适当的 f/f_g 值。

3. 结构件疲劳裂纹探伤

在役的结构件可能产生各种缺陷,尤其疲劳裂纹为多见,飞机维修部门常用涡流探伤方法来检测这种危险缺陷。如用专用探头式线圈对机翼大梁、衔条与机身框架联结的紧固件孔周围、发动机叶片、起落架、旋翼和轮毂等部件产生的疲劳裂纹进行检测,还可对飞机上容易产生疲劳裂纹的部位或重要的零部件实施实时监控,以保证飞机的安全。

8.4 工业 CT

工业 CT(ICT)就是计算机层析照相或称工业计算机断层扫描成像。虽然层析成像的有关数学理论早在 1917 年由 J. Radon 提出,但只是在计算机出现后并与放射学科结合后才成为一门新的成像技术。在工业方面特别是在无损检测与无损评价领域更加显示出其独特之处。因此,国际无损检测界把工业 CT 称为最佳的无损检测手段。目前,工业 CT 已在航天、航空、军事、冶金、机械、石油、电力、地质、考古等领域得到广泛的应用。我国 20 世纪 90 年代也已逐步把 CT 技术用于工业无损检测领域。进入 21 世纪 CT 更是得到了进一步发展,已成为一种重要的先进无损检测技术。

8.4.1 工业 CT的发展

按扫描获取数据方式的不同,CT 技术已发展经历了五个阶段,如图 8.4.1 所示。

第一代 CT 如图 8.4.1(a)所示,使用单源(一条射线)单探测器系统,系统相对于被检物作平行步进式移动扫描以获得 N 个投影值,被检物则按 M 个分度作旋转运动。这种扫描方式被检物仅需转动 180°即可。第一代 CT 机结构简单、成本低、图像清晰,但检测效率低,在工业 CT 中则很少采用。

第二代 CT 如图 8.4.1(b)所示,是在第一代 CT 基础上发展起来的。使用单源小角度扇形射线束多探头。射线扇形束角小、探测器数目少,因此扇束不能全包容被检物断层,其扫描运动除被检物需作 M 个分度旋转外,射线扇束与探测器阵列架一道相对于被检物还需作平移运动,直至全部覆盖被检物,求得所需的成像数据为止。

第三代 CT 如图 8.4.1(c)所示,它是单射线源,具有大扇角、宽扇束、全包容被检断面的扫描方式。对应宽扇束有 N 个探测器,保证一次分度取得 N 个投影计数和 I 值,被检物仅作 M 个分度旋转运动。因此,第三代 CT 运动单一、好控制、效率高,理论上被检物只需旋转一周即可检测一个断面。

第四代 CT 如图 8.4.1(d)所示,也是一种大扇角全包容,只有旋转运动的扫描方式,但它有相当多的探测器形成固定圆环,仅由辐射源转动实现扫描。其特点是扫描速度快、成本高。

第五代 CT 如图 8.4.1(e)所示,是一种多源多探测器,用于实时检测与生产控制系统,图中是一种钢管生产在线检测与控制壁厚的 CT 系统。源与探测器按 120°分布,工件与源到探测器间不作相对转动,仅有管子沿轴向的快速分层运动。

上述五种 CT 扫描方式,在 ICT 机中用得最普遍的是第二代与第三代扫描,其中尤以第三代扫描方式用得最多。这是因为它运动单一、易于控制、适合于被检物回转直径不太大的中小

图 8.4.1　五种不同的扫描方式

型产品的检测,且具有成本低、检测效率高等优点。

8.4.2　工业 CT 的基本原理

工业 CT 机一般由射线源、机械扫描系统、探测器系统、计算机系统和屏蔽设施等部分组成。其结构工作原理如图 8.4.2 所示。

图 8.4.2　ICT 结构工作原理简图

射线源提供 CT 扫描成像的能量线束用以穿透试件,根据射线在试件内的衰减情况实现以各点的衰减系数表征的 CT 图像重建。与射线源紧密相关的前准直器用以将射线源发出的锥形射线束处理成扇形射束。后准直器用以屏蔽散射信号,改进接收数据质量。机械扫描系统实现 CT 扫描时试件的旋转或平移,以及射线源—试件—探测器空间位置的调整,它包括机械实现系统及电气控制系统。探测器系统用来测量穿过试件的射线信号,经放大和模数转换后送入计算机进行图像重建。ICT 机一般使用数百到上千个探测器,排列成线状。探测器数量越多,每次采样的点数也就越多,有利于缩短扫描时间、提高图像分辨率。计算机系统用于扫描过程控制、参数调整,完成图像重建、显示及处理等。屏蔽设施用于射线安全防护,一般小型设备自带屏蔽设施,大型设备则需在现场安装屏蔽设施。

8.4.3 工业 CT 的性能

在无损检测中,如何选择一台工业 CT 机满足使用要求是十分重要的。现就工业 CT 应具有的基本性能要求分述如下。

(1)检测范围

主要说明该 ICT 机能检测的对象,如:能透射试件材料的最大厚度,试件最大回转直径、最大长度和最大重量等。

(2)辐射源的使用

若是 X 射线源:能量大小、工作电压(kV)、工作电流(mA)、出束角度、焦点大小等。若是高能直线加速器:能量大小(MeV)、出束角度、焦点尺寸。

(3)ICT 的扫描方式

有无数字投影成像或实时成像功能等。

(4)扫描检测时间

指扫描一个典型断层数据所需要的时间,如按 256×256 扫描时间 T256,512×512 扫描时间 T512。

(5)图像重建时间

指重建出如 256×256、512×512 和 1024×1024 图像所需的时间(s)。

(6)分辨能力

这对于 ICT 来讲是关键性的性能指标,通常集中在空间(几何分辨率)分辨率和密度分辨率两个方面。空间分辨率也称为几何分辨率,是指从 CT 图像中能够辨别最小物体的能力。密度分辨率又称对比度分辨率,其表示方法通常以密度(通过灰度)变化的百分比(%)表示相互变化关系。

8.4.4 工业 CT 的应用

工业 CT 在无损检测中有着不可替代的优越性,越来越广泛地被应用于各个领域。缺陷检测方面最成功的范例是固体发动机的检测,用工业 CT 可检测推进剂的孔隙、杂质、裂纹以及推进剂、绝缘体、衬套和壳体之间的结合情况,每台发动机的具体检测时间为 10 h 或更长。

通过工业 CT 得到的三维空间信息同样可以用于复杂结构件内部尺寸的测量及关键件装配结构的分析,以验证产品尺寸或装配情况是否符合设计要求。工业 CT 突出的密度分辨能力对控制陶瓷烧结过程有重要应用价值,它可及时了解陶瓷烧结过程中不同阶段的组分及密度变化,便于针对性地改变工艺。采用微焦点 X 射线工业 CT 可检测小试件内十几微米的缺陷,这对高弹性模量、对缺陷要求苛刻的陶瓷零件来说,是一种理想的无损检测手段。工业 CT 扫描成像充分再现了试件材料的组分特性,所以适合于符合材料内多种类型的缺陷检测。但工业 CT 的使用目前还存在一定的局限性。工业 CT 设备本身造价远高于其他无损检测设备,检测成本高,检测效率较低,例如一个 600 mm 的试件,每毫米切一层,每层检测时间为 1 min,检测完毕需 10 h,所以也多用于小体积、高价值的零件或一些零件关键部位的检测。

8.5 微波探伤

8.5.1 微波的定义及其性质

微波是指介于红外和无线电波之间波段范围的电磁波,频率在 $300 \sim 3 \times 10^5$ MHz,波长从 1 mm ~ 1 m,可分为毫米波、厘米波和分米波。

微波是一种电磁波,在传输过程中,电场方向、磁场方向和波的传播方向不同,三者互相垂直;电场和磁场强度都在变换,在任一点上两者的时间和相位相同,方向则相互垂直。微波具有下面一些性质:

① 波长短。微波的波长从 1 mm ~ 1 m,比无线电波短。当微波的入射波长小于物体尺寸时,微波的特点与几何光学相似,将产生显著的反射。当波长远小于物体的尺寸时,微波的传播特性与几何光学相似,具有直线传播、反射、折射和干涉的特性;当波长和物体尺寸相仿时,微波的特性又近似于声学。

② 频率高、振荡周期短。微波的频率能高达 3×10^5 MHz,振荡周期则只有 $10^{-9} \sim 10^{-12}$ s。

③ 良好的定向辐射特性。在介质中传播的微波呈明显的指向性,尤其在毫米波段的波束很窄,方向性极强。

④ 穿透力强,可透射大多数非金属材料。

⑤ 有量子特性。是电磁波,具有波粒二重性。

8.5.2 微波检测方法

微波检测有穿透法、反射法、散射法以及干涉法等几种方法。

1. 穿透法

穿透法是使微波穿过被测试材料到达接收器,根据微波强度和相位的变化对缺陷进行检测。

当穿透波在试样中传播,遇到裂缝、脱粘、气孔和夹杂物等缺陷时,部分能量会被反射、折射和散射,使穿透波的相位和幅度出现明显的改变,比较穿透波和参考信号两者的相位和幅度,就可测出材料中的缺陷。按入射波类型的不同,可将穿透法分为固定频率连续波法、可变频率连续波法和脉冲调制波法三种。

2. 反射法

由材料内部或背面反射的微波,随材料内部或表面状态的变化而变化,利用这种原理进行微波检测的方法称为反射法,主要用于测量厚度和内部脱粘、裂缝等。

反射法主要有固定频率连续波反射法、变频率连续波反射法和脉冲模式反射法等。固定频率连续波法不能确定裂缝深度,而变频连续波法可以测出裂缝深度。脉冲模式反射法则由于脉冲的延时和入射波比较,能测出产生反射的缺陷位置。当要确定的缺陷深度很浅时,要采用很窄的脉冲波。

反射法有单探头式和双探头式两种形式。单探头反射法是指微波的入射和接收反射都是通过同一探头。这种方法只在垂直或近乎垂直入射时,工作状态才最好。在双探头反射法中,微波的入射和接收分别由两个探头承担。

3. 散射法

当微波穿透材料时,贯穿材料的微波能量的散射中心随机地反射或散射,散射法就是通过测试微波散射回波强度的变化来判断材料内部的缺陷状况。主要用于检测气孔、分层、脱粘和裂缝的检测。

4. 干涉法

两个或两个以上微波波列同时以相同或相反的方向传播,自然地产生干涉,或者使两组微波波列有意地按全息照相术使其彼此相干涉,利用这种原理进行微波检测的方法称为干涉法,可用来测试金属材料的厚度,检测缺陷和图像显示。

8.5.3　微波探伤

微波能探测的缺陷分为两类,一类是不连续的伤,如裂纹、分层、空穴和杂质等,这类缺陷主要是用反射波来检测;另一类是逐渐变化的缺陷,如微孔隙,一般是材料内部的缺陷;这类伤痕对微波不产生强反射,但能使电磁衰减和减速。一般采用透射法进行检测。透射波的强度随传输距离成指数关系减少。研究表明,环氧、酚醛和相类似的树脂类材料,微波很容易穿透过去。即使用丝、布、玻璃或石棉等材料加强后,微波也能透射过去。

微波探伤的优点为设备简单、操作方便;不需要偶合剂,非接触检测;能快速连续检测,可实现自动化;能对声学传输性能不良的非金属材料进行检测。

微波探伤的缺点有检测灵敏度受到工作频率(或波长)的限制,提高检测灵敏度,必须提高工作频率;微波不易穿透金属和导电性较好的复合材料;需要用参考标准试件,以进行质量的比较和评价。

思考题与习题

1. 简述超声波探伤是如何分类的。
2. 简述板材超声波探伤方法。
3. 简述 γ 射线机的基本构成。
4. 涡流探伤的主要特点有哪些?
5. 简述涡流探伤的主要应用场合。
6. 工业 CT 检测性能指标主要有哪些?
7. 微波探伤技术的优缺点主要有哪些?

第9章

光电检测

光电检测主要是通过光电转换元件将光能转换成电能。早期的光电转换元件主要是利用光电效应原理制成的,新发展的光电转换元件主要有光导纤维、电荷耦合器件(CCD)和CMOS图像传感器等,除具有直接检测光信号外,还可间接测量温度、压力、速度及位移等多种物理量,具有非接触、高精度、高分辨率、高可靠性和抗干扰能力强等优点。

本章主要讲述光电耦合器件、CCD电荷耦合器件及CMOS图像传感器。并以图像传感器为例,说明光电检测在实际中的应用。

9.1 光电耦合器件

光电耦合器是近年发展起来的一种半导体器件,是由一发光源和光敏器件同时封装在一个外壳内组合而成的转换元件。发光源的管脚为输入端,而连续光敏器件的管脚为输出端。当从输入端加入信号时,发光源发光,光敏元件在光照作用下产生电流,由输出端输出,从而实现了以光为媒介的电信号的传输。

9.1.1 光电耦合器件的结构和原理

光电耦合器的结构有金属密封型和塑料密封型两种。

金属密封型如图9.1.1(a)所示,采用金属外壳和玻璃绝缘的结构,在其中心装片,采用环焊以保证发光管和光敏管对准,以此来提高灵敏度。

塑料密封型如图9.1.1(b)所示,采用双列直插式塑料密封的结构,管芯先装于管脚上,中间用透明树脂固定,具有集光的作用,故这种结构的光电耦合器灵敏度较高。

光电耦合器件的基本工作原理是:光电耦合器件中的发光二极管为输入端,当正向输入电流流向其PN结时,发光管发光,发光的强度随电流的增加而增加。输出端为光敏器件,其作用是将光信号检测后变为电流输出。光电耦合器件的输入与输出端之间,从电气特性来说是完全隔离的,且具有单向传输特性。光电耦合器件可以用来传输数字信号,也能用来传输模拟信号,用作数字信号传输时,要求有较高的传输速度、大的电流传输比(转换效率)、良好的隔离特性;用作模拟信号传输时,除上述要求外,还要求有良好的传输线性。

图 9.1.1　光电耦合器的结构

9.1.2　光电耦合器的组合形式

图 9.1.2(a)的组合形式,结构简单、成本低,通常用于 50 kHz 以下工作频率的装置内。图9.1.2(b)为采用高速开关管构成的高速光电耦合器,用于较高频率的装置中。图 9.1.2(c)的组合形式采用了放大三极管构成的高传输效率的光电耦合器,用于直接驱动和较低频率的装置中。图 9.1.2(d)为采用固体功能器件构成的高速、高传输效率的光电耦合器。近年来,也有将发光元器件和光敏元器件做在同一个半导体基片上,构成全集成化的光电耦合器。无论哪一种形式,都要使发光元器件和光敏元器件在波长上得到最佳匹配,保证其灵敏度为最高。

9.1.3　光电耦合器的特性曲线

光电耦合器的特性曲线是用输入发光元件和输出光电元件的特性曲线合成的。作为输入元件的砷化镓发光二极管与作为输出元件的硅光电三极管合成的光电耦合器的特性曲线,如图 9.1.3 所示。

光电耦合器的输入量是直流电流 I_F,而输出量也是直流电流 I_C。从图 9.1.3 中可以看出,该器件的直线性较差,但可采用反馈技术对其非线性失真进行校正。

图 9.1.2　光电耦合器的组合形式　　图 9.1.3　光电耦合器的特性曲线

9.1.4　光电耦合器的应用

　　光电耦合器实际上是一个电量转换器,由于它实现了电隔离,提高了抗干扰性能,并且由于它具有单向信号传输功能,因而有脉冲转换和直流电平转换特性。因此,它特别适用于在数字逻辑电路的开关信号传输、计算机、工业控制机中作为二进制的输入、输出信号传输。在逻辑电路中可作为隔离器件还可作为不同逻辑电路间的接口;在电源电路中,可作为反馈单元以提高电压稳定度;在显示系统中,作为输入信号与高压间的隔离元件等。随着科学技术的不断发展光电耦合器的性能会越发提高,在模拟电路中也会得到越来越广泛的应用。

9.2　电荷耦合器件(CCD)

　　电荷耦合器件(CCD)的功能是把光学信号转变成视频信号输出,由于 CCD 不但具有体积小、重量轻、功耗小、电压低和抗烧毁等特点,而且具有分辨率高、动态范围大、灵敏度高、实时传输好和自扫描等方面优点,使得它在现代图像检测领域的应用日益广泛。

9.2.1　CCD的基本工作原理

　　CCD 的突出特点是以电荷作为信号,而不同于其他大多数器件是以电流或者电压为信号。CCD 的基本功能是电荷的存储和电荷的转移。因此,CCD 工作过程的主要问题是信号电荷的产生、存储、传输和检测。

CCD 有两种基本类型,一是电荷包存储在半导体与绝缘体之间的界面,并沿界面传输,这类器件称为表面沟道 CCD(SCCD);二是电荷包存储在离半导体表面一定深度的体内,并在半导体内沿一定方向传输,这类器件称为体沟道或埋沟道器件(BCCD)。下面以 SCCD 为主来讨论 CCD 的基本工作原理。

1. CCD 光敏元工作原理

图像是由像素组成行,由行组成帧。对于黑白图像来说,每个像素应根据光的强弱得到不同大小的电信号,并且在光照停止之后仍能把电信号的大小保持记忆,直到把信息传送出去,这样才能构成图像传感器。CCD 的特点是以电荷为信号,不同于其他器件那样以电流或电压为信号,其关键在于明确电荷是如何存储、转移和输出的。CCD 器件是用 MOS(即金属–氧化物–半导体)电容构成的像素实现上述功能的。在 P 型硅衬底上通过氧化形成一层 SiO₂,然后再淀积小面积的金属铝作为电极,如图 9.2.1 所示。P 型硅里的多数载流子是带正电荷的空穴,少数载流子是带负电荷的电子。当金属电极上施加正电压时,其电场能够透过 SiO₂ 绝缘层对这些载流子进行排斥或吸引。于是带正电的空穴被排斥到远离电极处,带负电的电子则被吸引到紧靠 SiO₂ 层的表面上来。这种现象便形成对电子而言的陷阱,电子一旦进入就不能复出,故又称电子势阱。

当器件受到光照时(光可从各电极的缝隙间经过 SiO₂ 层射入,或经衬底的薄 P 型硅射入),光子的能量被半导体吸收,产生电子–空穴对,这时出现的电子被

图 9.2.1 CCD 基本结构示意图

吸引存储在势阱中。光越强,势阱中收集的电子越多,光弱则反之。这样就把光的强弱变成电荷的数量,实现了光和电的转换。而势阱中的电子是处于被存储状态,即使停止光照,一定时间内也不会损失,这就实现了对光照的记忆。

总之,上述结构实质上是个微小的 MOS 电容,用它构成像素,即可"感光"又可留下"潜影",感光作用是靠光强产生的电子积累电荷,潜影是各个像素留在各个电容里的电荷不等而形成的。若能设法把各个电容里的电荷依次传送到他处,再组成行和帧,并经过"显影",就实现了图像的传递。

2. 电荷转移原理

由于组成一帧图像的像素总数太多,只能用串行方式依次传送,在常规的摄像管里是靠电子束扫描的方法工作的,在 CCD 器件里也需要用扫描实现各像素信息的串行化。不过 CCD 器件并不需要复杂的扫描装置,只需外加如图 9.2.2 所示的多相脉冲,依次对并列的各个电极施加电压就能办到。图中 ϕ_1,ϕ_2,ϕ_3 是相位依次相差 120° 的三个脉冲源,其波形都是前缘陡峭后缘倾斜。若按时刻 $t_1 \sim t_5$ 分别分析其作用,可结合图 9.2.3 讨论工作原理。在排成直线的一维 CCD 器件里,电极 1～9 分别接在三相脉冲源上,将电极之间 1～3 视为一个像素,在 ϕ_1 为正电压的 t_1 时刻里受到光照,于是电极 1 之下出现势阱,并收集到负电荷。同时,电极 4 和 7 之下也出现势阱,但因光强不同,所收集到的电荷不等。在时刻 t_2,电压 ϕ_1 已下降,然而 ϕ_2

电压最高,所以电极 2,5,8 下方的势阱最深,原先储存在电极 1,4,7 下方的电荷将移到 2,5,8 下方。到时刻 t_3,上述电荷已全部向右转移一步。如此类推,到时刻 t_5 已依次转移到电极 3, 6,9 下方。二维的 CCD 则有多行,在每一行的末端,设置有接收电荷并加以放大的器件,此器件所接收的顺序当然是先收到距离最近的右方像素,依次到来的是左方像素,直到整个一行的各像素都传送完,如果只是一维的,就可以再进行光照,重新传送新的信息。如果是二维的,就开始传送第二行。

图 9.2.2　CCD 的转移电压

图 9.2.3　CCD 电荷转移原理

　　事实上,同一个 CCD 器件既可按并行方式同时感光形成电荷潜影,又可以按串行方式依次转移电荷完成传送任务。但是,分时使用同一个 CCD 器件时,在转移电荷期间就不应再受光照,以免因多次感光破坏原有图像,这就必须用快门控制感光时刻。而且感光时不能转移,转移时不能感光,工作速度受到限制。现在通用的办法是把两个任务由两套 CCD 完成,感光用的 CCD 有窗口,转移用的 CCD 是被遮蔽的,感光完成后把电荷并行转移到专供传送的 CCD 里串行送出,这样就不必用快门了,而且感光时间可以加长,传送速度也更快。

　　由此可见,通常所说的扫描已在依次传送过程中体现,全部都由固态化的 CCD 器件完成。

3. CCD 的输入/输出结构

前面仅叙述了电荷存储和移位,完整的 CCD 结构还应包括电荷注入和输出。

（1）电荷注入

在电荷注入 CCD 中,有光电注入和电注入两种。光电注入即光照射在金属电极附近,产生的光电子被电极下势阱吸收,完成了电荷注入。另一种是电注入,所谓电注入就是 CCD 通过输入结构对信号电压或电流进行取样将信号电压或电流转换为信号电荷。电注入的方法很多,常用的两种方法为电流注入法和电压注入法。

（2）电荷输出

在 CCD 中,有效地收集和检测电荷是一个重要问题。CCD 的重要特性之一是信号电荷在转移过程中与时钟脉冲没有任何电容耦合,而在输出端则不可避免。因此,选择适当的输出电路可以尽可能地减少时钟脉冲容性地馈入输出电路的程度。目前 CCD 的输出方式主要有电流输出,浮置扩散放大器输出和浮置栅放大器输出。

4. CCD 的特性参数

（1）转移效率和转移损失率

电荷转移效率是表征 CCD 性能好坏的重要参数。把一次转移后，达到下一个势阱中的电荷与原来势阱中的电荷之比称为转移效率。转移损失率 ε 定义为每次转移中未被转移的电荷所占百分比。原始注入电荷为 Q_0，经 n 次转移后，所剩电荷为 Q_n，则

$$Q_n = Q_0(1-\varepsilon)^n \tag{9.2.1}$$

为了降低转移损失率，要求沿传输方向的长度要小，转移速度不能太快等。

（2）工作频率

CCD 是利用极板下半导体表面势阱的变化来存储和转移信息电荷，所以它必须工作于非热平衡态，使用时，必须对时钟频率的上、下限要有一个大致的估算。

时钟频率的上限 $f_{\text{上}}$ 决定于电荷包转移的损耗率 ε，就是说，电荷包的转移要有足够的时间，电荷包转移所需的时间应使之小于所允许的值。设 τ_D 为 CCD 势阱中电量因热扩散作用衰减的时间常数，与材料和极板的结构有关，一般为 10^{-8} s 量级。若使 ε 不大于要求的 ε_0 值，则对于三相 CCD（每 3 个电容中只有一个用于存储电荷，只要按一定规律依次改变各电极的电压，就可以实现电荷转移），有

$$f_{\text{上}} \leqslant -\frac{1}{3\tau_D \ln\varepsilon_0} \tag{9.2.2}$$

对于两相 CCD（有一半的电容可以存储电荷），有

$$f_{\text{上}} \leqslant -\frac{1}{2\tau_D \ln\varepsilon_0} \tag{9.2.3}$$

时钟频率的下限 $f_{\text{下}}$ 决定于非平衡载流子的平均寿命 τ，一般为毫秒数量级。电荷包在相邻两电极之间的转移时间为 t，即 $t < \tau$，对于三相 CCD，电荷包从前一个势阱转移到后一个势阱所需要的时间为 $T/3$，则

$$f_{\text{下}} > \frac{1}{3\tau} \tag{9.2.4}$$

对于两相 CCD，则

$$f_{\text{下}} > \frac{1}{2\tau} \tag{9.2.5}$$

9.2.2　CCD器件

视觉检测系统采用的摄像机分为电子管式摄像机和固体器件摄像机 CCD 两种。电子管式摄像机根据光图像转换电子图像的原理不同，可以分成电子发射效应式和光导效应式两种类型。

CCD 是利用内光电效应由单个光敏元件构成的集成化光电传感器。它集电荷存储、移位和输出为一体。应用于成像技术、数据存储和信号处理电路等。其中作为固体成像器件最有意义，像素的大小及排列固定，很少出现图像失真，使人们长期以来追求的固体自扫描摄像成为现实。它与传统的摄像仪相比，具有体积小、重量轻、功耗小、工作电压低（小于 20 V）和抗烧毁等优点，而且在可靠性、分辨率、动态范围、灵敏度、实时传输和自扫描等方面有很强的优

越性。其光波范围从紫外区及可见光区发展到红外光区。从用于一维（线型）和二维（平面）图像信息处理正向三维（立体）图像信息处理发展。目前，CCD 摄像器件不论在文件复印、传真、零件尺寸的自动测量和文字识别等民用领域，还是在空间遥感遥测、卫星侦察及水下扫描摄像机等军事侦察系统中都发挥着重要作用。

电荷耦合摄像器件就是用于摄像或相敏的 CCD，又简称 ICCD。它的功能是把二维光学图像信号转换成一维视频信号输出。

它有两大类型:线型和面型。两者都需要用光学成像系统将景物图像成像在 CCD 的像敏面上。像敏面将照在每一像敏单元上的图像照度信号转变为少数载流子数密度信号存储于相敏单元（MOS 电容）中。然后，再转移到 CCD 的移位寄存器（转移电极下的势阱）中，在驱动脉冲的作用下顺序地移出器件，成为视频信号。

对于线型器件，它可以直接接收一维光信息，而不能直接将二维图像转变为视频信号输出，为了得到整个二维图像的视频信号，就必须用扫描的方法来实现。

1. CCD 线阵摄像器件工作原理

线阵列固体摄像器件基本结构简图如图 9.2.4 所示,图中光电二极管阵列和 CCD 移位寄存器统一集成在一块硅片上,分别由不同的脉冲驱动。设衬底为 P-Si,光电二极管列中各单元彼此被 SiO_2 隔离开,排成一行,每个光电二极管即为一个像素。各光电二极管的光电变换作用和光生电荷的存储作用,与分立元件时的原理相同。如图中 U_P 为高电平时,各光电二极管为反偏置,光生的电子空穴对中的空穴被 PN 结的内电场推斥,通过衬底入地,而电子则积存于 PN 结的耗尽区中。在入射光的持续照射下,内电场的分离作用也在持续的进行,从而即可得到光生电荷的积累。转移栅有铝条或晶硅构成,转移栅接低电平时,在它下面的衬底中将形成高势垒,使光电二极管阵列 CCD 移位寄存器彼此隔离。转移栅接高电平时,它下面衬底中的势垒被拆除,成为光生电荷(电荷包)流入 CCD 的通道。这时,电荷包并行地流入 CCD 移为寄存器,接着,在驱动脉冲的作用下,电荷包按着它在 CCD 中的空间顺序,通过输出机构串行地转移出去,这就是线阵列固体摄像器件大致的工作过程。

线型 CCD 摄像器件有两种基本形式:一是单沟道线型 ICCD,另一是双沟道线阵 ICCD,同样像敏单元的双沟道线阵 ICCD 要比单沟道线阵 ICCD 的转移次数少一半,它的总转移效率也大大提高。故一般高于 256 位的线阵 ICCD 都为双沟道的。

图 9.2.4　线阵列固体摄像器件基本结构简图

2. 面阵 ICCD

利用 CCD 摄像,仅一维是不够的,线型结构仅能在一个方向上,在驱动脉冲(时钟脉冲)作用下,把受不同图像光强照射产生信息电荷从同一输出端输出,形成图像时域脉冲串,经过"解调"后,恢复原图像。显然,另一个方向采用机械方法扫描,摄像机体积庞大、可靠性差。为适应需要,按一定的方式将一维线型 ICCD 的光敏元及移位寄存器排列成二维阵列,即可以构成二维面阵 ICCD,按照传输方式的不同,分为场传输面阵 CCD 和行传输面阵 CCD。场传输面阵 CCD 结构原理如图 9.2.5 所示,它是一种场转移面型摄像器件,上面是光敏元面阵,中间是存储器面阵,下面是读出移位寄存器。假设光敏元面阵为 4×4 面阵,在光积分期间,4×4 个光敏元曝光,吸收光生电荷。曝光结束时实行场转移,即在同一瞬间将 4×4 个光敏元获取的信息电荷转移到存储器面阵中对应的位置上,此时,光敏元第二次积分。在高速驱动脉冲作用下,把存储器面阵中的信息电荷逐行地转移到读出移位寄存器,每转移进一行,又要按串行向右移位输出后,再把第二行转移到读出移位寄存器中,直到最后一行。上述这种场转移面阵器件的电极结构简单,但有一个独立的存储器面阵。

图 9.2.5　场传输面阵 CCD 结构原理

行传输面型 CCD 结构原理如图 9.2.6 所示。把光敏元与存储器集中在同一区内,分成光积分与遮光暂存两个部分。在光敏元光积分结束时,打开转移控制栅,信息电荷进入遮光暂存区。然后,一次一次地下移到水平位置的读出移位寄存器中,向右移输出。这种结构操作比较简单,但转移信号必须遮光,感光面积减小了。第一个面型器件产品就是上述这种结构。

图 9.2.6　行传输面型 CCD 结构原理

3. ICCD 的基本特性参数

（1）转换特性

在 ICCD 中,电荷包是由入射光子被硅衬底吸收产生的少数载流子形成的,因此,它具有良好的光电转换特性。它的光电转换因子可达到99.7%

（2）动态范围

动态范围由势阱中可存储的最大电荷量和噪声决定的最小电荷量之比确定。CCD 势阱中可容纳的最大电荷量取决于 CCD 的电极面积及器件结构(SCCD 还是 BCCD),时钟驱动方式及驱动脉冲电压的幅度等因素。

在 CCD 中,有以下几种噪声源:由于电荷注入器件引起的噪声;电荷转移过程中,电荷量的变化引起的噪声;由检测时产生的噪声。

（3）分辨率

分辨率是图像传感器的重要特性,常用调制传递函数 MTF 来评价。

线阵 CCD 固体摄像器件向更多位光敏单元发展,现有 256×1、$1\,024\times1$、$2\,048\times1$、$5\,000\times1$ 等多种。像元越高的器件具有越高的分辨率。尤其是用于物体尺寸测量中,采用高位数光敏单元的线阵 CCD 器件可以得到更高的测量精度,另外,当采用机械扫描装置时,亦可以用线阵 CCD 摄像器件得到二维图像的视频信号。扫描所获得的第二维的分辨取决于扫描速度与 CCD 光敏单元的高度等因素。对于二维面阵器件,于现代电视系统的扫描格式、水平和垂直方向上的像元数量有关。数量越大其分辨率越高,现有面阵器件的相敏单元数为:100×108、320×320、512×320、604×588、$1\,024\times1\,024$ 等多种。

9.3 CMOS 图像传感器

CMOS(Complementary Metal Oxide Semiconductor,互补金属氧化物半导体)图像传感器是利用 CMOS 工艺制造的图像传感器,主要利用了半导体的光电效应,是一种用传统的芯片工艺方法将光敏元件、放大器、A/D 转换器、存储器、数字信号处理器和计算机接口电路等集成在一块硅片上的图像传感器件。这种器件结构简单、处理功能多、成品率高和价格低廉,有着广泛的应用前景。

9.3.1 CMOS成像器件的组成

它的主要组成部分是像敏单元阵列和 MOS 场效应管集成电路,而且这两部分是集成在同一硅片上的;像敏单元阵列由光电二极管阵列构成。如图 9.3.1 中所示的像敏单元阵列按 X 和 Y 方向排列成方阵,方阵中的每一个像敏单元都有它在 X,Y 各方向上的地址,并可分别由两个方向的地址译码器进行选择;输出信号送 A/D 转换器进行模数转换变成数字信号输出。

图像信号的输出过程为在 Y 方向地址译码器(可以采用移位寄存器)的控制下,依次序接通每行像敏单元上的模拟开关,如图 9.3.2 所示的标志 $S_{i,j}$,信号将通过行开关传送到列线上;通过 X 方向地址译码器(可以采用移位寄存器)的控制,输送到放大器。由于信号经行与列开关输出,因此,可以实现逐行扫描或隔行扫描的输出方式,也可以只输出某一行或某一列的信号。在 CMOS 图像传感器的同一芯片中,还可以设置其他数字处理电路。例如,可以进行自动曝光处理、非均匀性补偿、白平衡处理、γ 校正、黑电平控制等处理,甚至于将具有运算和可编程功能的 DSP 器件制作在一起形成多种功能的器件。

图 9.3.1　CMOS 成像器件原理框图

图 9.3.2　CMOS 图像传感器原理示意图

9.3.2　CMOS成像器件的像敏单元结构

像敏单元结构指每个成像单元的电路结构,是 CMOS 图像传感器的核心组件。像敏单元结构有两种类型,即被动像敏单元结构和主动像敏单元结构。

被动像敏单元结构只包含光电二极管和地址选通开关两部分。被动像敏单元结构的缺点是固定图案噪声(FPN)大、图像信号的信噪比较低。

主动像敏单元结构是当前得到实际应用的结构。它与被动像敏单元结构的最主要区别是,在每个像敏单元都经过放大后,才通过场效应管模拟开关传输,所以固定图案噪声大为降低,图像信号的信噪比显著提高。

如图 9.3.3 所示,场效应管 T_1 构成光电二极管的负载,它的栅极接在复位信号线上,当复位脉冲到来时,T_1 导通,光电二极管被瞬时复位;当复位脉冲消失后,T_1 截止,光电二极管开始积分光信号。T_2 为源极跟随器,它将光电二极管的高阻抗输出信号进行电流放大。T_3 用做选址模拟开关,当选通脉冲到来时,T_3 导通,使被放大的光电信号输送到列总线上。

图 9.3.3　主动像敏单元结构

9.3.3　CMOS图像传感器的工作流程

CMOS 图像传感器的功能很多,组成也很复杂。由像敏单元、行列开关、地址译码器、A/D 转换器等许多部分组成较为复杂的结构。为了协调各组成部分的工作,应使诸多的组成部分按一定的程序工作。设置时序脉冲,利用它的时序关系去控制各部分的运行次序;并用它的电平或前后沿去适应各组成部分的电气性能。工作流程如图 9.3.4 所示。

尼康公司生产的全画幅单反相机尼康 D4。运用了许多高标准的配置。采用了一块 1 625 万像素的 FX 格式 CMOS 图像传感器,以及专为数码单反相机优化的最新 EXPEED 3 图像处理器。同时尼康 D4 具有每秒 10 张连拍速度,支持 1 080p 全高清视频拍摄,如图 9.3.5 所示。

图 9.3.4　CMOS 图像传感器的工作流程

图 9.3.5　尼康单反相机

9.4 图像传感器及其应用

9.4.1 图像的获取技术

1. 图像传感器

图像是由照射源和形成图像的场景元素对光能的反射或吸收相结合而产生的。照射可以由电磁波引起,如各种可见光、雷达、红外线或 X 射线能源,也可以由非传统光源,如超声波,甚至由计算机产生的照射模式产生。场景可以是人们日常可见到的物体,也可以是分子、沉积岩或人类大脑,甚至可以对一个光源成像。

成像物镜将外界照明光照射下的(或自身发光的)景物成像在物镜的像面上,形成二维空间的光强分布(光学图像)。能够将二维光强分布的光学图像转变成一维时序电信号的传感器称为图像传感器。图像传感器输出的一维时序信号经过放大和同步控制处理后,送给图像显示器,可以还原并显示二维光学图像。当然,图像传感器与图像显示器之间的信号传输与接收都要遵守一定的规则,这个规则被称为制式。例如,广播电视系统中规定的规则称为电视制式。还有其他的一些专用制式。按电视制式输出的一维时序信号被称为视频信号。

2. 图像传感器的基本结构

图像传感器的种类很多,根据图像的分解方式可将图像传感器分成三种类型,即光机扫描图像传感器、电子束扫描图像传感器和固体自扫描图像传感器。

（1）光机扫描图像传感器

光机扫描图像传感器又常分为单元光机扫描方式与多元光机扫描方式的图像传感器:下面以单元光机扫描方式为例介绍图像传感器的构成及特点。

单元光电传感器(包括热电传感器)与机械扫描装置相配合可以构成光机扫描方式的图

像传感器。在如图 9.4.1 所示的光机扫描方式原理图中,单元光电传感器的光敏面积与被扫描光学图像的面积相比很小,可近似看做一个点。当机械扫描机构带动单元光电传感器的光敏面在光学图像的像面沿水平(x)方向做高速往返运动时,称为行扫描。行扫描中沿 x 方向的扫描运动称为行正程,反之为行逆程。在垂直(y)方向做低速往返运动,称为场扫描:场扫描中沿 y 方向的扫描运动称为场正程,反之为场逆程。

图 9.4.1　光机扫描方式原理图

光机扫描方式也可以采用停顿方式进行间断式工作。在 y 方向扫描暂时停止在某行 y_i,x 方向扫描一行,光电传感器输出一行的信号后返回到 x 方向的起始位置。y 方向也前进一行,进入 y_{i+1} 行,再进行一行的扫描与输出,如此往复,即扫描出整个像面。这种停顿式的扫描方式速度慢,只适用于静止图像的转换,不利于变化图像的转换与采集工作。但是,它很容易获得更清晰的扫描图像。

光机扫描方式的水平分辨率正比于光学图像水平方向的尺寸与光电传感器光敏面在水平方向的尺寸之比。因为尺寸比大,一行之内(行正程时间内)输出的像敏单元点数多,分辨率自然也高。同样,垂直分辨率也正比于光学图像垂直方向的尺寸与光电传感器光敏面在垂立方向的尺寸之比。因此,减小光电传感器光敏面的面积是提高光机扫描方式分辨率的有效方法。然而,光电传感器光敏面的减小,扫描点数的提高,使行正程的时间变长,或必须提高行扫描速度(当要求行正程时间不变的情况下),这对光机扫描方式常常是很困难的。正因为如此,单元光电传感器的光机扫描方式的水平分辨率会受到扫描速度的限制。提高光机扫描方式分辨率与扫描速度的方法是采用多元光电传感器,构成多元光机扫描方式。

(2)电子束扫描图像传感器

电子束扫描方式的传感器是最早应用于图像传感器的,如早期的各种电真空摄像管、真空视像管、红外成像系统中的热释电摄像管等。在这种电子束扫描成像方式中,被摄景物图像通过成像物镜成像在摄像管的靶面上,以靶面电位分布或以靶面电阻分布的形式将光强分布的图像信号存于靶面,并通过电子束将其检取出来,形成视频信号。电子束在摄像管偏转线圈的作用下进行行扫描与场扫描,以完成对整个图像的扫描(或分解)。当然,行扫描与场扫描要遵循一定的规则。电子束摄像管电子扫描系统遵循的规则称为电视制式。

(3)固体自扫描图像传感器

固体自扫描图像传感器是 20 世纪 70 年代发展起来的新型图像传感器件,如面阵 CCD 器件、CMOS 图像传感器件等。这类器件本身具有自扫描功能,例如,面阵 CCD 固体摄像器件的光敏面能够将成像于其上的光学图像转换成电荷密度分布的电荷图像。电荷图像以在驱动脉冲的作用下按照一定的规则(如电视制式)一行行地输出,形成图像信号(或视频信号)。

上述三种扫描方式中,电子束扫描方式由于电子束摄像管逐渐被固体图像传感器所取代,已逐渐退出舞台。目前光机扫描方式与固体自扫描方式在光电图像传感器中占据主导地位。但是,在有些应用中通过将一些扫描方式组合起来,能够获得性能更为优越的图像传感器,例如,将几个线阵 CCD 图像传感器或几个面阵图像传感器拼接起来,再利用机械扫描机构,形成一个视场更大、分辨率更高的图像传感器,以满足人们探索宇宙奥秘的需要。

3. 图像的获取技术

图 9.4.2 显示了用来把照射量变为数字图像的三种主要传感器装置。其原理是利用对特殊类型能源敏感的传感器材料,把输入能源转变为输出电压波形,然后将其数字化,从而得到数字图像信息。

(a) 单个成像传感器

(b) 带状传感器

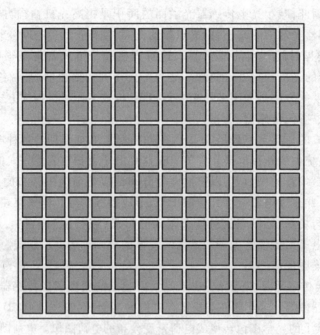

(c) 传感器阵列

图 9.4.2　获取数字图像的三种主要传感器装置

（1）用单个传感器获取图像

这种方法中用得较多的是光电二极管,它由硅材料构成,其输出电源波形与光的强度成正比。

为用单个传感器获取二维图像,传感器和场景对象之间必须在 x 和 y 方向有相对位移,图

9.4.3 显示了一个用于高精度扫描的装置(鼓形扫描器或光电滚筒扫描器)。它把一张图片装在一个滚筒上,滚筒由相应的装置驱动其转动,使传感器相对于图像做垂直方向运动。传感器安装在引导螺杆上,它可以在水平方向上移动。光源的光照射到图像上,图像的反射光可被传感器接收到,变为电压信号输出,电压信号的大小与传感器接收到的光的强度成正比。图像是有灰度层次的,当光照到不同灰度位置时,其该位置反射光的强度也发生变化,相应地,传感器输出的电压信号也随之发生改变。通过控制滚筒的转动和传感器沿引导螺杆的运动,就可以把一幅光学图像各点的灰度转化为电信号,从而获得二维图像 $f(x,y)$,对电压信号数字化,就可获得二维的数字图像。因为机械运动可高精度地控制,这一方法是得到高分辨率图像的一种廉价方法,但速度较慢。

图 9.4.3　用单个传感器通过运动获取图像

　　用单一传感器成像的还有激光扫描器。它是同时放置一个激光源和传感器,用一个镜子来控制光束到扫描图形上,同时把激光信号反射到传感器。

　　(2)用带状传感器获取图像

　　在获取数字图像中更常用的是由各个单个传感器按线状排列而形成带状传感器或传感器带,如图 9.4.2(b)所示。传感器带在一个方向上提供成像单元。相对传感器带垂直方向的运动在另一个方向上成像,如图 9.4.4(a)所示。这是大多数平板扫描仪所用的装置,成像传感器带一次输出一幅图像的一行,随着传感器带的运动完成二维图像的获取。

　　传感器带也可以安装成圆环形状,称为传感器环或环形传感器带。它主要用于医学工业成像,以得到三维物体的横断截面(切片)图像,如图 9.4.4(b)所示。一个旋转的 X 射线源提供照射,而相对于射线源的传感器部分接收通过物体的 X 射线能量。这是医学和工业计算机轴向断层成像技术(即 CT 技术)的基础。传感器的输出经过计算机用相应的重建算法处理后,可得到重建截面图像,称为图像重建。进一步地可根据物体的各个截面图像由计算机进行三维重建。

　　(3)用传感器阵列获取图像

　　将各个传感器以二维阵列形式排列就形成了传感器阵列。目前这是在数字摄像机上常见的主要结构。这些摄像机所用的典型传感器是 CCD 阵列,这种阵列可用宽带且有敏感特性的元件制造并封装为 4 000×4 000 或更多单元的固定阵列。CCD 传感器广泛地应用于数字摄像机和其他光敏感设备中,每一个传感器的响应正比于投射到传感器表面的光能总量,图 9.4.2(c)所示的传感器阵列是二维的,它的主要优点是把图形能量聚焦到阵列表面,一次就能得到完整的图像。

(a) 用带状传感器带获取图像　　　　　　　　(b) 用环形传感器带获取图像

图 9.4.4　用带状传感器带通过运动获取图像

传感器阵列应用的主要方法如图 9.4.5 所示。该图显示了来自照射源通过场景元素反射的能量（该能量也可以是通过场景单元透射的）。成像系统接收入射能量并把它们聚焦到一个图像平面上，与焦点面相重合的传感器阵列产生与每一个传感器接收的光能量成正比的输出。数字或模拟电路扫描这些输出，并把它们转换成电信号，经数字化后输出数字图像。

图 9.4.5　用传感器阵列获取数字图像的过程

9.4.2　图像传感器的应用

1. 自动调焦系统

CCD 器件发展很快,应用日益广泛。图像测量中的典型自动调焦系统框图如图 9.4.6 所示。被测图像经 CCD 扫描转换成电信号送入图像采集卡。计算机采集一幅图像后,对其清晰度,即离焦情况进行判断,根据处理结果发出信号,经 D/A 转换、功放后驱动步进电机,通过微位移机构带动载物台沿空间三个方向移动,计算机根据离焦函数不断进行判断,以搜索被测图像的最佳清晰度位置。

对于同一被测对象,清晰度判别函数可能有几种,理想的评价函数应当具备下列特性:

① 无偏性,当物面与对准面重合时,参数取得极值。

图 9.4.6　自动调焦系统框图

② 单峰性,只有在焦距对中时,参数才具有极值。

③ 足够的抗干扰能力,以保证可靠地检测离焦量。

④ 能反映离焦极性,以便控制调节方向。

2. 零件的准确跟踪和抓取

两个光源分别从不同方向向传送带发送两条水平缝隙光(结构光),而且预先将两条缝隙光调整到刚好在传送带上重合的位置,如图 9.4.7 所示。这样,当传送带上没有零件时,两条缝隙光合成一条直线。当传送带上的零件通过缝隙光处时,缝隙光就变成两条分开的直线,其分开的距离与零件的高度成正比。视觉系统通过对摄取图像进行处理,可以确定零件的位置、高度、类型与取向,并将此信息送入机器人控制器,使得机器人完成对零件的准确跟踪和定位。

图 9.4.7　图像传感器在零件跟踪和抓取中的应用

思考题与习题

1. 光电耦合器的主要作用,主要应用在哪些场合?

2. CMOS 与 CDD 各自的优缺点。

3. 试述 CCD 线阵摄像器件工作原理。上、下限截止频率如何估算?

4. CCD 器件中的电荷包为什么会沿半导体表面转移?为什么 CCD 器件必须在动态情况下工作?

5. 举例说明图像传感器在实际中的主要应用。

第10章

抗干扰技术

测量仪表或传感器工作现场的环境条件常常是很复杂的,各种干扰通过不同的耦合方式进入测量系统,使测量结果偏离准确值,严重时甚至使测量系统不能正常工作,为保证测量装置或测量系统在各种复杂的环境条件下正常工作,就必须要研究抗干扰技术。

抗干扰技术是检测技术中一项重要的内容,它直接影响测量工作的质量和测量结果的可靠性,因此,测量中必须对各种干扰给予充分注意,并采取有效的技术措施,把干扰对测量的影响降低到最低或容许的限度。

10.1 干扰的类型及产生

测量中来自测量系统内部和外部,影响测量装置或传输环节正常工作和测试结果的各种因素的总和,称为干扰(噪声)。而把消除或削弱各种干扰影响的全部技术措施,总称为抗干扰技术或防护。

10.1.1 干扰的类型

根据干扰产生的原因,通常可分为以下几种类型。

1. 电和磁干扰

电和磁可以通过电路和磁路对测量仪表产生干扰作用,电场和磁场的变化在测量装置的有关电路或导线中感应出干扰电压,从而影响测量仪表的正常工作。这种电和磁的干扰对于传感器或各种检测仪表来说是最为普遍、影响最严重的干扰。因此,必须认真对待这种干扰。本章将重点研究这种干扰的抑制措施。

2. 机械干扰

机械干扰是指由于机械的振动或冲击,使仪表或装置中的电气元件发生振动、变形,使连接线发生位移,使指针发生抖动,仪表接头松动等。

对于机械类干扰主要是采取减振措施来解决,例如采用减振弹簧、减振软垫、隔板消振等措施。

3. 热干扰

设备和元器件在工作时产生的热量所引起的温度波动以及环境温度的变化都会引起仪表

和装置的电路元器件参数发生变化。另外,某些测量装置中因一些条件的变化产生某种附加电动势等,都会影响仪表或装置的正常工作。

对于热干扰,工程上通常采取下列几种方法进行抑制。

(1)热屏蔽

把某些对温度比较敏感或电路中关键的元器件和部件,用导热性能良好的金属材料做成的屏蔽罩包围起来,使罩内温度场趋于均匀和恒定。

(2)恒温法

例如将石英振荡晶体与基准稳压管等与精度有密切关系的元器件置于恒温设备中。

(3)对称平衡结构

如差分放大电路、电桥电路等,使两个与温度有关的元器件处于对称平衡的电路结构两侧,使温度对两者的影响在输出端互相抵消。

(4)温度补偿元器件

采用温度补偿元器件以补偿环境温度的变化对电子元器件或装置的影响。

4. 光干扰

在检测仪表中广泛使用各种半导体元器件,但半导体元器件在光的作用下会改变其导电性能,产生电动势或引起阻值的变化,从而影响检测仪表正常工作。因此,半导体元器件应封装在不透光的壳体内,对于具有光敏作用的元器件,尤其应注意光的屏蔽问题。

5. 湿度干扰

湿度增加会引起绝缘体的绝缘电阻下降,漏电流增加;电介质的介电系数增加,电容量增加;吸潮后骨架膨胀使线圈阻值增加,电感器变化;应变片粘贴后,胶质变软,精度下降等。通常采取的措施是:避免将其放在潮湿处,仪器装置定时通电加热去潮,电子器件和印制电路浸漆或用环氧树脂封灌等。

6. 化学干扰

酸、碱、盐等化学物品以及其他腐蚀性气体,除了其化学腐蚀性作用将损坏仪器设备和元器件外,还能与金属导体产生化学电动势,从而影响仪器设备的正常工作。因此,必须根据使用环境对仪器设备进行必要的防腐措施,将关键的元器件密封并保持仪器设备清洁干净。

7. 射线辐射干扰

核辐射可产生很强的电磁波,射线会使气体电离,使金属逸出电子,从而影响到电测装置的正常工作。射线辐射的防护是一种专门的技术,主要用于原子能工业等方面。

10.1.2 干扰的产生

1. 放电干扰

(1)天体和天电干扰

天体干扰是由太阳或其他恒星辐射电磁波所产生的干扰。天电干扰是由雷电、大气的电离作用、火山爆发及地震等自然现象所产生的电磁波和空间电位变化所引起的干扰。

(2)电晕放电干扰

电晕放电干扰主要发生在超高压大功率输电线路和变压器、大功率互感器、高电压输变电等设备上。电晕放电具有间歇性,并产生脉冲电流。随着电晕放电过程将产生高频振荡,并向周围辐射电磁波。其衰减特性一般与距离的平方成反比,所以对一般检测系统影响不大。

（3）火花放电干扰

如电动机的电刷和整流子间的周期性瞬间放电,电焊、电火花、加工机床、电气设备中的开关通断的放电,电气机车和电车导电线与电刷间的放电等。

（4）辉光、弧光放电干扰

通常放电管具有负阻抗特性,当和外电路连接时容易引起高频振荡,如大量使用荧光灯、霓虹灯等。

2. 电气设备干扰

（1）射频干扰

电视、广播、雷达及无线电收发机等对邻近电子设备造成干扰。

（2）工频干扰

大功率配电线与邻近检测系统的传输线通过耦合产生干扰。

（3）感应干扰

当使用电子开关、脉冲发生器时,因为工作中会使电流发生急剧变化,形成非常陡峭的电流、电压前沿,具有一定的能量和丰富的高次谐波分量,会在其周围产生交变电磁场,从而引起感应干扰。

10.1.3 信噪比和干扰叠加

1. 信噪比

干扰对测量的影响必然反映到测量结果中,它与有用信号交连在一起。衡量干扰对有用信号的影响常用信噪比(S/N)表示,即

$$S/N = 10 \lg \frac{P_S}{P_N} = 20 \lg \frac{U_S}{U_N} \tag{10.1.1}$$

式中,P_S——有用信号功率;

P_N——干扰信号功率;

U_S——有用信号电压的有效值;

U_N——干扰信号电压的有效值。

从(10.1.1)可知,信噪比越大,干扰的影响越小。

2. 干扰的叠加

（1）非相关干扰源电压相加

各干扰电压或干扰电流各自独立地互不干扰时,它们的总功率为各干扰功率之和。其电压之和为

$$U_N = \sqrt{\sum U_{Ni}^2} \tag{10.1.2}$$

（2）两个相关干扰电压之和

当两个干扰电压并非各自独立,存在相关系数 γ 时,其总干扰电压为

$$U_{N} = \sqrt{U_{N1}^{2} + U_{N2}^{2} + 2\gamma U_{N1} U_{N2}} \tag{10.1.3}$$

显然，$\gamma = 0$ 时为非相关，γ 在 $0 \sim 1$ 或 $0 \sim -1$ 时，两电压为部分相关。

10.2 干扰信号的耦合方式

干扰信号进入接收电路或测量装置内的途径称为干扰的耦合方式。在分析和研究干扰问题时，首先要搞清楚干扰源、被干扰对象及干扰源和被干扰对象之间的耦合方式，只有对干扰的性质清楚了解之后，才能正确采取相应的抗干扰措施。干扰的耦合方式主要有：静电电容耦合、电磁耦合、共阻抗耦合及漏电流耦合。

10.2.1 静电电容耦合

静电电容耦合是由于两个电路之间存在寄生电容，产生静电效应，使一个电路的电荷变化影响到另一个电路。图 10.2.1 是两个平行导线之间存在静电耦合的例子。导线 1 是干扰源，导线 2 是检测系统的传输线，C_1、C_2 分别为导线 1、2 的对地寄生电容，C_{12} 是导线 1 和 2 之间的寄生电容，R 为导线 2 的对地电阻，根据电路理论，此时导线 2 所产生的对地干扰电压即 R 两端的电压为

图 10.2.1　静电电容耦合

$$\dot{U}_{N} = \frac{j\omega \left[C_{12}/(C_{12} + C_{2}) \right]}{j\omega + 1/\left[R(C_{12} + C_{2}) \right]} \dot{U}_{1} \tag{10.2.1}$$

一般情况下，有 $R \ll 1/\omega(C_{12} + C_2)$，故上式可进一步简化为

$$U_{N} \approx j\omega R C_{12} U_{1} \tag{10.2.2}$$

从上式可以看出，干扰电压 U_N 与干扰源的电压 U_1 及角频率 ω 成正比。这表明，高电压小电流的高频干扰源主要是通过静电耦合形成干扰的；干扰电压 U_N 与 C_{12} 成正比，同时也与 R 成正比。所以，应通过合理布线和采取适当防护措施减小电路间的寄生电容。降低接收电路的输入阻抗，也可以减小静电耦合干扰。

10.2.2 电磁耦合

电磁耦合(电感性耦合)是由于电路之间存在互感,使一个电路的电流变化,通过磁交变影响到另一个电路。图10.2.2是两个电路电磁耦合的示意图和等效电路。图中导线1为干扰源,导线2为检测系统的一段电路,两个导线之间的互感系数为M。当导线1中有电流I_1变

图10.2.2 电磁耦合

化时,根据电路理论,通过电磁耦合在导线2产生的干扰电压U_N为

$$\dot{U}_N = j\omega M \dot{I}_1 \tag{10.2.3}$$

分析式(10.2.3)可得结论,干扰电压U_N与干扰源角频率ω成正比,与电路间的互感系数M成正比,与干扰源电流I_1成正比。

显然,对于电磁耦合干扰,降低接收电路的输入阻抗,并不会减小干扰,而应尽量采取远离干扰源或设法降低M等措施。

10.2.3 共阻抗耦合

共阻抗耦合是由于两个电路间有公共阻抗,当一个电路中有电流流过时,通过共阻抗便在另一个电路中产生干扰电压。例如,几个电路由同一个电源供电时,会通过电源内阻互相干扰;在放大器中,各放大级通过接地线电阻互相干扰。

一般情况下,共阻抗耦合可以用图10.2.3所示等效电路表示。图中Z_C表示两个电路之间的共有阻抗,I_n表示干扰源电流,U_N表示被干扰电路的干扰电压,由图10.2.3所示等效电路,很容易写出被干扰电压U_N的表达式

$$U_N = I_n Z_C \tag{10.2.4}$$

从式(10.2.4)显而易见,消除共阻抗耦合干扰的核心是消除两个或几个电路之间的共阻抗。

10.2.4 漏电流耦合

由于绝缘不良,流经绝缘电阻R的漏电流作用于有关电路引起的干扰,称为漏电流耦合。一般情况下,漏电流耦合可用图10.2.4所示的等效电路表示。图中U_1表示干扰源电压,R表

示漏电阻,Z_i 是被干扰电路的输入阻抗,U_N 为干扰电压。

从图 10.2.4 等效电路可写出 U_N 的表达式

$$U_N = \frac{Z_i}{R + Z_i} E_N \approx \frac{Z_i}{R} U_1 \qquad (10.2.5)$$

漏电流经常发生在用仪表测量较高的直流电压、测量仪表附近有较高的直流电源时或高输入阻抗的直流放大器中。

为了削弱漏电流干扰,必须改善绝缘性能并采取相应的防护措施。

图 10.2.3 共阻抗耦合等效电路   图 10.2.4 漏电流耦合等效电路

10.2.5 电子测量装置的两种干扰

各种干扰源对检测系统产生的干扰,必然通过各种耦合通道进入测量装置,引起测量误差。根据干扰进入测量电路的方式不同,可将干扰分为差模干扰和共模干扰两种。

1. 差模干扰

差模干扰是使信号接收器的一个输入端的电位相对另一个输入端电位发生变化。即干扰信号与有用信号是叠加在一起的。

差模干扰可用图 10.2.5 所示两种方式表示,图中 e_S 及 R_S 为有用信号源及内阻,U_N 表示等效干扰电压,I_N 表示等效干扰电流,Z_N 为干扰源等效阻抗,R_i 为接收器的输入电阻。

(a) 串联电压发生器形式   (b) 并联电流发生器形式

图 10.2.5 差模干扰等效电路

常见的差模干扰有:外交变磁场对传感器的一端形成电磁耦合;外高压交变电场对传感器的一端形成漏电流耦合。针对具体情况可以采用双绞信号传输线,传感器耦合端加滤波器、金属隔离线或采取屏蔽等措施来消除差模干扰。

2. 共模干扰

共模干扰是相对于公共的电位基准点(通常为接地点),在信号接收器的两个输入端同时出现的干扰。虽然它不直接影响结果,但是当信号接收器的输入电路参数不对称时,它会转化为差模干扰,对测量结果产生影响。

共模干扰一般用等效电压源表示,图 10.2.6 给出一般情况下的等效电路。图中 U_N 表示干扰电压源,Z_{cm1}、Z_{cm2} 分别表示干扰源阻抗,Z_1、Z_2 分别表示信号传输线阻抗,Z_{s1}、Z_{s2} 分别表示信号传输线对地漏阻抗。

从图中可以看出,当电路对称时,干扰电压源不会对接收器产生干扰。只有当电路不对称时,共模干扰才能转化为差模干扰,对信号接收起干扰作用。通常 Z_{cm1}、Z_{cm2} 比 Z_1、Z_2 大得多,因此共模干扰转化为差模干扰的电压比率很小。但是共模干扰源的干扰电压值比信号源电压值高得多(信号源电压常为毫伏级,而共模干扰源电压为数十伏),一旦共模干扰转化为差模干扰时,这时的共模干扰对测量结果的影响就更严重,排除它比较困难。

图 10.2.6　共模干扰等效电路

造成共模干扰的原因很多,图 10.2.7 给出了几个具体的例子。图 10.2.7(a)表示热电偶测温系统,热电偶的金属保护套管通过炉体外壳与生产管路接地,而热电偶的两条补偿导线与显示仪表外壳没有短接,但仪表外壳接大地,地电位造成共模干扰。

图 10.2.7(b)表示动力电源通过漏电阻对热电偶测温系统形成共模干扰。

图 10.2.7　产生共模干扰的典型例子

图 10.2.7(c)表示通过电源变压器的一次、二次侧间的分布电容耦合形成共模干扰。

10.2.6　共模干扰抑制比

为衡量测量装置对共模干扰的抑制能力,引入共模干扰抑制比概念,其定义为作用于电路(或系统)的共模干扰信号与电路(或系统)在该共模干扰下转换为的差模信号之比。通常以

对数形式表示

$$K_{CMR} = 20 \lg \frac{U_{cm}}{U_{cd}} \qquad (10.2.6)$$

式中，U_{cm}——作用于测量电路(或系统)的共模干扰信号；

  U_{cd}——测量电路(或系统)在该共模干扰下转换为的差模信号。

  共模干扰抑制比也可以定义为检测系统的差模增益与共模增益之比

$$K_{CMR} = 20 \lg \frac{k_d}{k_c} \qquad (10.2.7)$$

式中，k_d——差模增益；

  k_c——共模增益。

  以上两种定义都说明，共模干扰抑制比是测量装置(或系统)对共模干扰抑制能力的量度。K_{CMR} 值越高，说明对共模干扰抑制能力越强。

10.3 常用的抑制干扰措施

  为了保证测量系统正常工作，必须削弱和防止干扰的影响，如消除或抑制干扰源、破坏干扰途径以及削弱被干扰对象(接收电路)对干扰的敏感性等。通过采取各种抑制干扰的技术措施，使仪器设备能稳定可靠地工作，从而提高测量的精确度。

  本节讨论常用的几种抗干扰技术。

10.3.1 屏蔽技术

  利用铜或铝等低电阻材料制成的容器将需要防护的部分包起来，或者利用导磁性良好的铁磁性材料制成的容器将要防护的部分包起来，此种防止静电或电磁的相互感应所采用的技术措施称为屏蔽。屏蔽的目的就是隔断电磁场的耦合通道。

  1. 静电屏蔽

  在静电场的作用下，导体内部无电力线，即各点电位相等。静电屏蔽就是利用与大地相连接的导电性良好的金属容器，其内部的电力线不外传，同时外部电场也不影响其内部。

  使用静电屏蔽技术时，应注意屏蔽体必须接地，否则虽然导体内无电力线，但导体外仍有电力线，导体仍受到影响，起不到静电屏蔽的作用。

  2. 电磁屏蔽

  电磁屏蔽是采用导电良好的金属材料做成屏蔽层，利用高频干扰电磁场在屏蔽金属内产生的涡流，再利用涡流磁场抵消高频干扰磁场的影响，从而达到抗高频电磁场干扰的效果。

  电磁屏蔽依靠涡流产生作用，因此必须用良导体如铜、铝等做屏蔽层。考虑到高频趋肤效应，高频涡流仅在屏蔽层表面一层，因此屏蔽层的厚度只需考虑机械强度。

  将电磁屏蔽妥善接地后，同时具有电场屏蔽和磁场屏蔽两种功能。

  3. 低频磁屏蔽

  电磁屏蔽对低频磁场干扰的屏蔽效果是很差的，因此在低频磁场干扰时，要采用高导磁材料作屏蔽层,以便将干扰限制在磁阻很小的磁屏蔽体的内部,从而起到抗干扰的作用。

为了有效地屏蔽低频磁场,屏蔽材料要选用坡莫合金之类对低频磁场有高磁导率的材料,同时要有一定的厚度,以减小磁阻。

4. 驱动屏蔽

驱动屏蔽就是用被屏蔽导体的电位,通过 1∶1 电压跟随器来驱动屏蔽层导体的电位,其原理如图 10.3.1 所示。具有较高交变电位 U_N 干扰源的导体 A 与屏蔽层 D 间有寄生电容 C_{s1},而 D 与被防护导体 B 之间有寄生电容 C_{s2},Z_i 为导体 B 对地阻抗。为了消除 C_{s1}、C_{s2} 的影响,图中采用了由运算放大器构成的 1∶1 电压跟随器 R。设电压跟随器在理想状态下工作,导体 B 与屏蔽层 D 间绝缘电阻为无穷大,并且等电位。因此在导体 B 外,屏蔽层 D 内空间无电场,各点电位相等,寄生电容 C_{s2} 不起作用,故具有交变电位 U_N 的干扰源 A 不会对 B 产生干扰。

应该指出的是:驱动屏蔽中所应用的 1∶1 电压跟随器,不仅要求其输出电压与输入电压

图 10.3.1　驱动屏蔽

的幅值相同,而且要求两者相位一致。实际上,这些要求只能在一定程度上得到满足。

10.3.2　接地技术

接地是保证人身和设备安全,抗噪声干扰的一种方法。合理地选择接地方式是抑制电容性耦合、电感性耦合及电阻耦合,减小或削弱干扰的重要措施。

1. 电测装置的接地

(1) 安全接地

以安全防护为目的,将电测装置的机壳、底盘等接地,要求接地电阻在 10 Ω 以下。

(2) 信号接地

信号接地是指电测装置的零电位(基准电位)接地线,但不一定真正接大地。

信号地线分为模拟信号地线和数字信号地线两种。前者是指模拟信号的零电平公共线,因为模拟信号一般较弱,所以对该种地线要求较高。后者是指数字信号的零电平公共线,数字信号一般较强,因此对该种地线可要求低些。

(3) 信号源接地

传感器可看作是非电量测量系统的信号源。信号源地线就是传感器本身的零电位电平基准公共线,由于传感器与其他电测装置相隔较远,因此它们在接地要求上有所不同。

(4) 负载接地

负载中的电流一般较前级信号电流大得多,负载地线上的电流在地线中产生的干扰作用

也大,因此对负载地线与测量仪器中的地线有不同的要求。有时两者在电气上是相互绝缘的,它们之间通过磁耦合或光耦合传输信号。

2. 电路一点接地准则

(1) 单级一点接地准则

如图 10.3.2(a) 所示,单级选频放大器的原理电路上有 7 个线端需要接地,如果只从原理图的要求进行接线,则这 7 个线端可以任意地接在接地母线的不同位置上。这样,不同点间的电位差就有可能成为这级电路的干扰信号,因此应按 10.3.2(b) 所示的一点接地方式接地。

(a)　　　　　　　　(b)

图 10.3.2　单级电路的一点接地

(2) 多级电路一点接地

图 10.3.3(a) 所示的多级电路中,利用一段公用地线后,再在一点接地,它虽然避免了多点接地可能产生的干扰,但是在这段公用地线上却存在着 A、B、C 三点不同的对地电位差。当各级电平相差较大时,高电平电路将会产生较大的地电流干扰低电平电路。只有当级数较多,电平相差不大时这种接地方式才可勉强使用。图 10.3.3(b) 采用了分别接地方式,适用于 1 MHz 以下低频电路。它们只与本电路的地电流和地线阻抗有关。

(a)　　　　　　　　(b)

图 10.3.3　多级电路的一点接地

(3) 测量装置的两点接地

图 10.3.4 所示为两点接地对测量装置的影响。图 U_S、R_S 为信号电压及其内阻,R_1、R_2 为传输线等效电阻,R_i 为放大器的输入电阻,U_G、R_G 为两接地点之间的地电位差和地电阻。

当 R_1、R_2 均小于 $R_S + R_i + R_1$ 时,干扰电压 U_N 为

$$U_N = \frac{R_i}{R_i + R_1 + R_S} \cdot \frac{R_2}{R_2 + R_G} \cdot U_G \tag{10.3.1}$$

设 $U_G = 100 \text{ mV}$,$R_G = 0.1 \ \Omega$,$R_S = 1 \text{ k}\Omega$,$R_1 = R_2 = 1 \ \Omega$,$R_i = 10 \text{ k}\Omega$,则根据上式可计算出干扰

图 10.3.4　测量装置的两点接地和一点接地

电压 $U_N = 90$ mV,即 100 mV 的地电位差几乎都加到放大器输入端。

　　将上述问题改为一点接地,如图 10.3.4(b)所示,并保持信号源与地隔离,其中 Z_{sg} 为信号源 U_G 对地的漏阻抗,设 $Z_{sg} = 2$ MΩ,其他参数不变,当 $Z_{sg} \gg R_2 + R_G$, $R_2 \ll R_S + R_i + R_1$ 时,放大器输入端干扰电压

$$U_N = \frac{R_i}{R_i + R_1 + R_S} \cdot \frac{R_2}{Z_{sg}} U_G = 45.5 \ \mu V \qquad (10.3.2)$$

可见信号源接地时的干扰电压大大降低。

3. 测量系统的接地

　　通常测量系统至少有三个分开的地线,即信号地线、保护地线和电源地线。这三种地线应分开设置,并通过一点接地。图 10.3.5 说明了这三种地线的接地方式。若使用交流电源,电源地线和保护地线相接,干扰电流不可能在信号电路中流动,避免因公共地线各点电位不均所产生的干扰,它是消除共阻抗耦合干扰的重要方法。

图 10.3.5　各种地线的分开设置　　　　图 10.3.6　浮置的测量系统

10.3.3　浮置

　　浮置又称为浮空、浮接。它是指测量仪表的输入信号放大器的公共线不接机壳也不接大地的一种抑制干扰的措施。

　　采用浮接方式的测量系统如图 10.3.6 所示。信号放大器有相互绝缘的两层屏蔽,内屏蔽层延伸到信号源处接地,外屏蔽层也接地,但放大器两个输入端既不接地,也不接屏蔽层,整个

测量系统与屏蔽层及大地之间无直接联系。这样就切断了地电位差 U_N 对系统影响的通道,抑制了干扰。

浮置与屏蔽接地相反,是阻断干扰电流的通路。测量系统被浮置后,明显地加大了系统的信号放大器公共线与大地(或外壳)之间的阻抗,因此浮置能大大减小共模干扰电流。但浮置不是绝对的,不可能做到完全浮空。其原因是信号放大器公共线与地(或外壳)之间,虽然电阻值很大,可以减小电阻性漏电流干扰,但是它们之间仍然存在着寄生电容,即电容性漏电流干扰仍然存在。

10.4 其他抑制干扰措施

抑制干扰的技术除经常使用的屏蔽、接地、浮置外,还有隔离、滤波、平衡电路等方法。

10.4.1 隔离

隔离是破坏干扰途径、切断噪声耦合通道,从而达到抑制干扰目的的一种技术措施。常用的电路隔离方法有变压器隔离法和光电耦合方法。

1. 变压器隔离

图 10.4.1 所示是一个两端接地系统,地电位差 U_N 通过地环回路对测量系统形成干扰。减少或消除这种干扰的一种方法是在信号传输通道中接入一个变压器,如图 10.4.2 所示,使信号源和放大器两部分电路在电气上相互绝缘,断开地环回路,从而切断了噪声电路传输通道,有效地抑制干扰。

图 10.4.1 两点接地的地环回路

图 10.4.2 隔离变压器

在此情况下,信号通过磁耦合传输,所以变压器隔离法适用于传输交变信号的电路噪声抑制。

2. 光电耦合器隔离

光电耦合器隔离方法如图 10.4.3 所示。它是在电路上接入一个光电耦合器,即用一个光电耦合器代替图 10.4.2 中的变压器,用光作为信号传输的介质,则两个电路之间既没有电耦合,也没有磁耦合,切断了电和磁的干扰耦合通道,从而抑制了干扰。

一般的光电耦合器广泛用于数字接口电路中的噪声抑制,但是由于它非线性特性强,所以在模拟电路中使用线性光电耦合器实现隔离。

图 10.4.3　光电耦合隔离器

10.4.2　滤波

采用滤波器抑制干扰是最有效的手段之一,特别是对抑制经导线耦合到电路中的干扰,它是一种广泛被采用的方法。它是根据信号及噪声频率分布范围,将相应频带的滤波器接入信号传输通道中,滤去或尽可能衰减噪声,达到提高信噪比,抑制干扰的目的。

下面是几个在电测装置中广泛使用的滤波器。

1. 交流电源进线的对称滤波

为防止交流电源的噪声通过电源线进入电测仪器内,在交流电源进线间接入一个防干扰滤波器,如图 10.4.4 和图 10.4.5 所示。使交流电先通过滤波器,滤去电源中的噪声后再输入仪器中。图 10.4.4 所示的高频干扰电压滤波器用于抑制中频带的噪声干扰,而图 10.4.5 所示的滤波电路用于抑制电源波形失真而含有较多高次谐波的干扰。

图 10.4.4　高频干扰电压滤波电路图　　图 10.4.5　低频干扰电压滤波电路

2. 直流电源输出的滤波器

直流电源往往是几个电路公用的。为削弱公共电源在电路间形成的噪声耦合,对直流电源还需加装滤波器。图 10.4.6 是滤除电源高、低频成分的滤波器。

图 10.4.6　高、低频干扰电压滤波器

3. 去耦滤波器

当一个直流电源同时为几个电路供电时,为了避免通过电源内阻造成几个电路之间互相干扰,可在每个电路的直流电源进线与地之间加 π 型 RC 或 LC 滤波器。

对于一台多级放大器,各放大器之间会通过电源的内阻产生耦合干扰,故多级放大器各级供电必须加 RC 去耦滤波器。

10.4.3 平衡电路

平衡电路又称对称电路,它是指双线电路中两根导线与连接到导线的所有电路,对地或对其他导线,电路结构对称,对应阻抗相等,从而使对称电路所检测到的噪声大小相等,方向相反,在负载上自行抵消。图10.4.7 所示的半桥双臂接法的电桥电路就是一种平衡电路。如果完全相同的两个应变片 R_0 作为电桥相邻两个臂,其他两臂为不变等值电阻 R,则由温度变化所引起应变片阻值各变化一个 ΔR,两个 ΔR 所引起的输出电压的变化 ΔU_0 大小相等,方向相反,自行抵消,输出不受影响。正因如此,测量中一般采用半桥双臂接法或全桥接法。

图 10.4.7 电桥平衡电路

10.4.4 脉冲电路的噪声抑制技术

1. 整形

整形分削波器整形和平滑器整形两种。

（1）削波器整形

当噪声电压小于脉冲波峰值,且两者时间上又不重合时,可使混有这种噪声的脉冲波通过削波器。如图 10.4.8 所示,使只有高于电压 U_1（稍高于干扰电压的最大值）的电压通过,结果削波器的输出仅保留了脉冲波的峰值部分,如图 10.4.8（c）所示,它已去掉了干扰。

(a) 整形前波形   (b) 削波器   (c) 整形后波形

图 10.4.8 削波器整形

（2）平滑器整形

当幅值比脉冲波小的噪声与脉冲波在时间上发生一定重合,即噪声在脉冲波的波谷、波峰都出现时,如图 10.4.9 所示,可使混有这种噪声的脉冲通过平滑器,如图 10.4.9（b）所示,截出了不受噪声影响的脉冲部分,结果平滑器输出一个与脉冲波完全相似而不含有噪声的波。图 10.4.9（c）所示为消除了噪声的波形。

(a) 整形前波形　　　　(b) 平滑器　　　　(c) 整形后波形

图 10.4.9　平滑器整形

2. 积分电路

这种方法是根据积分电路输出值大小与输入脉冲宽度成比例的原理,使混有噪声的脉冲信号通过一个积分电路,如图 10.4.10 所示。由于脉冲波的宽度比噪声的宽度大,所以在积分电路输出中其幅值也大,而噪声通过积分电路后输出的幅值相对变小,如图 10.4.10(c) 所示。此波形再经整形,即可消除噪声的影响。

(a) 混有噪声的脉冲波　　　　(b) 积分电路　　　　(c) 积分电路输出波形

图 10.4.10　积分电路消除干扰脉冲

3. 脉冲干扰隔离门

利用稳压管或二极管可组成脉冲干扰隔离门,阻挡幅值较小的干扰脉冲通过,允许幅值较大的脉冲信号通过。图 10.4.11 所示是利用硅二极管组成的脉冲干扰隔离门,它是利用硅二极管正向压降比较高的特征,使幅值小于脉冲信号,时间上又不重叠的噪声干扰得到抑制。

4. 与门

图 10.4.12 所示是用**与门**来抑制脉冲信号中噪声的示意图。

图 10.4.11　脉冲干扰隔离门

由同一脉冲源来的脉冲信号 u_I 及与它同步的参考信号 u_{REF} 分别作为**与门**的两个输入。设输入 1 中混有噪声。由于参考信号 u_{REF} 与脉冲信号 u_I 中的脉冲在时间上完全同步(同频率、同相位),因而当这两个信号同时作用在**与门**上时,门便被打开,脉冲信号通过。而噪声干扰由于与参考信号不完全同步,存在相位差,所以不同时作用在**与门**上,噪声也不能通过**与门**,结果**与门**输出只有所需要的脉冲信号,滤去了噪声。

图 10.4.12　用**与门**来抑制脉冲信号中的噪声干扰

思考题与习题

1. 干扰信号进入被干扰对象的主要通路有哪些?

2. 试分析一台你所熟悉的测量仪器在工作过程中经常受到的干扰及应采取的措施。

3. 习题图 10.1 所示控温电路中,放大器 A_1 和 A_2 用以放大热电偶的低电平信号,利用开关 S 周期性通断把大功率负载接到一个电源上,试说明噪声源、耦合通道和被干扰电路。

习题图 10.1 控温电路

参考文献

[1] 郁有文. 传感器原理及工程应用[M]. 西安：西安电子科技大学出版社,2000.

[2] 杜维. 过程检测技术及仪表[M]. 北京：化学工业出版社,1998.

[3] 沈聿农. 传感器及其应用技术[M]. 北京. 化学工业出版社,2001.

[4] 常健. 检测与转换技术[M]. 北京：机械工业出版社,1999.

[5] 李科杰. 新编传感器技术手册[M]. 北京：国防工业出版社. 2002.

[6] 刘贵民. 无损检测技术[M].2 版. 北京：国防工业出版社,2009.

[7] 王俊峰. 现代传感器应用技术[M]. 北京：机械工业出版社,2006.

[8] 李喜孟. 无损检测[M]. 北京. 机械工业出版社,2001.

[9] 刘笃仁. 传感器原理及应用技术[M]. 西安：西安电子科技大学出版社,2003.

[10] 强锡富. 传感器[M]. 北京：机械工业出版社,2000.

[11] 张佳薇. 传感器原理与应用[M]. 哈尔滨：东北林业大学出版社,2003.

[12] 朱名铨. 机电工程智能检测技术与系统[M]. 北京：高等教育出版社,2002.

[13] 何金田. 传感器技术[M]. 哈尔滨：哈尔滨工业大学出版社,2004.

[14] 侯国章. 测试与传感技术[M]. 哈尔滨：哈尔滨工业大学出版社,1998.

[15] 郝云. 传感器原理与应用[M]. 北京：电子工业出版社,2002.

[16] 刘迎春. 现代新型传感器原理与应用[M]. 北京：国防工业出版社,2002.

[17] 王庆有. 图像传感器应用技术[M]. 北京：电子工业出版社,2003.

[18] 蔡萍. 现代检测技术与系统[M]. 北京：高等教育出版社,2002.

[19] 李朝晖. 数字图像处理及应用[M]. 北京：机械工业出版社,2004.

[20] 丁镇生. 传感器及传感技术应用[M]. 北京：电子工业出版社,1998.

[21] 陈杰. 传感器与检测技术[M]. 北京：高等教育出版社,2003.

[22] 栾桂冬. 传感器及其应用[M]. 西安：西安电子科技大学出版社,2002.

[23] 吴旗. 传感器及其应用[M].北京：高等教育出版社,2002.

[24] 徐甲强. 传感器技术[M]. 哈尔滨：哈尔滨工业大学出版社,2004.

[25] 周乐挺. 传感器与检测技术[M].北京：高等教育出版社,2005.

[26] 杨帆. 数字图像处理与分析[M].2 版. 北京：北京航空航天大学出版社,2009.

[27] 王元庆. 新型传感器原理与应用[M]. 北京：机械工业出版社,2002.

[28] 刘榴娣. 实用数字图像处理[M]. 北京：北京理工大学出版社,1998.

[29] 栾桂冬. 传感器及其应用[M].西安：西安电子科技大学出版社,2002.